高职高专机电专业“十一五”规划教材

数控加工编程技术

主　编　王丽洁
主　审　尹燕军

中国科学技术出版社
CHINA SCIENCE AND TECHNOLOGY PRESS
·北　京·
BEIJING

图书在版编目(CIP)数据

数控加工编程技术/王丽洁主编. —北京:中国科学技术出版社,2010. 2
ISBN 978-7-5046-5573-8

Ⅰ. ①数… Ⅱ. ①王… Ⅲ. ①数控机床—程序设计—高等学校:技术学校—教材
Ⅳ. ①TG659

中国版本图书馆 CIP 数据核字(2010)第 017339 号

内容提要

本书着重介绍现代数控机床的编程技术。全书主要内容包括:数控机床的概述、常用编程指令和编程方法、数控加工工艺分析、数控车床、加工中心、数控电火花线切割机床的编程与操作、数控加工实训项目。全书内容丰富、图文并茂、案例生动、实践性强。

本书可作为高等职业教育机电类专业数控技术应用、CAD/CAM 技术应用和模具设计与制造专业教材,还可供从事数控加工的工程技术人员参考。

中国科学技术出版社出版
北京市海淀区中关村南大街 16 号 邮政编码:100081

策划编辑 林 培 孙卫华 **责任校对** 林 华
责任编辑 林 培 李惠兴 **责任印制** 安利平

发行部:010-62173865 编辑部:010-84120695
http://www.kjpbooks.com.cn
科学普及出版社发行部发行
北京蓝空印刷厂印刷

*

开本:787 毫米×1092 毫米 1/16 印张:15.5 字数:372 千字
2010 年 2 月第 1 版 2010 年 2 月第 1 次印刷 定价:28.00 元
ISBN 978-7-5046-5573-8/TG·16

前　言

科学技术的高速发展，使制造业发生了根本性的变化。由于数控技术的广泛应用，普通机床逐渐被高效率、高精度的数控机床所代替，形成了巨大的生产力。数控技术是关系到国家战略地位和体现国家综合国力水平的重要基础性产业，其水平高低和拥有量是衡量一个国家工业现代化的重要标志。我国已把发展数控技术作为振兴机械工业的重中之重。

本书着重介绍了现代数控机床的编程技术，融理论教学、实践操作、项目训练为一体。在内容选择上，突出了普遍性、实用性、综合性和先进性的特点，大量引用生产实例及数控技能大赛题目进行工艺分析与编程，将企业加工技术渗透于专业教学，强调知识的渐进性，兼顾知识的系统性，结构逻辑性；在形式上采用项目教学法，适合职业教育的发展思路。编程理论阐述力求简单明了，以大量实例构建教学项目，并进行工艺分析与编程，突出实践教学特色；项目教学实例均经实际加工检验，各章习题题型与题量充足，体现精讲多练的原则；教学的内容是完成项目的过程，学生在项目实践过程中能更好地理解和把握课程需要的知识和技能。

本书共分五章，第一章简述了数控加工技术知识；第二章介绍了数控机床编程基础知识；第三章和第四章分别阐述了数控车床编程和加工中心编程技术，并使用项目教学法详细例述了一些典型实例；第五章也用项目教学法讲述了数控电火花线切割机床编程技术。

本书的第一章由屈小军编写第二章由苏宏志、马亚娟编写；第三章、第四章由王丽洁、吴东、申世起、梁博编写；第五章由崔静编写。全书由王丽洁任主编，由苏宏志、吴东、申世起、崔静任副主编，陕西航空技术学院尹燕军任主审，最后请林敏捷先生对全书进行了审核。

本书可作为高等职业教育机电类专业中从事数控技术应用、CAD/CAM 技术应用和模具设计与制造人员的教材或培训用书，还可供从事数控加工的工程技术人员参考。

由于数控技术的飞速发展，加上我们认识的局限性，教材内容难免有不足之处，恳请读者和各位同仁批评指正。

编者

2009 年 6 月

本书编委会

（按姓氏笔画排序）

主　编　王丽洁　（西安理工大学高等技术学院）

主　审　尹燕军　（陕西航空技术学院）

副主编　苏宏志　（陕西工业职业技术学院）

　　　　吴　东　（西安航空发动机公司培训中心）

　　　　申世起　（西安技师学院）

　　　　崔　静　（陕西工业职业技术学院）

编　委　马亚娟　（陕西航空职业技术学院）

　　　　梁　博　（陕西航空技术学院）

　　　　屈小军　（西安职业技术学院）

目　录

第一章　数控加工技术基础 …… 1
　第一节　数控机床的产生与发展 …… 1
　　一、数控机床的产生及发展概况 …… 1
　　二、数控机床的发展趋势 …… 2
　第二节　数控机床基本组成及工作原理 …… 4
　第三节　数控机床的加工特点及分类 …… 5
　　一、数控机床的分类 …… 5
　　二、数控加工的特点 …… 7
　习　题 …… 8
第二章　数控机床编程基础 …… 9
　第一节　数控编程的概念 …… 9
　　一、数控编程的内容和步骤 …… 9
　　二、数控编程的方法 …… 10
　第二节　程序编制的有关标准及规定 …… 12
　　一、数控机床坐标系 …… 12
　　二、程序结构与格式 …… 15
　第三节　常用编程指令 …… 17
　　一、与坐标系相关的指令 …… 18
　　二、运动控制指令 …… 20
　　三、刀具补偿指令 …… 27
　　四、辅助功能 M 指令 …… 35
　第四节　数控加工工艺基础 …… 36
　　一、数控加工工艺设计准备 …… 36
　　二、数控加工工艺设计过程 …… 37
　　三、数控加工技术文件编写 …… 39
　　四、数控编程中的数值计算 …… 40
　习　题 …… 40
第三章　数控车床编程 …… 42
　第一节　数控车削加工工艺基础 …… 42
　　一、数控车削的主要加工对象 …… 42
　　二、数控车削加工工艺的制订 …… 43
　第二节　数控车床编程基础 …… 53
　　一、数控车床的编程特点 …… 53
　　二、数控车床的基本编程方法 …… 53

三、车削固定循环指令 …… 56
四、螺纹切削指令 …… 65
第三节　数控车削加工技术 …… 67
项目一　数控车床的基本操作 …… 67
项目二　内、外轮廓车削加工 …… 75
项目三　螺纹的加工 …… 88
项目四　槽形零件的加工 …… 97
项目五　非圆曲线轮廓的加工 …… 108
项目六　综合加工实例 …… 113
习　题 …… 124
第四章　加工中心编程 …… 128
第一节　加工中心工艺基础 …… 128
一、加工中心概述 …… 128
二、加工中心工艺方案的制订 …… 131
第二节　加工中心编程基础 …… 143
一、加工中心编程的特点 …… 143
二、加工中心基本编程指令要点 …… 143
三、宏程序 …… 152
第三节　加工中心加工技术 …… 162
项目一　加工中心的基本操作 …… 162
项目二　平面轮廓加工 …… 167
项目三　沟槽加工 …… 173
项目四　孔加工 …… 181
项目五　子程序、宏程序 …… 185
项目六　综合加工实例 …… 191
习　题 …… 214
第五章　数控电火花线切割机床编程 …… 219
第一节　数控电火花线切割概述 …… 219
一、数控电火花线切割简介 …… 219
二、数控电火花线切割加工工艺 …… 222
三、数控电火花线切割基本编程方法 …… 225
第二节　数控电火花线切割加工技术 …… 231
项目一　数控电火花线切割基本操作 …… 231
项目二　凹、凸模零件手工编程 …… 233
习　题 …… 239
参考文献 …… 240

第一章　数控加工技术基础

学习目标：

了解数控机床的产生和发展；掌握数控机床的组成和工作原理；掌握数控机床的分类和数控机床的加工特点。

关键词：

数控机床　　插补　　CNC

第一节　数控机床的产生与发展

一、数控机床的产生及发展概况

（一）数控机床的产生

随着科学技术和生产力的发展，机械产品日趋精密、复杂，长期以来，这类产品都在通用机床上加工，劳动强度大，而且难以提高生产效率和保证产品质量。对于一些由复杂曲线、曲面所构成的零件，通用机床根本无法完成加工。数控机床就是为了解决单件、小批量、精度高、复杂型面零件加工的自动化要求而产生的。它不仅在宇航、造船、军工等领域被广泛使用，而且也进入了汽车、机械制造、模具加工等行业。目前，在这些行业中，产品种类不断增加，形状结构日趋复杂，精度和质量也在逐渐提高。

数控机床的研制最早始于20世纪40年代末，美国麻省理工学院和帕森斯公司在美空军后勤部的资助下，于1952年3月成功研制了世界上第一台有信息存储和处理功能的三坐标立式数控铣床。数控技术及数控机床的诞生，标志着生产和控制领域一个崭新时代的到来。

（二）数控机床的发展状况

从第一台数控机床问世至今将近50年中，随着微电子技术的不断发展，特别是计算机技术的发展，数控系统也在不断更新换代。1952年出现了电子管、1959年出现了晶体管、1965年出现了小规模集成电路、1970年出现了大规模集成电路及小型计算机、1974年出现了微处理机或微型计算机等五代系统。其中前三代称作硬件NC系统，后二代称作计算机软件数控，也称CNC系统（computerized NC）。NC系统的控制逻辑只能完成固定的控制功能，是由固定接线的硬件电路组成的专用计算机来实现的，制成后就不易改变，柔性差。CNC系统是由硬件和软件组成，通过改变软件很容易更改或扩展其功能，目前，NC系统已经被CNC系统所代替。

在系统不断更新换代的同时，数控机床的品种得到了不断的发展，几乎所有品种的机床都实现了数控化。1956年日本富士通公司研制成功数控转塔式冲床，美国帕克工具公司研制成功数控转塔钻床，1958年美国K&7F公司研制出带自动刀具交换装置的加工中心

MC（machining center）。CNC 技术、信息技术、网络技术及系统工程学的发展，为单机数控化向计算机控制的多机制造系统自动化发展创造了必要的条件。在 20 世纪 60 年代出现了 由一台计算机直接管理和控制一群数控机床的计算机群控系统，即直接数控系统 DNC（direct NC）；1967 年出现了由多台数控机床连接成可调加工系统，这就是最初的柔性制造系统 FMS（flexible manufacturing system）。1978 年以后加工中心迅速发展，各种加工中心相继问世。80 年代初又出现以 1～3 台加工中心或车削中心为主体，再配上工件自动装卸的可交换工作台及监控检验装置的柔性制造单元 FMC（flexible manufacturing cell）。

我国从 1958 年开始研究数控技术，于 1966 年研制成功晶体管数控系统，并生产出了数控线切割机、数控铣床等产品，由于数控系统的稳定性及可靠性较差，数控机床品种不全，数量较少，数控技术的发展处于初步阶段。20 世纪 80 年代初期，我国先后从德国、美国等国家引进了一些数控系统和伺服技术，在一定程度上促进了这项技术的发展。这个时期我国经济也有了较大发展，为这项技术的进步奠定了物质基础。此时我国研制的数控机床性能逐步提高，品种和数量不断增加。20 世纪 90 年代以后，国民经济进入高速发展阶段，研究开发数控系统、应用数控机床已经成了各企业的自发行为，数控技术及产品的发展速度逐年加快，我国数控技术进入了蓬勃发展时期。

二、数控机床的发展趋势

半个多世纪以来，数控机床在品种、数量、机床性能等方面有了很大的发展，大规模集成电路和微型计算机的发展以及完善，使数控系统的价格逐年下降，而加工精度和可靠性却大大提高。随着先进生产技术的发展，数控机床的发展进入了一个崭新的时代。数控机床正朝着高精度化、高速度化、高复合化、高智能化、开放式结构方向发展。

（一）高精度化

效率、质量是先进制造技术的主体。高速、高精加工技术可极大地提高效率，提高产品的质量和档次，缩短生产周期和提高市场竞争能力。为此日本先端技术研究会将其列为五大现代制造技术之一，国际生产工程学会（CIRP）将其确定为 21 世纪的中心研究方向之一。

数控机床的精度包括机床的几何精度、加工精度、进给分辨率、定位精度和重复定位精度、动态刚度、闭环交流数字伺服系统性能等。20 世纪 90 年代初中期全程定位精度达到 ±0.002～±0.005mm 的加工中心已越来越多。定位精度、机床的结构特性以及热稳定性的提高，使得数控机床的加工精度得到了大幅度的提高，纳米技术的应用，使得数控机床的精度又发生了一次革命。近 10 年来，普通级数控机床的加工精度已由 10μm 提高到 5μm，精密级加工中心则从 3～5μm 提高到 1～1.5μm，并且超精密加工精度已开始进入纳米级（0.01μm）。

（二）高速度化

高速度指数控机床的高速切削和高速插补进给。在保证精度的前提下，提高加工速度，节省加工时间，除了对数控系统的处理速度提出了更高的要求外，同时还要求数控机床具有大功率和大转矩的高速主轴、高速进给电动机、高性能的刀具、稳定的动态刚度。

提高生产效率是机床技术发展的基本目标，数控机床出现和快速发展的原因之一就是其生产效率比一般普通机床高。近20年来，数控机床的生产效率又有了很大提高，主要方法是减少切削时间和非切削时间。减少切削时间是通过提高切削速度及提高主轴转速来实现的。高速加工中心进给速度可达80m/min，甚至更高，空运行速度可达100m/min左右。目前世界上许多汽车厂，包括我国的上海通用汽车公司，已经采用以高速加工中心组成的生产线部分替代组合机床。美国Cincinnati公司的Hypermach机床进给速度最大达60m/min，快速为100m/min，加速度达2 *g*，主轴转速已达60 000r/min。加工一薄壁飞机零件，只用30min，而同样的零件在一般数控铣床加工需3h，在普通铣床加工需8h。

（三）高复合化

高复合化加工指一台机床上集中了多台机床的功能，工件一次装夹可完成多工种、多工序的加工。减少了装卸刀具、装卸工件、调整机床的辅助时间，最大限度提高了机床的利用率。这种机床既保证了更高的加工精度，又提高了生产效率，节省了占地面积，节约了投资，避免了重复建设，其典型代表就是加工中心，即带有刀库和自动换刀装置的数控镗铣床。在加工中心上，工件装夹后，机械手可自动更换刀具，连续地对工件的各加工表面进行多工序加工。目前加工中心的刀库容量可多达120把左右，自动换刀装置的换刀时间为1～2s。加工中心除了镗铣类加工中心和车削类车削中心外，还出现集成型车或铣加工中心、自动更换电极的电火花加工中心、带有自动更换砂轮装置的内圆磨削加工中心等。

复合加工技术不仅是加工中心、车削中心等在同类技术领域内的复合，而且正向不同类技术领域内的复合发展。多轴联动是衡量数控系统的重要指标。高档次的数控系统，还增加自动上下料的轴控制功能，有的在PLC里增加位置控制功能，以补充轴控制数的不足，这将会进一步扩大数控机床的加工范围。

（四）高智能化

数控装置发展到以微处理器为主体组成的CNC系统以后，系统功能不断扩大，数控机床的自动化程度也在不断提高。先后出现了自动换刀和自动交换工件功能，故障自诊断功能，人机对话自动编程功能，刀具尺寸自动测量和补偿、工件尺寸自动测量和补偿、切削参数的自动调整等功能，自适应控制功能等，单机自动化达到了很高的程度。

（五）开放式结构

为解决传统的数控系统封闭性和数控应用软件的产业化生产存在的问题，目前许多国家对开放式数控系统进行研究，如美国的NGC（The Next Generation Work－Station/Machine Control）、欧共体的OSACA（Open System Architecture for Control within Automation Systems）、日本的OSEC（Open System Environment for Controller），中国的ONC（Open Numerical Control System）等。所谓开放式数控系统就是数控系统的开发可以在统一的运行平台上，面向机床厂家和最终用户，通过改变、增加或剪裁结构对象（数控功能），形成系列化，并可方便地将用户的特殊应用和技术诀窍集成到控制系统中，快速实现不同品种、不同档次的开放式数控系统，形成具有鲜明个性的名牌产品。基于PC的开放式CNC大致可分为四类：PC连接型CNC、PC内装型CNC、CNC内装型PC和纯软件NC。

典型产品有FANUC150/160/180/210、A2100、OA500、Advantage CNC System、华中I型等。这些系统以通用PC机的体系结构为基础，构成了总线式（多总线）模块，开放型、嵌入式的体系结构，其硬、软件和总线规范均是对外开放的，硬件即插即用，可向系统添加在 MS－DOS、Windows 3.1 或 Windows 95 环境下使用的标准软件或用户软件，为数控设备制造厂和用户进行集成给予了有力的支持，便于主机厂进行二次开发，以发挥其技术特色。经过加固的工业级 PC 机已在工业控制领域得到了广泛应用，并逐渐成为主流，其技术上的成熟程度使其可靠性大大超过了以往的专用 CNC 硬件。

数控系统开放化已经成为数控系统的未来之路。目前开放式数控系统的体系结构规范、通信规范、配置规范、运行平台、数控系统功能库以及数控系统功能软件开发工具等是当前研究的核心。

第二节　数控机床基本组成及工作原理

数控机床由程序载体、输入装置、数控装置（CNC）、伺服系统、检测与反馈装置、辅助控制装置和机床本体等几部分组成，如图 1－1 所示。

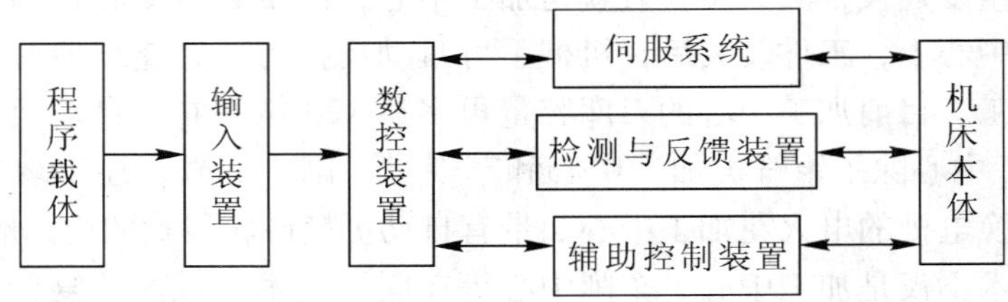

图 1－1　数控机床的基本结构图

（一）程序载体

程序载体是用于存取零件加工程序的装置。零件加工程序包括刀具的运动轨迹、加工工艺参数（进给速度、切深量、退刀量、主轴的转速）和辅助动作（换刀、冷却液的打开与关闭）等。将零件的加工程序用机床能够识别的语言编制成一定的格式存储在载体上，常用的载体有穿孔纸带、磁盘、磁带和硬盘等。

（二）输入装置

输入装置的主要作用是将载体上的程序传递并存入数控系统内。根据控制存储介质的不同，输入装置可以是光电读带机、磁带机、磁盘输入机和软盘驱动器。加工程序可以通过手工方式直接输入数控系统（MDI 方式），也可以通过计算机用 RS232 接口或网络通信方式传送到 CNC 装置。目前加工程序的输入有两种方式：一种是 CNC 方式，即将加工程序提前输入机床，然后直接调出来执行该程序，这种方式适用于内存大的数控机床；另一种是 DNC 方式，即将计算机与机床进行连接，机床的内存作为存储缓冲区，计算机一边传输机床一边执行该程序进行加工，这种方式适用于内存小的数控机床。

（三）数控装置（CNC）

数控装置是数控机床的核心。主要包括微处理器、存储器、局部总线和输入/输出控制等，目前主要采用的是计算机数控装置，也称为 CNC 装置，它本质上是一台由特定的硬件和软件组成的专用计算机。数控装置是根据输入的程序和数据，经过数控装置的逻辑电路和系统软件进行编译、运算和逻辑处理后，输出控制信息和指令，控制机床各移动部件按照程序规定的动作运行。

（四）伺服系统

伺服系统的作用是将数控装置插补产生的脉冲信号，经系统功率放大器放大后，驱动伺服电动机运转，通过机械传动装置驱动机床移动部件的运动，使工作台和主轴按规定的轨迹运动，加工出符合要求的工件。伺服系统的性能和动态响应性是影响数控机床加工精度、表面质量和生产率的重要因素之一。

伺服系统是数控系统和机床本体之间的电传动联系环节。伺服系统包括驱动装置和执行装置两大部分，伺服系统主要由伺服控制电路、功率放大电路和伺服电动机组成。伺服电动机是系统的执行元件，驱动控制系统则是伺服电动机的动力源。常用的伺服电动机有步进电动机、直流伺服电动机和交流伺服电动机。

（五）检测与反馈装置

检测装置与伺服装置配套组成半闭环和闭环伺服驱动系统。它的作用是通过直接或间接测量将执行部件的实际位移量、实际进给速度检测出来，通过模数转换变成数字信号，并反馈到数控装置中并与指令位移、指令速度进行比较，将其误差转换放大后控制执行部件的进给运动，检测与反馈装置有利于提高数控机床的加工精度。

（六）辅助控制装置

辅助控制装置的主要作用是接受数控装置输出的开关量指令信号，经过编译、逻辑判断和功率放大后驱动相应的电器，带动机床的机械、液压等装置完成指令规定的开关量动作。辅助装置主要包括自动换刀装置、自动交换工作台机构、回转工作台、液压控制系统、润滑装置、切削液装置、排屑装置、过载和保护装置等。

（七）机床本体

数控机床是高精度、高速度、高智能和高生产率的自动化机械加工机床，其机床本体与通用机床本体相似，同样由主传动系统、进给传动装置、工作台、床身以及辅助运动装置、润滑系统、冷却装置等组成，但数控机床在整体布局、外观造型、传动系统、刀具系统和操作机构等方面已发生了很大的变化。其目的是为了充分发挥数控机床的特点。

第三节　数控机床的加工特点及分类

一、数控机床的分类

数控机床的规格较多，根据其加工范围、控制原理、功能和组成可以从以下几个不同的角度进行分类。

（一）按工艺用途分类

1. 金属切削类数控机床

这类数控机床有数控车床、数控铣床、数控镗床、数控磨床、加工中心等。

2. 金属成型类数控机床

主要有数控折弯机、数控弯管机、数控转头压力机等。

3. 特种加工机床

主要有数控线切割机床、数控电火花机床、激光切割机床、超声（波）加工机床、电子束加工机床等。

4. 其他数控机床

如数控火焰切割机床、数控缠绕机、三坐标测量机等。

(二) 按运动轨迹分类

1. 点位控制数控机床

点位控制数控机床只控制刀具从一个点精确地移动到另一个点的准确位置，而对于两点之间的移动轨迹不进行控制，且移动过程中不进行切削加工，为了提高加工效率，这种机床常采用“快速趋近，减速定位”的方法实现控制。如数控钻床、数控铣床、数控冲床、数控镗床等。

2. 直线控制数控机床

直线控制数控机床不但要控制点与点之间的准确位置，而且还要控制刀具的移动轨迹是一条直线，且在移动的过程中刀具能以给定的速度进行切削，进给速度根据切削条件可在一定范围内变化。这类机床的刀具一般沿与坐标轴平行的方向或沿与坐标轴成45°的斜线方向做切削运动，如某些简单的数控车床、数控镗铣床等。

3. 轮廓控制数控机床

轮廓控制数控机床能同时对两个或两个以上的坐标轴的位置和速度进行实时连续控制，它不仅能控制机床移动部件起点与终点坐标，而且能控制整个轮廓每一个点的速度和位移，使其能够加工出任意的曲线、曲面。数控车床、铣床、线切割机床、加工中心等都属于此类机床。

(三) 按进给伺服系统的类型分类

1. 开环控制数控机床

如图1－2是开环控制数控机床的工作原理图，这类数控机床的控制系统不带位置检测元件，无反馈回路，数控装置发出的指令是单向的，所以不存在系统稳定性。其驱动元件一般为反应式步进电动机或混合式步进电动机。数控装置每发出一个进给脉冲，经驱动电路功率放大后驱动步进电机转动一个角度，再经过齿轮减速机构带动丝杠旋转，通过丝杠螺母机构转化为移动部件的位移。步进电机的转角位移量和转速分别取决于数控装置发出脉冲的数目和频率，系统的精度则取决于步进电机的步距精度和机械传动精度，因此其精度低。但其线路简单，调整方便，成本较低，故一般用于小型或经济型数控机床。

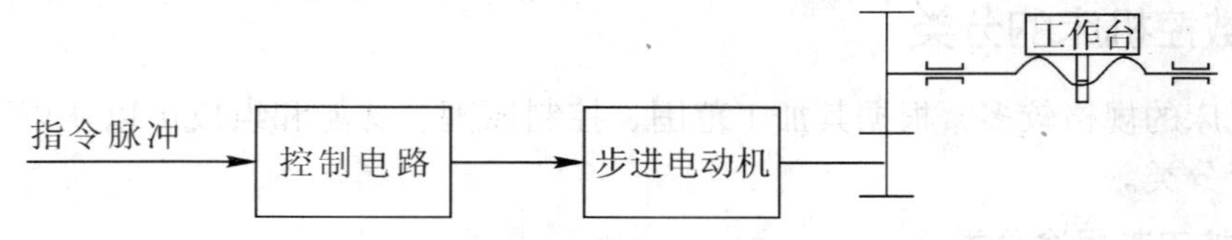

图1－2 开环控制数控机床的工作原理图

2. 闭环控制数控机床

如图1－3是闭环控制数控机床的工作原理图，这类数控机床是在机床的移动部件上直接安装位移检测装置，直接检测工作台的实际位置，并实时反馈给数控装置，与输入的指令位置进行比较，利用差值控制伺服电机运行。这类机床可校正全部传动链的误差，其加工精度很高，机床的精度主要取决于检测装置的精度。一般采用直流伺服电机或交流伺服电机，位置检测元件常用光栅尺、磁栅尺等。闭环控制的数控机床加工精度高、速度快，但调试和维护困难，成本高。

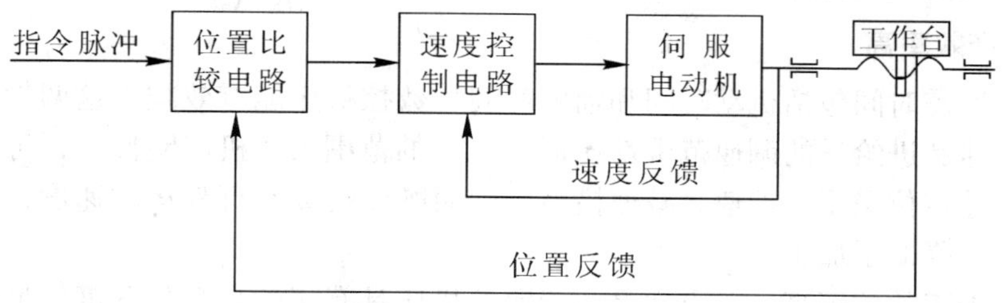

图1－3　闭环控制数控机床的工作原理图

3. 半闭环控制数控机床

如图1－4是半闭环控制数控机床的工作原理图，这类数控机床是将位置检测元件安装在电动机或丝杠的轴端，通过测量电动机或丝杠的转角间接地检测机床移动部件的实际位移，然后反馈到数控装置中与数控装置的输入指令进行比较，用差值进行控制。这类机床可校正传动链部分环节造成的误差，精度比开环高。一般采用直流伺服电机或交流伺服电机。半闭环控制数控机床结构简单、造价较低、不受机械传动装置的影响，容易获得稳定的控制特性，且调试方便，应用广泛。

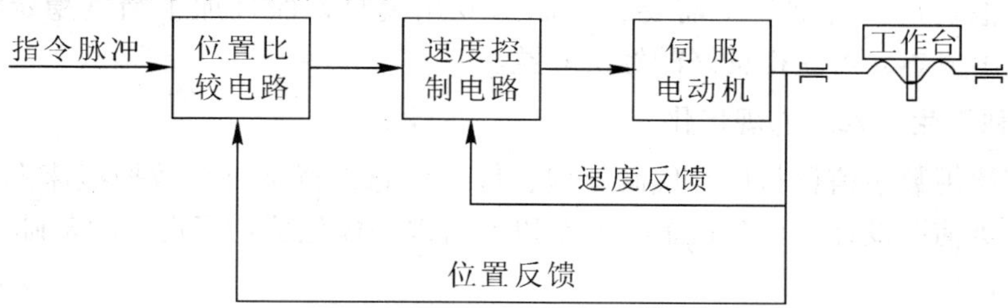

图1－4　半闭环控制数控机床的工作原理图

二、数控加工的特点

（一）自动化程度高

在数控机床上加工零件，全部加工过程几乎都可以由机床自动完成，这样既节省了加工时间、提高了加工效率，又减轻了操作者的劳动强度，改善了劳动条件。某些数控机床配备有完备的辅助装置后，更可以实现“无人化生产”。

（二）适应性强

适应性既所谓的柔性，是指数控机床随生产对象变化而变化的适应能力。在数控机床上改变加工零件时，只需要重新编制新零件的加工程序，输入新零件的程序后就能对该零件进行加工，而不需要改变机械部分和控制部分的硬件。在数控机床上加工零件不需要制作特别的夹具，更不需要重新调整机床，因此数控机床特别适合单件小批量工件的加工，这给新产品的研制开发、产品改进、改型提供了很大的方便。

（三）加工精度高，产品质量稳定

由于数控机床是按照事先编制好的程序自动完成工件的加工，加工过程中排除了人的干预，因此，加工中消除了操作者的人为误差，提高了同一批零件的尺寸一致性，产品质量稳定，零件废品率大为降低。

（四）生产效率高

工件加工所需时间包括机动时间和辅助时间，数控机床能有效减少这两部分时间。数控机床主轴转速和进给量的调速范围都比通用机床的范围大，机床刚性好，可采用较大的切削用量，快速定位采用了加速、减速措施，因而既能提高空行程运动速度，又能保证定位精度，有效地降低了加工时间。

数控机床加工的效率高，一方面是由于数控机床具有高的自动化程度，另一方面是加工过程中省去了画线、多次装夹定位、检测等工序，有效地提高了生产效率。

（五）劳动强度低

数控机床的工作是按照加工程序自动完成的，操作者除将加工程序和有关参数输入机床、关键工序的中间测量和观察机床运行状况外，不需要进行繁重的操作，这就使工人的劳动条件大为改善。

（六）良好的经济效益

虽然数控机床的价格昂贵，分摊到每个工件上的设备费用较大，但是使用数控机床可以节省许多其他费用，特别是不需要设计制造专用夹具，而且加工精度稳定，废品率低等，因此降低了成本，可获得良好的经济效益。

（七）有利于生产管理的现代化

数控机床使用数字信息与标准代码处理、传递信息，特别是在数控机床上使用计算机控制，为计算机辅助设计、计算机辅助制造以及管理一体化奠定了良好的基础。

习　题

1－1　数控机床由哪几部分组成？各部分的基本功能是什么？

1－2　数控机床常见的输入装置有哪些？

1－3　数控机床按运动轨迹可以分为哪几类？

1－4　数控机床按进给伺服系统的类型可分为哪几类？

1－5　简述数控机床的加工特点。

第二章　数控机床编程基础

学习目标：

掌握数控程序组成及编程格式；掌握数控机床编程的坐标系统；掌握常用的编程指令；了解数控加工工艺编制的基础内容。

关键词：

数控编程　　坐标系　　指令

第一节　数控编程的概念

在普通机床上加工零件时，首先应由工艺人员对零件进行工艺分析，制订零件加工的工艺规程，包括机床、刀具、定位夹紧方法及切削用量等工艺参数。同样，在数控机床上加工零件时，也必须对零件进行工艺分析，制订工艺规程，同时要将工艺参数、几何图形、数据等，按规定的信息格式记录在控制介质上，将此控制介质上的信息输入到数控机床的数控装置，由数控装置控制机床完成零件的全部加工。我们将从零件图样到制作数控机床的控制介质并校核的全部过程称为数控加工的程序编制，简称数控编程。数控编程是数控加工的重要步骤。理想的加工程序不仅应保证加工出符合图样要求的合格零件，同时应能使数控机床的功能得到合理的利用与充分的发挥，以使数控机床能安全可靠及高效地工作。

一、数控编程的内容和步骤

一般来讲，数控编程过程的主要内容包括：分析零件图样、工艺处理、数值计算、编写加工程序单、制作控制介质、程序校验和首件试加工。数控编程的具体步骤与要求如下。

（一）分析零件图

首先要分析零件的材料、形状、尺寸、精度、批量、毛坯形状和热处理要求等，以便确定该零件是否适合在数控机床上加工，或适合在哪种数控机床上加工，同时要明确加工的内容和要求。

（二）工艺处理

在分析零件图的基础上，进行工艺分析，确定零件的加工方法（如采用的工夹具、装夹定位方法等）、加工路线（如对刀点、换刀点、进给路线）及切削用量（如主轴转速、进给速度和背吃刀量等）等工艺参数。数控加工工艺分析与处理是数控编程的前提和依据，而数控编程就是将数控加工工艺内容程序化。制订数控加工工艺时，要合理地选择加工方案，确定加工顺序、加工路线、装夹方式、刀具及切削参数等；同时还要考虑所用数控机床的指令功能，充分发挥机床的效能；尽量缩短加工路线，正确地选择对刀点、换刀点，减少换刀次数，并使数值计算方便；合理选取起刀点、切入点和切入方式，保证切入过程平稳；避免刀具与非加工面的干涉，保证加工过程安全可靠等。

（三）数值计算

根据零件图的几何尺寸、确定的工艺路线及设定的坐标系，计算零件粗、精加工运动的轨迹，得到刀位数据。对于形状比较简单的零件（如由直线和圆弧组成的零件）的轮廓加工，要计算出几何元素的起点、终点、圆弧的圆心、两几何元素的交点或切点的坐标值，如果数控装置无刀具补偿功能，还要计算刀具中心的运动轨迹坐标值。对于形状比较复杂的零件（如由非圆曲线、曲面组成的零件），需要用直线段或圆弧段逼近，根据加工精度的要求计算出节点坐标值，这种数值计算一般要用计算机来完成。

（四）编写加工程序单

根据加工路线、切削用量、刀具号码、刀具补偿量、机床辅助动作及刀具运动轨迹，按照数控系统使用的指令代码和程序段的格式编写零件加工的程序单，并校核上述两个步骤的内容，纠正其中的错误。

（五）制作控制介质

把编制好的程序单上的内容记录在控制介质上，作为数控装置的输入信息。通过程序的手工输入或通信传输送入数控系统。

（六）程序校验与首件试切

编写的程序单和制作好的控制介质，必须经过校验和试切才能正式使用。校验的方法是直接将控制介质上的内容输入到数控系统中，让机床空运转，以检查机床的运动轨迹是否正确。在有 CRT 图形显示的数控机床上，用模拟刀具与工件切削过程的方法进行检验更为方便，但这些方法只能检验运动是否正确，不能检验被加工零件的加工精度。因此，要进行零件的首件试切。当发现有加工误差时，分析误差产生的原因，找出问题所在，加以修正，直至达到零件图纸的要求。

二、数控编程的方法

程序编制方法可以分为手工编程和自动编程两大类。

（一）手工编程

手工编程是指编制工件加工程序的各个步骤，即从工件图样分析、工艺处理、确定加工路线和工艺参数、计算程序中所需的数据、编写加工程序清单直到程序的检验，均由人工来完成。对几何形状较为简单的工件，所需程序不多，坐标计算也比较简单，程序又不长，使用手工编程既经济又及时。因此，手工编程在点位直线加工及直线圆弧组成的轮廓加工中仍被广泛应用。

但是，工件轮廓复杂，特别是加工非圆弧曲线、曲面等表面，或工件加工程序较长时，使用手工编程既繁琐又费时，而且容易出错，常会出现手工编程工作跟不上数控机床加工的情况，影响数控机床的开动率。此时，必须解决程序编制的自动化问题。

（二）自动编程

数控自动编程是利用计算机和相应的编程软件编制数控加工程序的过程。

随着现代加工业的发展，实际生产过程中，比较复杂的二维零件、具有曲线轮廓和三维复杂零件越来越多，手工编程已满足不了实际生产的要求。如何在较短的时间内编制出高效、快速、合格的加工程序，在这种需求推动下，数控自动编程得到了很大的发展。

数控自动编程的初期是利用通用微机或专用的编程器，在专用编程软件（例如 APT 系统）的支持下，以人机对话的方式确定加工对象和加工条件，然后编程器自动进行运算和生成加工指令，这种自动编程方式，对于形状简单（轮廓由直线和圆弧组成）的零件，可以快速完成编程工作。目前在有些数控系统上，这种自动编程方式，已经完全集成在系统的内部（例如西门子 810 系统），但是如果零件的轮廓是曲线样条或是三维曲面组成，这种自动编程是无法生成加工程序的。

随着微电子技术和 CAD 技术的发展，自动编程系统已逐渐过渡到以图形交互为基础，与 CAD 相集成的 CAD/CAM 一体化的编程方法。与以前的 APT 等语言型的自动编程系统相比，CAD/CAM 集成系统可以提供单一准确的产品几何模型。几何模型的产生和处理手段灵活、多样、方便，可以实现设计、制造一体化。采用 CAD/CAM 数控编程系统进行自动编程已经成为数控编程的主要方式。目前，商品化的 CAD/CAM 软件比较多，应用情况也各有不同，表 2－1 列出了国内应用比较广泛的 CAM 软件的基本情况。

表 2－1　国内常用的 CAM 软件

名　称	简　介
Unigraphics（UG）	美国 EDS 公司出品的 CAD/CAM/CAE 一体化的大型软件，功能强大，在大型软件中，加工能力最强，支持三轴到五轴的加工
Pro/Engineer	美国 PTC 公司出品的 CAD/CAM/CAE 一体化的大型软件，功能强大，支持三轴到五轴的加工
Cimatron	以色列的 CIMATRON 公司出品的 CAD/CAM 集成软件，相对于前面的大型软件来说，是一个中端的专业加工软件，支持三轴到五轴的加工，支持高速加工
MasterCAM	美国 CNCSoftware，INC 开发的 CAD/CAM 系统，是最早在微机上开发应用的 CAD/CAM 软件，用户数量最多，许多学校都广泛使用此软件作为机械制造及 NC 程序编制的范例软件
PowerMILL	英国的 Delcam Plc 出品的专业 CAM 软件，是目前唯一一个与 CAD 系统相分离的 CAM 软件，其功能强大，加工策略非常丰富，目前，支持三轴到五轴的铣削加工，支持高速加工
CAXA	国内北航海尔软件有限公司出品的数控加工软件，与前面介绍的软件相比较，在功能上稍差一些，但价格便宜

目前 CAM 系统在 CAD/CAM 中仍处于相对独立状态，因此表 2－1 中的每一个 CAM 软件都需要在引入零件 CAD 模型中几何信息的基础上，由人工交互方式，添加被加工的具体对象、约束条件、刀具与切削用量、工艺参数等信息，才能生成数控加工程序。因而这些 CAM 软件的编程过程基本相同，其编程步骤可归纳如下。

第一步，理解零件图纸或其他的模型数据，确定加工内容。

第二步，确定加工工艺（装卡、刀具、毛坯情况等），根据工艺确定刀具原点位置

（即用户坐标系）。

第三步，利用CAD功能建立加工模型或通过数据接口读入已有的CAD模型数据文件，并根据编程需要，进行适当的删减与增补。

第四步，选择合适的加工策略，CAM软件根据前面提供的信息，自动生成刀具轨迹。

第五步，进行加工仿真或刀具路径模拟，以确认加工结果和刀具路径与我们设想的一致。

第六步，通过与加工机床相对应的后置处理文件，CAM软件将刀具路径转换成加工代码。

第七步，将加工代码（G代码）传输到加工机床上，完成零件加工。

由于零件的难易程度各不相同，上述操作步骤将会依据零件实际情况，有所删减或增补。

掌握并充分利用CAD/CAM软件，可以帮助我们将微型计算机与CNC机床组成面向加工的系统，大大提高设计效率和质量，减少编程时间，充分发挥数控机床的优越性，提高整体生产制造水平。

第二节　程序编制的有关标准及规定

一、数控机床坐标系

数控机床的坐标系及其运动方向，在国际标准中有统一规定。标准的机床坐标系统一规定采用右手直角笛卡儿坐标系，如图2－1（a）所示。图中大拇指的指向为X轴的正方向，食指指向为Y轴的正方向，中指指向为Z轴的正方向。围绕X、Y、Z轴旋转的圆周进给坐标轴分别用A、B、C表示，其正方向用右手螺旋法则确定，以大拇指指向$+X$、$+Y$、$+Z$方向，则食指、中指等的指向是圆周进给运动的$+A$、$+B$、$+C$，如图2－1（c）所示。机床在加工过程中不论是刀具移动，还是被加工工件移动，都一律假定被加工工件相对静止不动，而刀具在移动，并规定刀具远离工件的运动方向为坐标轴的正方向。

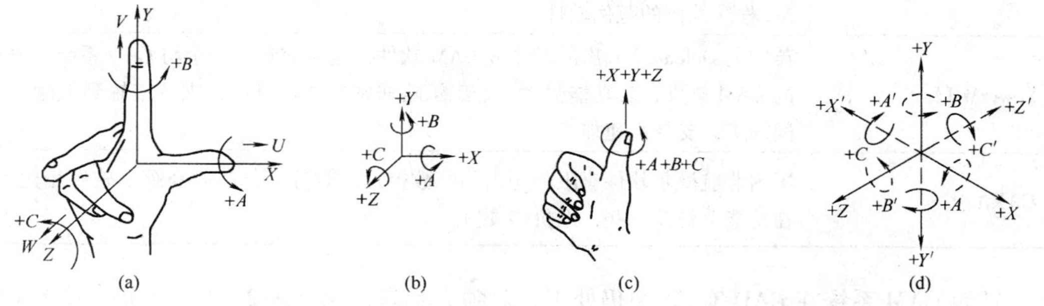

图2－1　右手笛卡尔坐标系

（一）机床坐标系及机床原点

机床原点（亦称为机床零点）是机床上设置的一个固定的点，即机床坐标系的原点。它在机床装配、调试时就已调整好，一般情况下不允许用户进行更改，因此它是一个固定点。机床原点也是数控机床进行加工运动的基准参考点。

1. 数控车床的机床坐标系

数控车床坐标系如图 2－2 所示，Z 轴与车床导轨平行（取卡盘中心线），正方向是远离车床卡盘的方向，X 轴与 Z 轴垂 直，平行于横向滑座，正方向是刀具远离主轴轴线的方向，坐标原点 O 定在卡盘后端面与中心线交点处。

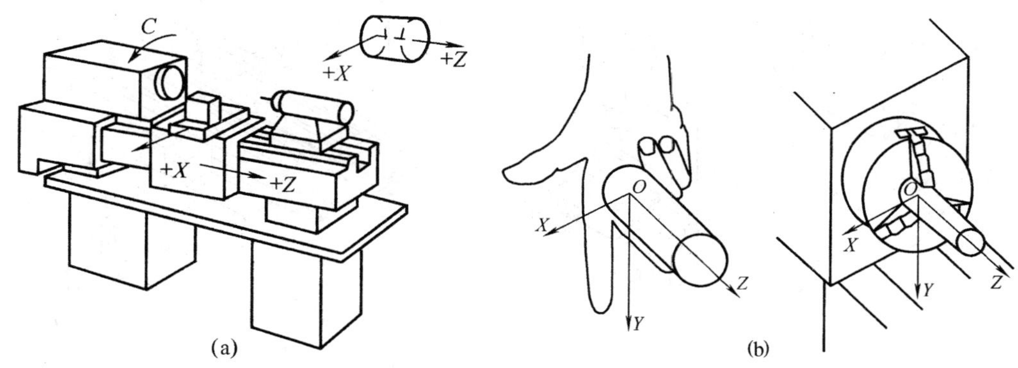

图 2－2　卧式数控车床坐标系

通常，当数控车床配置后置刀架时，其坐标系的表示形式如图 2－3 所示，机床原点为主轴轴线与主轴前端面的交点，如图 2－3 中的 O 点。数控车床坐标系的原点也称机械原点。从机床设计的角度来看，该点位置可任选，但从使用某一具体机床来看，这点却是机床上一个固定的点。

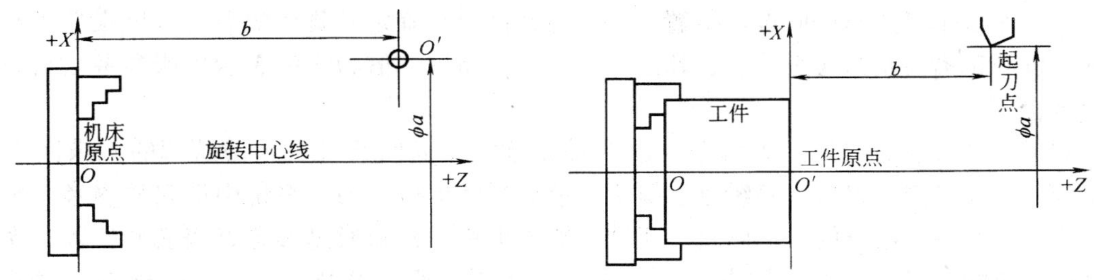

图 2－3　机床坐标系　　　　图 2－4　工件坐标系

为了正确地建立机床坐标系，通常在每个坐标轴的移动范围内设置一个机床参考点作为测量起点，它是机床坐标系中一个固定不变的极限点，其固定位置由各轴向的机械挡块来确定。一般数控机床开机后，通常要进行机动或手动回参考点以建立机床坐标系。

机床参考点可以与机床零点重合也可以不重合，通过参数指定机床参考点到机床零点的距离。机床回到了参考点位置也就知道了该坐标轴的零点位置，找到所有坐标轴的参考点，机床坐标系就建立起来了。机床参考点在数控机床出厂时，就已经调好并记录在机床使用说明书中供用户编程使用，一般情况下，不允许随意变动。

2. 数控铣床及加工中心的机床坐标系

数控铣床 Z 坐标由传递切削力的主轴所决定，在有主轴的机床中与主轴轴线平行的坐标轴即为 Z 轴。根据坐标系正方向的确定原则，在钻、镗、铣加工中，钻入或镗入工件的方向为 Z 轴的负方向。

X 坐标一般为水平方向，它垂直于 Z 轴且平行于工件的装夹。对于立式铣床，Z 方向是垂直的，则为站在工作台前，从刀具主轴向立柱看，水平向右方向为 X 轴的正方向，如图 2－5 所示。对于 Z 轴是水平的，则从主轴向工件看（即从机床前面向工件看），向左方向为 X 轴的正方向，如图 2－6 所示。

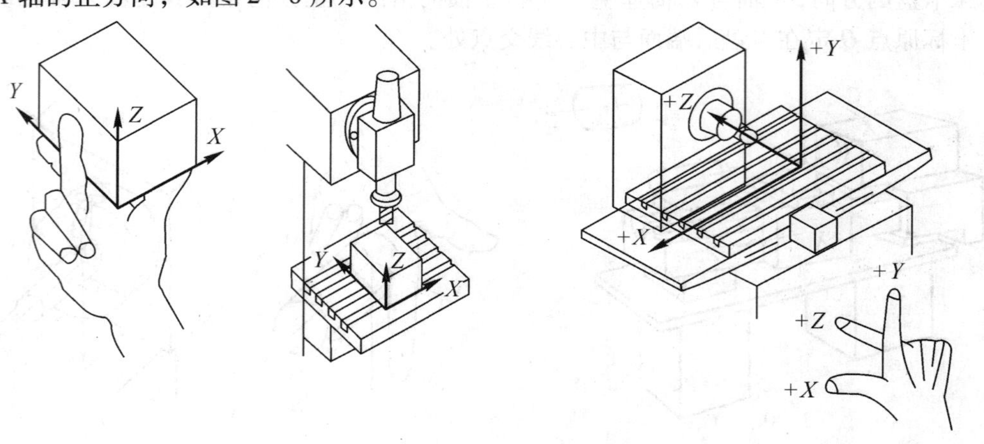

图 2－5　立式数控铣床的坐标系　　　　图 2－6　卧式数控铣床的坐标系

Y 坐标垂直于 X、Z 坐标轴，根据右手笛卡尔坐标系来进行判别。

数控铣床（加工中心）的机床原点一般设在刀具远离工件的极限点处，即坐标正方向的极限点处，并由机械挡块来确定其具体的位置。机床参考点是数控铣床上一个特殊位置的点，一般位于靠近机床原点的位置，并由机械挡块来确定其具体的位置。机床参考点与机床原点的距离由系统参数设定，其值可以是零，如果其值为零则表示机床参考点与机床零点重合。

对于大多数数控机床，开机第一步总是先使机床返回参考点（即所谓的机床回零）。当机床处于参考点位置时，系统显示屏上显示的机床坐标值即是系统中设定的参考点距离参数值。开机回参考点的目的就是为了建立机床坐标系，即通过参考点当前的位置和系统参数中设定的参考点与机床原点的距离来反推出机床原点的位置。机床坐标系一经建立后，只要机床不断电，将永远保持不变，且不能通过编程来对它进行改变。

（二）工件坐标系与原点

工件坐标系是编程人员在编程时使用的，编程人员选择工件上的某一已知点为原点（也称工件原点、程序原点），建立一个新的坐标系，称为工件坐标系，又称为编程坐标系。为了保证编程与加工的一致性，工件坐标系也采用右手笛卡尔坐标系，工件装夹到机床上时，应使工件坐标系与机床坐标系的坐标轴方向保持一致，如图 2－4 所示。工件坐标系一旦建立便一直有效，直到被新的工件坐标系所取代。

工件坐标系的原点是人为设定的，设定的依据是要尽量满足编程简单、尺寸换算少、引起的加工误差小、最好在工件的对称中心上等条件。一般情况下，程序原点应选在尺寸标注的基准或定位基准上。为方便编程，数控车床的工件原点一般建立在工件右端面的圆心，工件直径方向为 X 轴方向，工件轴线方向为 Z 轴方向，如图 2－4 所示。数控铣床的工件原点一般选择在零件的对称点且在零件的上表面上，如图 2－7 所示。

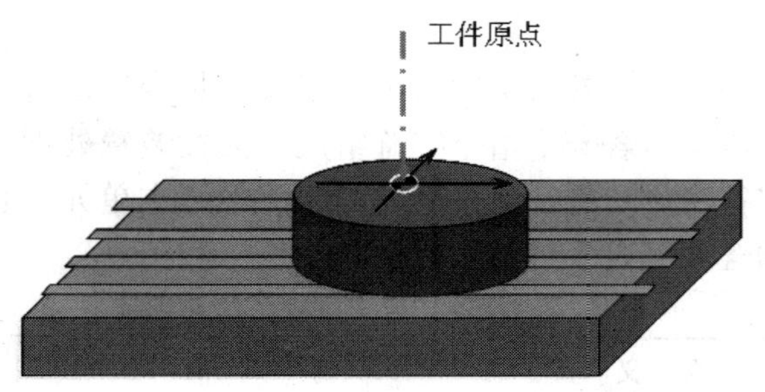

图 2－7　数控铣床的工件坐标系的选择

二、程序结构与格式

FANUC 数控系统编制的程序无论是主程序还是子程序都是由程序开始符、程序号、程序段和程序结束语、结束符组成。一个程序是由遵循一定结构、句法和格式规则的若干个程序段组成的，而每个程序段是由若干个指令字组成的。如图 2－8 所示。

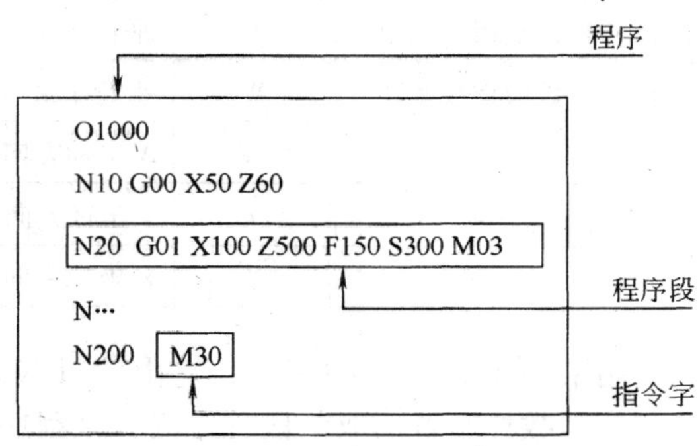

图 2－8　程序结构

1. 程序的文件名

为了区分每个程序，对程序都要进行编号，程序号由程序号地址和程序的编号组成，程序号必须放在程序的开头。如：*O* ××××。

不同的数控系统，程序号地址有所不同。FANUC 数控系统规定每个主程序和子程序用字母“*O*”作为程序号的地址码，后面可以用四位数字 0～9999 作为程序的编号。

2. 程序段的格式

（1）程序段含有执行工序所需要的全部数据内容。它是由若干个指令字和程序段结束符“;”所组成。每个字是由地址符和数值所组成。

（2）地址符：一般是一个字母，扩展地址符也可以包含多个字母。

（3）数值：数值是一个数字串，可以带正负号和小数点，正号可以省略。

由于程序段中有很多指令，建议程序段的顺序和格式为：

N__　G__　X__　Y__　Z__　T__　D__　M__　S__　F__；

3. 指令字的格式

一个指令字是由地址符（指令字符）和带符号（如定义尺寸的字）或不带符号（如准

备功能字 G 代码）的数字组成的。

程序段中不同的指令字符及其后续数值确定了每个指令字的含义。一个完整的程序由若干程序段组成，程序段又由若干个指令字符组成。数控装置处理程序时是以指令字符为单元进行处理。指令字符又称功能字，是组成程序的最基本单元。它是由地址字符和数字字符组成。地址字符的含义见表 2－2。

表 2－2　ISO 代码中地址字及其含义

字　符	含　义	字　符	含　义
A	绕 *X* 坐标的角度尺寸	P	平行于 *X* 坐标的第三坐标
B	绕 *Y* 坐标的角度尺寸	Q	平行于 *Y* 坐标的第三坐标
C	绕 *Z* 坐标的角度尺寸	R	平行于 *Z* 坐标的第三坐标
F	进给速度功能	S	主轴转速功能
G	准备功能	T	刀具功能
I	平行于 *X* 坐标的插补参数或螺纹螺距	U	平行于 *X* 坐标的第二坐标
J	平行于 *Y* 坐标的插补参数或螺纹螺距	V	平行于 *Y* 坐标的第二坐标
K	平行于 *Z* 坐标的插补参数或螺纹螺距	W	平行于 *Z* 坐标的第二坐标
M	辅助功能	X	*X* 坐标方向的坐标
N	程序号	Y	*Y* 坐标方向的坐标
		Z	*Z* 坐标方向的坐标

（1）程序段序号字 N。用来表示程序段的序号，它由字母 N 和后续数字表示，例如 N003，表示程序中第三段程序。数控装置读取某段程序时，该程序段序号由屏幕显示，以便操作者了解或检查程序执行情况。

（2）准备功能字 G。由字母 G 和两位数字（G00 ~ G99）组成，用来指定坐标系、定位方式、插补方式、指定加工螺纹、攻丝和各种固定循环以及刀具补偿等功能。

（3）坐标字。坐标字给定机床在各种坐标轴上移动方向和位移量，它是由坐标地址字符和带正、负号的数字组成，例 X40.0，表示 *X* 轴正方向 40mm。坐标地址所用字符较多（表 2－1），每个字符的含义详见后续章节。

（4）进给功能字 F。进给功能字用来指定刀具相对于工件的进给速度，单位是 mm/min；例如 N005 G01 Z－8.0 F140 ，表示刀具的进给速度是 140mm/min。但在车削螺纹、攻丝等工序中，因进给速度和主轴转速有关，用 F 直接指定螺纹的导程；例如 N022 G33 Z12.0 F2.0，表示车削公制螺丝的加工程序段，螺纹的导程是 2mm。

（5）主轴转速功能字 S。主轴转速功能字 S 控制主轴转速，其后的数值表示主轴速度，单位为 r/min。例如直接指定 S2500，表示主轴转速为 2500r/min。恒线速度功能时 S 指定切削线速度，其后的数值单位为 m/min。S 所编程的主轴转速可以借助机床控制面板上的主轴倍率开关进行修调。

（6）刀具功能字 T。功能完善的数控系统，地址字 T 后接四位数字，前二位是刀具号，后二位是刀具补偿值组别号。例如 T0303 表示使用第三把刀具，并且调用第三组刀具补偿值。刀具补偿值一般是作为参数设定并由手动输入（MDI）方式输入数控装置。采用刀具补偿值编程，可对因刀具磨损，测量等产生的误差进行补偿，提高实际的加工精度。

（7）辅助功能字M。辅助功能字由地址字M后接二位数字（M00～M99）组成，用于指定主轴旋转方向和起动、停止，冷却液供给和关闭，夹具夹紧和松开，刀具更换等功能。在加工中心和FMS系统中，还用M指定机器人、机械手、托盘等多种自动化外围设备工件。

第三节 常用编程指令

在数控加工过程中，用各种G、M指令来描述工艺过程的各种操作和运动特征。国际上广泛使用ISO标准G、M指令，我国机械工业部制定的JB3208－83与国际标准等效。

G、M指令分别由地址字G、M及两位数字组成，共有100种G指令和100种M指令：G00～G99、M00～M99。现代数控系统指令已达三位（如G154）。表2－3为FANUC数控车床系统常用G功能指令，表2－4为FANUC数控铣床系统常用G功能指令。

表2－3 FANUC数控车床系统常用G功能指令

代码	组	意 义	代码	组	意 义	代码	组	意 义
*G00	01	快速点定位	G30	00	回第2、3、4参考点	G70	00	精加工循环
G01		直线插补	G31		跳转功能	G71		粗车外圆
G02		顺圆插补	G32	01	螺纹切削	G72		粗车端面
G03		逆圆插补	G34		变螺距螺纹切削	G73		多重车削循环
G04		暂停延时	*G40	07	刀补取消	G74		排削钻端面孔
G10		可编程数据输入	G41		左刀补	G75		外径/内径钻孔
G11		可编程数据输入方式取消	G42		右刀补	G76		车螺纹复合循环
*G18	16	*ZX*平面选择	G50	00	坐标系设定或最大主轴速度设定	G90	01	车外圆固定循环
G20	06	英制单位	G50.3		工件坐标系预置	G92		车螺纹固定循环
*G21		公制单位	G52	00	局部坐标系设置	G94		车端面固定循环
*G22	09	存储行检查接通	G53		机床坐标系设定	G96	02	恒表面切削速度控制
G23		存储行检查断开	G54～G59	14	零点偏置	*G97		恒表面切削速度控制取消
G27	00	回参考点检查	G65	00	宏程序调用	G98	05	每分钟进给方式
G28		回参考点	G66	12	宏程序模态调用	*G99		每转进给方式
			*G67		宏程序模态调用取消			

注：1. 表内00组为非模态指令，只在本程序段内有效。其他组为模态指令，一次指定后持续有效，直到被本组其他代码所取代。

2. 标有*的G代码为数控系统通电启动后的默认状态。

表 2－4　FANUC 数控铣床系统常用 G 功能指令

代码	组	意　义	代码	组	意　义	代码	组	意　义
＊G00		快速点定位	＊G40		刀补取消	G83		钻深孔固定循环
G01		直线插补	G41	07	左刀补	G84		攻螺纹循环
G02	01	顺圆插补	G42		右刀补	G85		镗削固定循环
G03		逆圆插补	G43		刀具长度正补偿	G86	09	镗孔循环
G04	00	暂停延时	G44	08	刀具长度负补偿	G87		背镗循环
＊G17		选择 *XY* 平面	G49		刀具长度补偿取消	G88		镗孔循环
G18	02	选择 *ZX* 平面	G54～G59	14	零点偏置	G89		镗孔循环
G19		选择 *YZ* 平面	G73		深孔钻削固定循环	G90	03	绝对方式指定
G20	06	英制单位	G74		左螺纹攻螺纹固定循环	G91		相对方式指定
＊G21		公制单位	G76		精镗固定循环	G92	00	工作坐标系
G27		回参考点检查	G80	09	固定循环取消	G98	10	返回固定循环初始点
G28	00	回归参考点	G81		钻削固定循环	G99		返回固定循环 R 点
G29		由参考点回归	G82		锪孔循环			

一、与坐标系相关的指令

以下以 FANUC 系统的常用指令为例作介绍。

（一）绝对坐标指令与增量坐标指令（G90、G91）

G90 表示程序语句中的坐标为绝对坐标值，即从编程零点开始的坐标值。G91 表示程序语句中的坐标为增量坐标值，即指刀具从当前位置到下一个位置之间的增量值。如图 2－9 所示，图中给出了刀具由原点按顺序向 1、2、3 点移动时两种不同指令的区别。

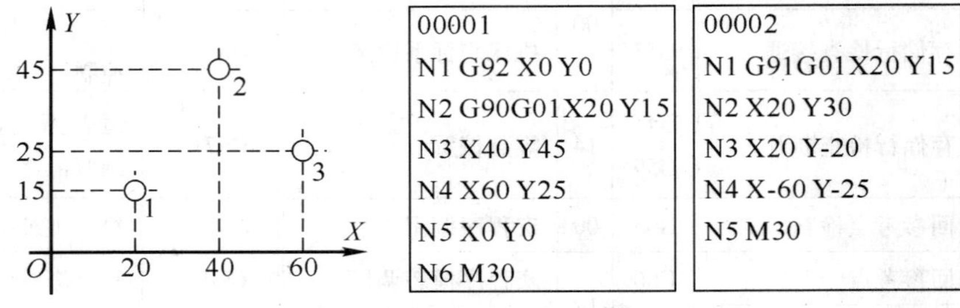

图 2－9　两种指令方式

注意，在数控车床上常采用 U、W 分别表示 *X* 轴方向和 *Z* 轴方向的增量尺寸。

（二）坐标系设定指令（G92，G54 ~ G59）

1. G92 指令

指令格式：G92 X __　Y __　Z __ ；

G92 是规定工件坐标系坐标原点的指令，工件坐标系坐标原点又称为程序零点，坐标值 x、y、z 为刀具刀位点在工件坐标系中（相对于程序零点）的初始位置。执行 G92 指令时，机床不动作，即 X、Y、Z 轴均不移动。

例：G92 X20 Y10 Z10；

其确立的加工原点在距离刀具起始点 $X = -20$，$Y = -10$，$Z = -10$ 的位置上，如图 2 – 10所示。

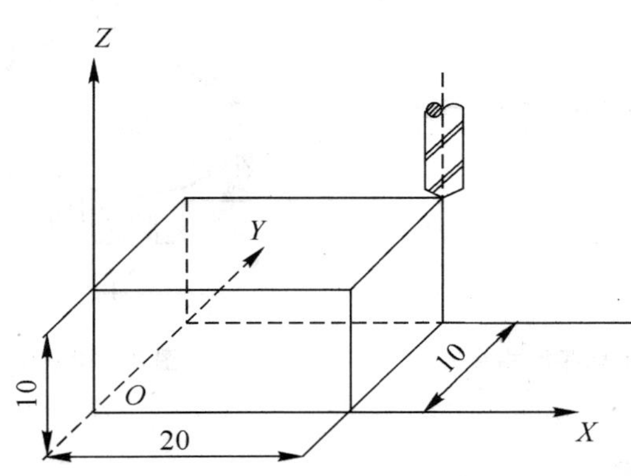

图 2 – 10　G92 设置加工坐标系

2. G54 ~ G59 指令

现代数控机床多用 G54 ~ G59 预先设定 6 个工件坐标系，这些坐标系在机床重新开机时仍然存在。6 个工件坐标系皆以机床原点为参考点，分别测出工件原点相对于机床原点的坐标值即原点偏置值，并输入到 G54 ~ G59 对应的存储单元中。在执行程序时，遇到 G54 ~ G59 指令后，便将对应的原点偏置值取出来参加计算，从而得到刀具在机床坐标系中的坐标值，控制刀具运动。

例如现测得原点偏置值，则 G54 偏置寄存器中坐标值输入为：

	X	Y	Z
G54	−310. 56	−246. 15	−210. 38

此时，工件原点在机床坐标系中的坐标值为 X −310. 56，Y −246. 15，Z −210. 38。若程序编为 G90 G54 G00 X0 Y0 Z10. 0，则刀具自动位于工件原点上方 10. 0mm 处（仅与工件原点有关），此时机床坐标自动计算为 X −310. 56　Y −246. 15　Z −200. 38。

3. 坐标平面指令（G17、G18、G19）

准备功能指令 G17、G18、和 G19 分别指定空间坐标系中的 XY 平面、ZX 平面和 YZ 平面，如图 2 – 11 所示，其作用是让机床在指定坐标平面上进行插补加工和加工补偿。例如图 2 – 12 中所示工件安装在数控铣床工作台上，坐标方向如图所示。当铣削圆弧面 1 时，在 XY 平面内进行圆弧插补，应使用准备功能 G17 设定插补平面；铣削圆弧面 2 时，在 ZX 平面内进行插补加工，故选用 G18 设定插补平面，否则在该平面就不能实现插补功能。

对于三坐标数控铣床和铣镗加工中心，开机后数控装置自动将机床设置成 G17 状态，如果在 XY 坐标平面内进行轮廓加工，就不需要由程序设定 G17。数控车床总是在 XZ 坐标平面内运动，在程序中也不需要用指令指定。

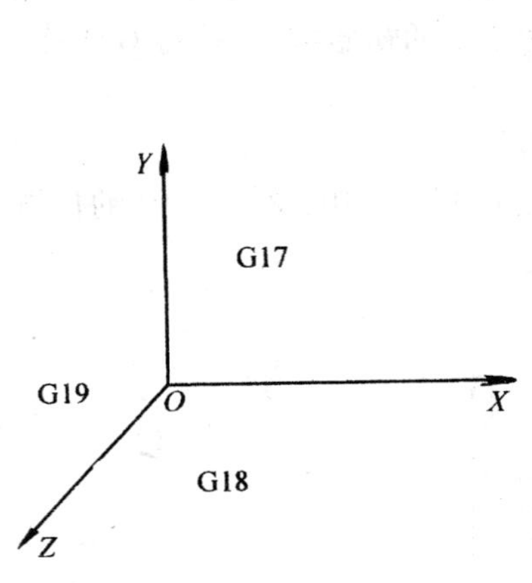

图 2－11 坐标平面指令

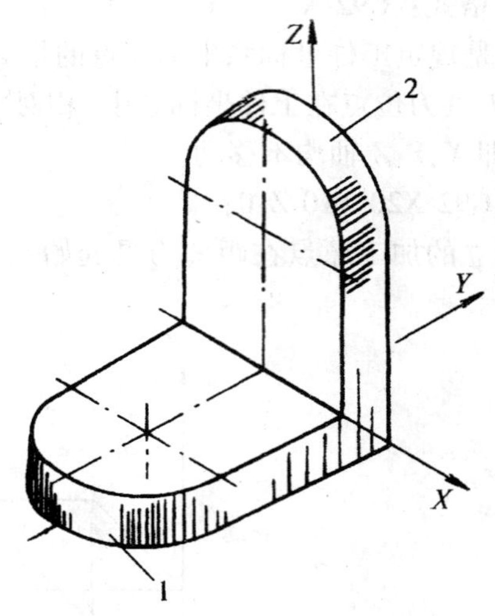

图 2－12 不同插补平面

二、运动控制指令

（一）快速点定位指令（G00）

G00 指令要求刀具以点位控制方式从刀具所在位置用最快的速度移动到指定位置。它只实现快速移动，并保证在指定的位置停止，在移动时对运动轨迹与运动速度并没有严格的精度要求。如果两坐标轴的脉冲当量和最大速度相等，运动轨迹是一条 45°斜线，如果是一条非 45°斜线，刀具的运动轨迹可能是一条折线。例如图 2－13 所示，使用快速点定位指令 G00 编写程序，程序的起始点是工件坐标系原点 O，先从 O 点快速移动到参考点 A，紧接着快速移至参考点 B，执行程序时刀具移动轨迹是两条折线，如图中粗线所示。其程序如下：

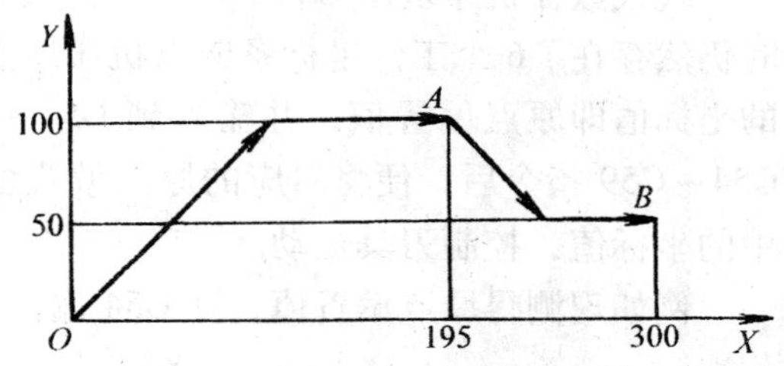

图 2－13 快速点定位

采用绝对尺寸编程方式，

G90 G00 X195.0 Y100.0；由 O 快速移至 A 点，

X300.0 Y 50.0；由 A 快速移至 B 点。

采用增量尺寸编程方式，

G91 G00 X195.0 Y100.0；由 O 快速移至 A 点，

X105.0 Y－50.0；由 A 快速移至 B 点。

使用 G00 时，应注意以下几点：

（1）G00 是模态指令，上面例子中，由 A 点到 B 点实现快速点定位时，因前面程序段已设定了 G00，后面程序段就可不再重复设定 G00，只写出坐标值即可。

(2) 快速点定位移动速度不能用程序指令设定，它的速度已由生产厂家预先调定或由引导程序确定。若在快速点定位程序段前设定了进给速度 *F*，指令 F 对 G00 程序段无效。

(3) 快速点定位 G00 执行过程是刀具由程序起始点开始加速移动至最大速度，然后保持快速移动，最后减速到达终点，实现快速点定位。这样可以提高数控机床的定位精度。

(二) 直线插补指令 (G01)

直线插补也称直线切削，它的特点是刀具以直线插补运算联动方式由某坐标点移动到另一坐标点，移动速度是由进给功能指令 F 设定。机床执行 G01 指令时，在该程序段中必须含有 *F* 指令。G01 和 F 都是模态指令。

图 2 - 14 是使用 G01 指令编程实例，坐标系原点 *O* 是程序起始点，要求刀具由 *O* 点快速移至 *A* 点，然后沿 *AB*、*BC*、*CA* 实现直线切削，再由 *C* 点快速返回程序起始点。其程序如下：

用绝对尺寸编程方式：

```
N001 M03 S300 T01;              主轴正转转速 300r/min，使用一号刀具，
N002 G90 G00 X24.0 Y30.0;       快速移至 A 点，
N003 G01 X96.0 Y70.0 F100;      以 100mm/min 进给速度加工直线段 AB，
N004     X168.0 Y50.0;          加工直线段 BC，进给速度不变，
N005     X24.0 Y30.0;           加工直线段 CA，进给速度不变，
N006 G00 X0 Y0 M02;             快速返回 O 点，程序结束。
```

用增量尺寸编程方式：

```
N001 G91 G00 X24.0   Y30.0 S300 T01 M03;
N002     G01 X72.0   Y40.0 F100;
N003         X72.0   Y-20.0;
N004         X-144.0   Y-20.0;
N005     G00 X-24.0   Y-30.0 M02;
```

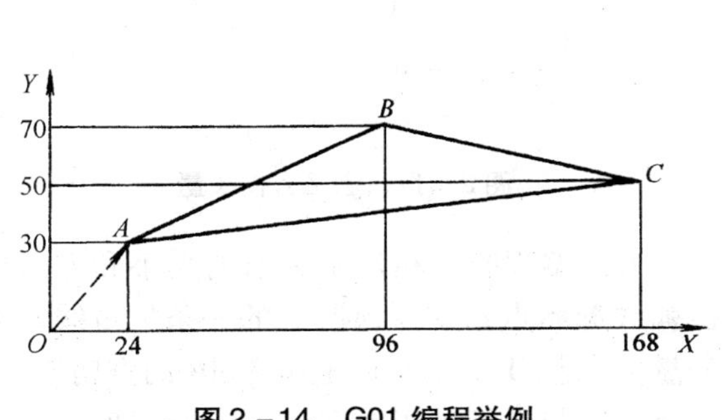

图 2 - 14 G01 编程举例

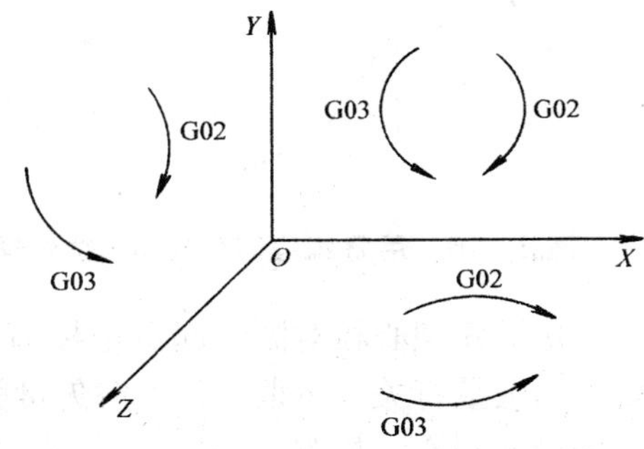

图 2 - 15 圆弧插补方向判别

(三) 圆弧插补指令 (G02、G03)

圆弧插补指令可以自动加工圆弧曲线。G02 是顺时针方向圆弧插补指令，G03 是逆时针方向圆弧插补指令。各坐标平面的圆弧插补方向如图 2 - 15 所示。在圆弧插补程序段中

必须包含圆弧的终点坐标值（*X*、*Y*、*Z*）和圆心相对圆弧起点的坐标值（*I*、*J*、*K*）或圆弧的半径（*R*），同时应指定圆弧插补所在的坐标平面。

在 *XY* 坐标平面上程序段格式：

G17　G02（G03）X_　Y_　I_　J_　F_　;

或　G17　G02（G03）X_　Y_　R_　F_　;

在 *XZ* 坐标平面上程序段格式：

G18　G02（G03）X_　Z_　I_　K_　F_　;

或　G18　G02（G03）X_　Z_　R_　F_　;

在 *YZ* 坐标平面上程序段格式：

G19　G02（G03）Y_　Z_　J_　K_　F_　;

或　G19　G02（G03）Y_　Z_　R_　F_　;

机床只有一个平面时，平面指令可省略；当机床有三个坐标平面时，因为通常在 *XY* 平面内加工平面轮廓曲线，开机后自动进入 G17 指令状态，在编写程序时，也可以省略。

采用圆弧 R 编程时，从起始点到终点存在两条圆弧线段，它们的编程参数完全一样，如图 2－16 所示。图中两条顺时方向圆弧，不但起始点一致，而且圆弧半径相等。为了区分这两种情况，编程时规定：当圆心角小于或等于 180°时，如图中 *n* 段圆弧，用正半径值（＋*R*）表示圆弧半径；当圆心角大于 180°时，如图中 *m* 段圆弧，用负半经值（－*R*）表示圆弧半径。

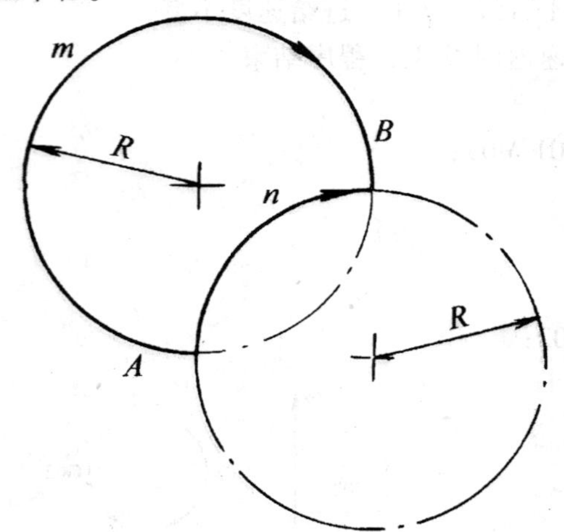

图 2－16　用 R 编程时两条圆弧线处理

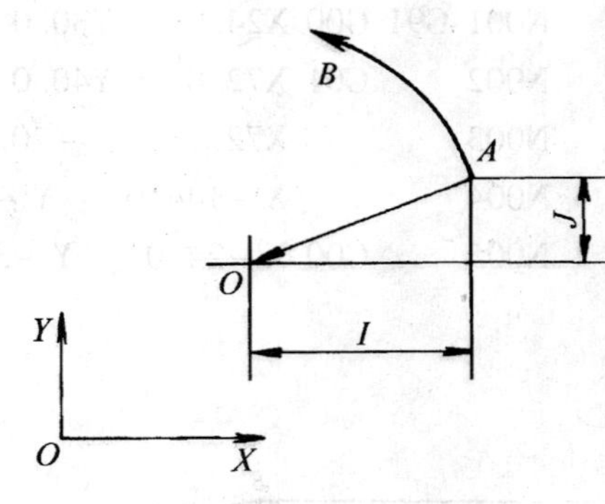

图 2－17　圆弧方向矢量

采用圆弧圆心相对圆弧起点坐标值（*I*、*J*、*K*）编程时，相对坐标值的大小和方向与圆弧方向矢量有关。所谓圆弧方向矢量就是圆弧线起始点指向圆弧圆心的一条矢量线，矢量方向指向圆心，如图 2－17 所示。图中，矢量 *AO* 是 *XY* 坐标平面上圆弧 *AB* 的方向矢量，*I*、*J* 是方向矢量在 *X*、*Y* 坐标轴上分矢量，若分矢量与坐标轴正方向一致时取正值，与坐标轴正方向相反时取负值。图中 *I*、*J* 的坐标值均取负值。

编程时，圆弧线的终点坐标可采用绝对尺寸值（G90）表示，也可以采用终点相对起点的增量尺寸值（G91）表示。图 2－18 中的曲线段是由三段圆弧线段组成，以此为例，讨论圆弧编程方法。

1. 使用圆弧半径 *R* 编程

绝对尺寸编程方式：

```
G92      X0      Y-15.0;                  坐标系设定。
G90 G03 X15.0 Y0         R15.0 F100;      由A移至B。
    G02 X55.0 Y0         R20.0;           由B移至C。
    G03 X80.0 Y-25.0     R-25.0;          由C移至D。
```

增量尺寸编程方式：

```
G91 G03 X15.0 Y15.0 R15.0 F100;
    G02 X40.0 Y0 R20.0;
    G03 X25.0 Y-25.0 R-25.0;
```

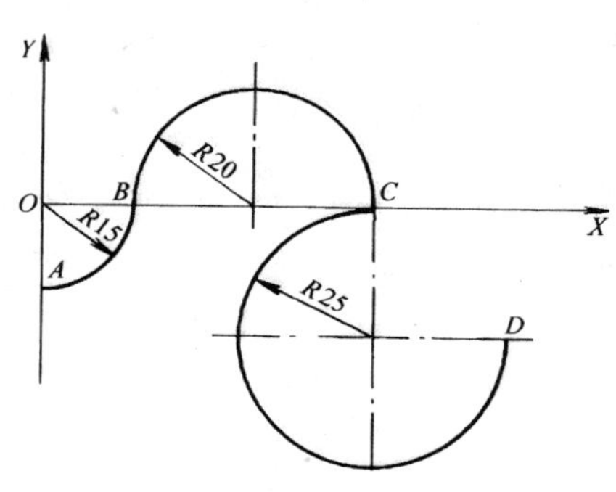

图 2-18 圆弧编程

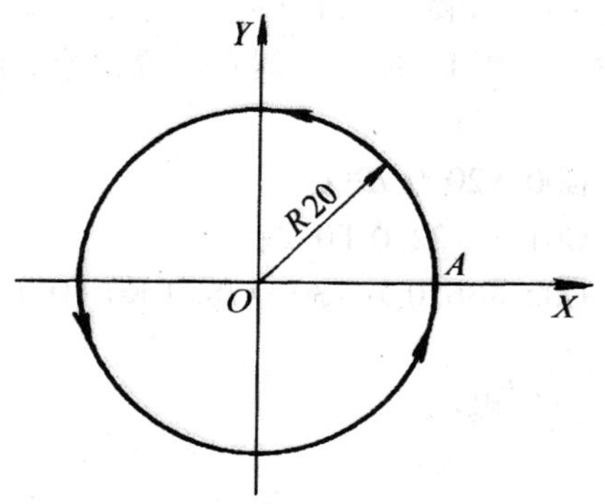

图 2-19 封闭整圆编程

2. 使用分矢量 I、J 编程

绝对尺寸编程方式：

```
G92      X0      Y-15.0;
G90 G03 X15.0 Y0       I0     J15.0 F100;
    G02 X55.0 Y0       I20.0  J0;
    G03 X80.0 Y-25.0   I0     J-25.0;
```

增量尺寸编程方式：

```
G91 G03 X15.0 Y15.0   I0     J15.0 F100;
    G02 X40.0 Y0       I20.0 J0;
    G03 X25.0 Y-25.0 I0      J-25.0;
```

在程序中若分矢量为零（I0 或 J0）时，可以省略。

如果圆弧是一个封闭整圆，只能使用分矢量编程。图 2-19 是一封闭整圆，要求由 *A* 点开始，实现逆时针圆弧插补并返回 *A* 点。其程序段格式为：

```
   G90 G03 X20.0 Y0   I-20.0 J0 F100;
或 G91 G03 X0    Y0   I-20.0 J0 F100;
```

对数控车床圆弧插补方向判别：从 *Y* 轴负方向去观察顺时针就用顺时针圆弧插补指令 G02，逆时针就用逆时针圆弧插补指令 G03。在数控车床上刀架有后置刀架和前置刀架两种情况，圆弧插补 G02/G03 方向的规定见图 2-20 所示。

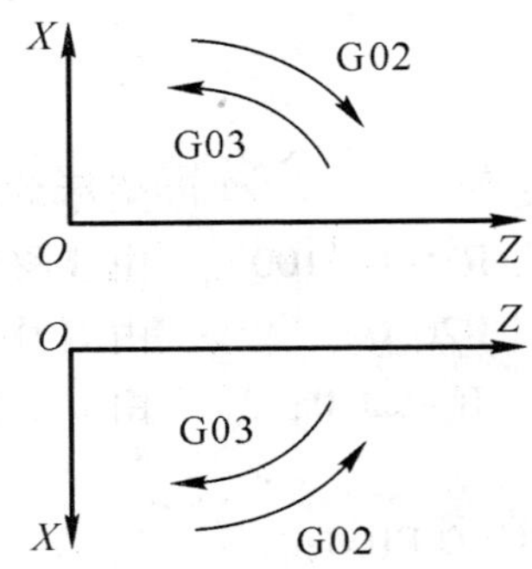

图 2－20　圆弧插补 G02/G03 方向的规定

例 2－1　如图 2－21（a）所示，用顺时针圆弧插补指令完成程序编制。

方法一　用 I、K 表示圆心位置，绝对值编程：

…

N03 G00 X20.0 Z2.0;

N04 G01 Z－22.0 F0.2;

N05 G02 X36.0 Z－30.0 I8.0 K0 F0.1;

…

增量值编程：

…

N03 G00 U－18.0 W－98.0;

N04 G01 W－24.0 F0.2;

N05 G02 U16.0 W－8.0 I8.0 K0 F0.1;

…

方法二　用 R 表示圆心位置：

…

N03 G00 X20.0 Z2.0;

N04 G01 Z－22.0 F0.2;

N05 G02 X36.0 Z－30.0 R8.0 F0.1;

…

例 2－2　如图 2－21（b）所示，用逆时针圆弧插补指令完成程序编制。

方法一　用 *I*、*K* 表示圆心位置，绝对值编程：

…

N03 G00 X20.0 Z2.0;

N04 G01 Z－30.0 F0.2;

N05 X24.0;

N06 G03 X40.0 Z－38.0 I0 K－8.0 F0.1;

…

增量值编程：

…

N03 G00 U－180.0 W－98.0;

```
N04 G01 W -30.0 F0.2;
N05 U4.0;
N06 G03 X16.0 W -8.0 I0 K -8.0 F0.1;
…
```

方法二 用 R 表示圆心位置：

```
…
N03 G00 X20.0 Z2.0;
N04 G01 Z -30.0 F0.2;
N05 X24.0;
N06 G03 X40.0 Z -38.0 R8.0 F0.1;
…
```

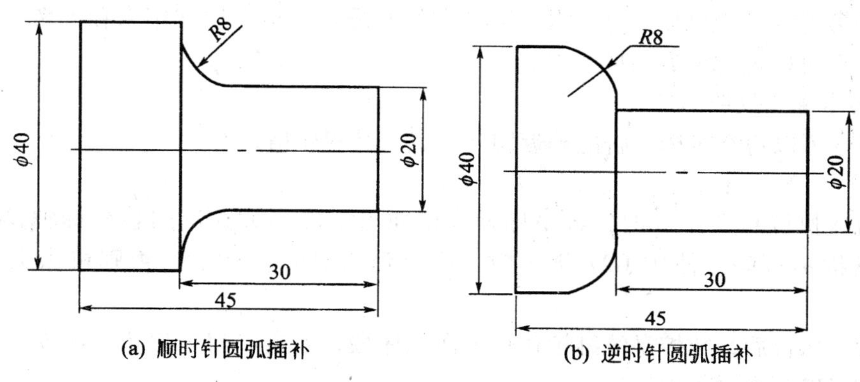

图 2 -21 圆弧插补例题图

(四) 暂停 (延时) 指令 (G04)

在进行锪孔、车槽、车台阶轴清根等加工时，常要求刀具在短时间内实现无进给光整加工，此时可以用 G04 指令实现暂停，暂停结束后，继续执行下一段程序。

指令格式：G04 β_ ；

符号 β 是地址，常用 X、P 等地址字符表示，大多数机床都采用 X，这里的 X 和坐标系中使用的 X 没有任何关系。若脉冲当量是 0.001mm 时，停留时间范围是 0.001 ~ 99999.999s；也可用工件旋转的转数表示暂停的长短，其含义是执行暂停指令时工件旋转，刀具不动，只有当工件旋转的转数等于设定值时，立即执行下一段程序。

图 2 -22 是锪孔加工，锪钻进给速度为 100mm/min，进给距离 7.5mm ，停留 3s 后，快退 10mm，其加工程序为：

```
G91 G01 Z -7.5 F100 ; 刀具向下进给 7.5mm 锪孔，
     G04 X3.0;         刀具继续旋转而进给停止 3s，
     G00 Z10.0;        刀具快速上升 10mm。
```

G04 是非模态指令，只在本程序段中有效。

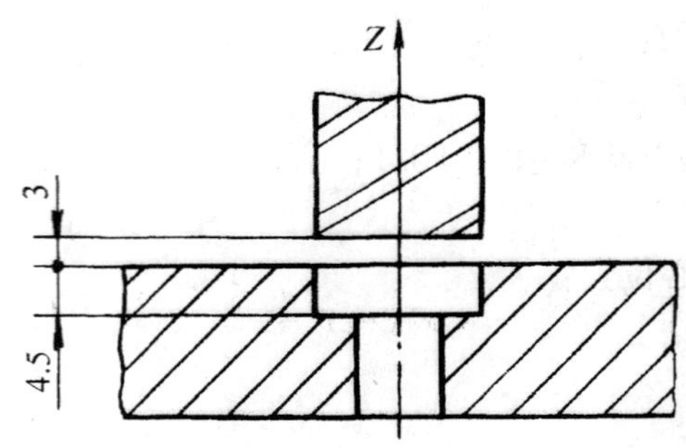

图2－22　锪孔加工

（五）返回参考点指令（G27、G28、G29）

这里的参考点是指机械零点或由参数设定的基准点。指令通常用来在参考点换刀，所以返回参考点可以理解为返回换刀点。

1. 返回参考点校验 G27

G27 指令可以检查机床是否准确返回参考点，其程序格式为：

G27 X＿　Y＿；

数控机床执行 G27 指令时，各坐标轴以快速点定位的方式返回各坐标轴参考点，同时，参考点指示灯亮。使用 G27 指令时，应取消刀具补偿功能，否则机床无法返回参考点。

G27 指令执行后，数控系统继续执行下面程序段，若需要机床停止，应在 G27 程序段后加 M00 或 M01 等辅助功能。

2. 自动返回参考点 G28

G28 指令可以使刀具从任何位置以快速定位方式经过中间点返回参考点，到达参考点时，返回参考点指示灯亮。其程序格式为：

G28 X＿　Y＿；

X、Y 中的坐标值是中间点的坐标值，参考点的坐标值不需要指定。G28 指令常用于刀具自动换刀的程序段，执行时应取消刀具补偿功能。

3. 从参考点自动返回 G29

其程序格式为：G29 X＿　Y＿；

X、Y 中的坐标值是返回点的坐标值。该指令使刀具从参考点以快速点定位方式经过中间点返回到 G29 指令中设定的返回点，中间点的坐标值不需要指定，由前面程序段 G28 指令中设定。

机床刀架需要在参考点进行自动换刀时，常使用 G28、G29 功能，图 2－23 是 G28、G29 功能应用实例，按绝对值编程格式如下：

G28 X90. 0 Z158. 0 T0100；由 *A* 点快速移至 *B* 点，再移至 *R* 点取下 1 号刀

G00 T0202；　　　　　　换上 2 号刀具

G29 X30. 0 Z216. 0；　　　由参考点返回经参考点 *B* 再到参考点 *C*

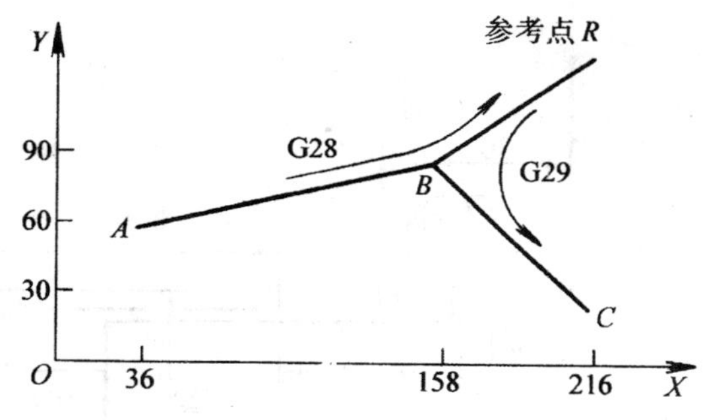

图2－23　G28和G29应用实例

三、刀具补偿指令

在数控编程过程中，一般不考虑刀具的长度与刀尖圆弧半径，而只需考虑刀位点与编程轨迹的重合。但在实际加工过程中，由于刀尖圆弧半径与刀具长度各不相同，在加工中会产生很大的误差。因此，实际加工时必须通过刀具补偿指令，使数控机床根据实际使用刀具尺寸，自动调整各坐标轴的移动量，确保实际加工轮廓和编程轨迹完全一致。

数控机床根据刀具实际尺寸，自动改变机床坐标轴或刀位点位置，使实际加工轮廓和编程轨迹完全一致的功能，称为刀具补偿。

（一）刀具半径补偿指令（G41、G42、G40）

1. 数控车床的刀具补偿

数控车床的刀具补偿分为刀具偏置（亦称刀具位置补偿）和刀具圆弧半径补偿两种。

（1）刀位点的概念。所谓刀位点是指编制程序和加工时，用于表示刀具特征的点，也是对刀和加工的基准点。数控车刀的刀位点如图2－24所示，尖形车刀的刀位点通常是指刀具的刀尖，圆弧形车刀的刀位点是指圆弧刃的圆心，成形刀具的刀位点也通常是指刀尖。

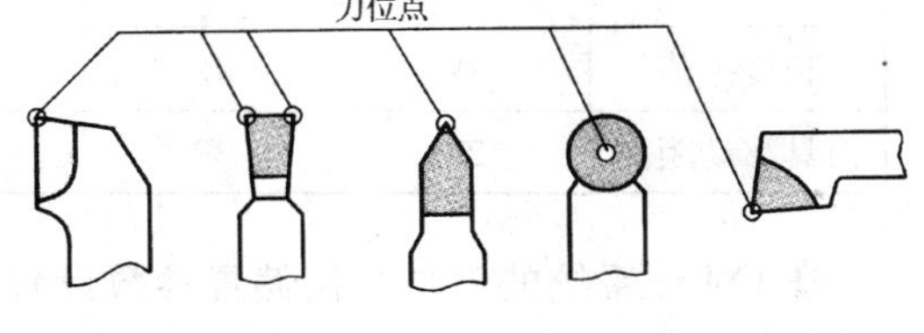

图2－24　数控车刀的刀位点

（2）刀具偏置的含义。刀具偏置是用来补偿假定刀具长度与基准刀具长度之差的功能。车床数控系统规定 X 轴与 Z 轴可同时实现刀具偏置（刀具偏置的实质就是刀具长度补偿）。

刀具偏置分为刀具几何偏置和刀具磨损偏置两种。由于刀具的几何形状不同和刀具的安装位置不同而产生的刀具偏置称为刀具几何偏置，由刀具刀尖磨损产生的刀具偏置则称为刀具磨损偏置（又称磨耗）。以下叙述刀具偏置主要指刀具几何偏置。

刀具偏置示例如图2－25所示。以1号刀作为基准刀具，工件原点采用G54设定，则其他刀具与基准刀具的长度差值（比基准刀具短用负值表示）及换刀后刀具从刀位点到A点的移动距离见表2－5。

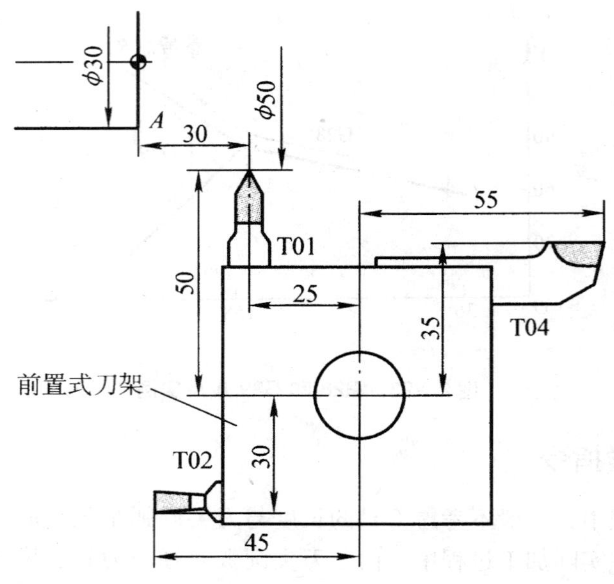

图 2－25　刀具偏置补偿功能示例

当换为 2 号刀后，由于 2 号刀在 *X* 直径方向比基准刀具短 10mm，而在 *Z* 方向比基准刀具长 5mm，因此，与基准刀具相比，2 号刀具的刀位点从换刀点移动到 *A* 点，在 *X* 方向多移动 10mm，而在 *Z* 方向要少移动 5mm。4 号刀具移动的距离计算方法与 2 号刀具相同。

表 2－5　刀具偏置补偿示例　（单位：mm）

项目＼刀具	T01（基准刀具）		T02		T04	
	X（直径）	*Z*	*X*（直径）	*Z*	*X*（直径）	*Z*
长度差值	0	0	－10	5	10	10
刀具移动距离	20	30	30	25	10	20

FANUC 系统的刀具几何偏置参数设置如图 2－26 所示，如要进行刀具磨耗偏置设置，则只需按下“磨耗”键即可进入相应的设置画面。

工具补正 / 形状　　　　00001 N0000

番号	X	Z	R	T
G01	0.000	0.000	0.000	0
G02	−10.000	5.000	0.000	0
G03	0.000	0.000	0.000	0
G04	10.000	10.000	1.500	3
G05	0.000	0.000	0.000	0
G06	0.000	0.000	0.000	0
G07	0.000	0.000	0.000	0
G08	0.000	0.000	0.000	0

现在位置（绝对坐标）

X50.000　Z30.000

S　0　T0000

［磨耗］［形状］［工件移动］［ ］　［ ］

图 2－26　FANUC 系统刀具补偿参数设定

（3）刀具半径补偿（G41、G42、G40）。

1）刀尖圆弧半径补偿的概念：任何一把刀具，不论制造或刃磨得如何锋利，在其刀尖部分都存在一个刀尖圆弧，它的半径值是个难于准确测量的值。为确保工件轮廓形状，加工时刀具刀尖圆弧的圆心运动轨迹不能与被加工工件轮廓重合，而应与工件轮廓偏置一个半径值，这种偏置称为刀尖圆弧半径补偿。圆弧形车刀的刀刃半径补偿也与其相同。

目前的数控车床都具备刀具半径自动补偿功能。编程时，只需按工件的实际轮廓尺寸编程即可，不必考虑刀具的刀尖圆弧半径的大小。加工时由数控系统将刀尖圆弧半径加以补偿，便可加工出所要求的工件来。

2）假想刀尖与刀尖圆弧半径：在理想状态下，总是将尖形车刀的刀位点假想成一个点，该点即为假想刀尖（图 2－27 中的 *A* 点），在对刀时也是以假想刀尖进行对刀。但实际加工中的车刀，刀尖往往不是一个理想的点，而是一段圆弧（即图 2－27 中的 *BC* 圆弧）。

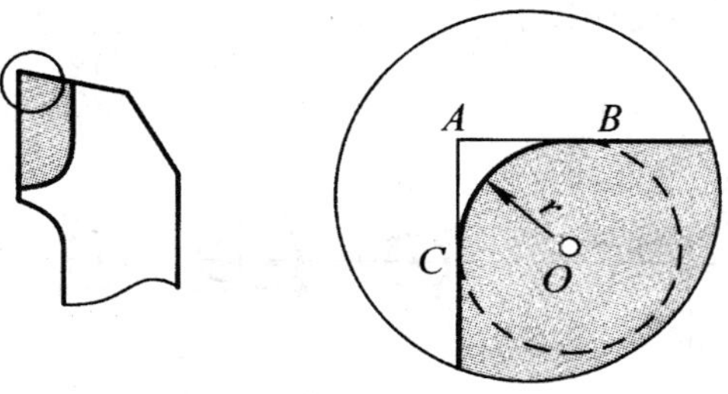

图 2－27 假想刀尖示意图

所谓刀尖圆弧半径是指车刀刀尖圆弧所构成的假想圆半径（即图 2－27 中的 *r*）。

3）刀尖圆弧半径补偿指令。

指令格式：G41 G01/G00 X__ Z__ F__；刀尖圆弧半径左补偿

G42 G01/G00 X__ Z__ F__；刀尖圆弧半径右补偿

G40 G01/G00 X__ Z__；取消刀尖圆弧半径补偿

指令说明：编程时，刀尖圆弧半径补偿偏置方向的判别如图 2－28 所示。沿 *Y* 坐标轴的负方向并沿刀具的移动方向看，当刀具处在轮廓左侧时，称为刀尖圆弧半径左补偿，此时用 G41 表示；当刀具处在轮廓右侧时，称为刀尖圆弧半径右补偿，此时用 G42 表示。

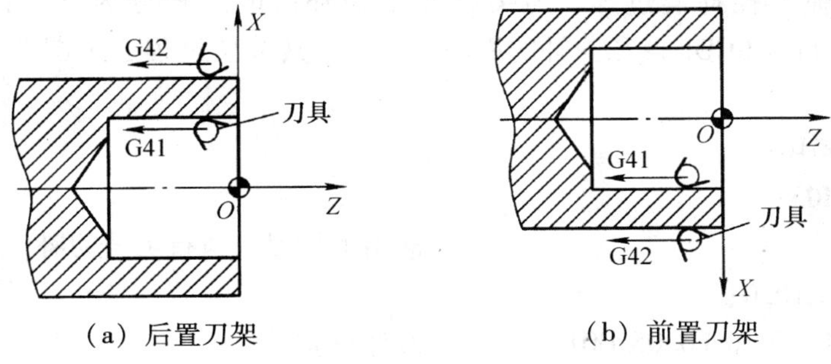

图 2－28 刀尖圆弧半径补偿偏置方向的判别

在判别刀尖圆弧半径偏置方向时，一定要沿 *Y* 轴由正向负观察刀具所处的位置，故应特别注意后置刀架［图 2－28（a)］和前置刀架［图 2－28（b)］对刀尖圆弧半径补偿偏置方向的区别。对于前置刀架，为防止判别过程中出错，可在图样上将工件、刀具及 X 轴同时绕 Z 轴旋转 180°后进行偏置方向的判别，此时正 Y 轴向外，刀补的偏置方向则与后置刀架的判别方向相同。

（4）圆弧车刀刀具切削沿位置的确定。数控车床采用刀尖圆弧补偿进行加工时，如果刀具的刀尖形状和切削时所处的位置不同，那么刀具的补偿量和补偿方向也不同。根据各种刀尖形状及刀尖位置的不同，数控车刀的刀具切削沿位置共有 9 种，如图 2－29 所示。图中 P 为假想刀尖点，S 为刀具切削沿圆心位置，r 为刀尖圆弧半径。

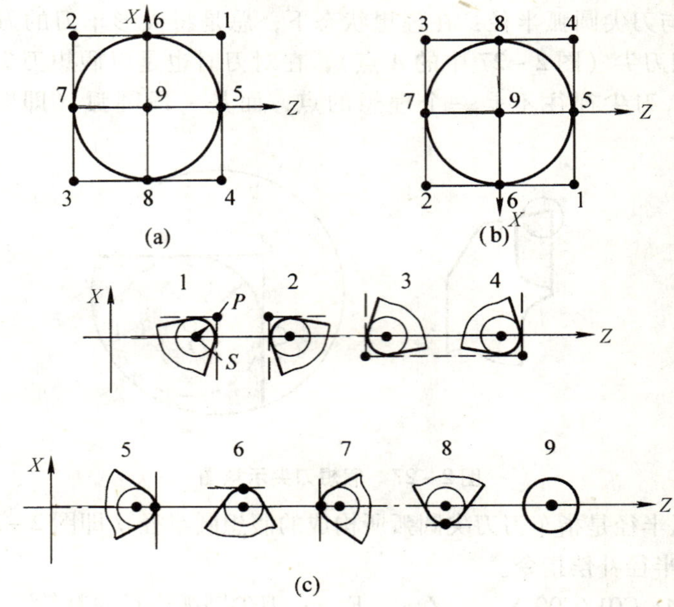

图 2－29　数控车床的刀具切削沿位置

除 9 号刀具切削沿外，数控车刀的对刀均是以假想刀位点来进行的。也就说，在刀具偏置存储器中或 G54 坐标系设定的值是通过假想刀尖点［图 2－29（c）中的 P 点］进行对刀后所得的机床坐标系中的绝对坐标值。

（5）刀尖圆弧半径补偿过程。刀尖圆弧半径补偿的过程分为三步：即刀补的建立（AB)，刀补的进行（BCDE）和刀补的取消（EF)。其补偿过程通过图 2－30 和加工程序 O0010 共同说明。

加工程序 O0010；

N10 S1000 M03；	
N20 T0101；	选用 1 号刀，执行 1 号刀补
N30 G00 X0 Z10.0；	
N40 G42 G01 X0 Z0 F0.05 D01；	刀补建立
N50 X40.0；	刀补进行
N60 Z－18.0；	
N70 X80.0；	

```
N80 G40 G00 X85.0 Z10.0;          刀补取消
N90 X200.0 Z100.0;
N100 M30;
```

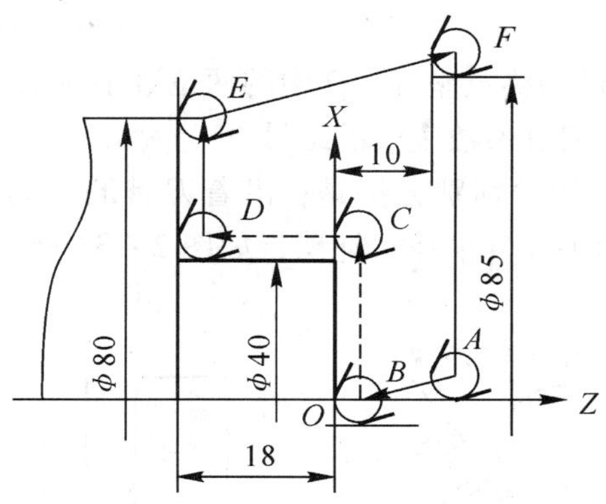

图 2－30　刀尖圆弧半径补偿

2. 数控铣床及加工中心的刀具补偿

数控铣床常用刀具的刀位点如图 2－31 所示，立铣刀、面铣刀和铰刀的刀位点指刀具的底面中心，而球头铣刀的刀位点指球头中心。

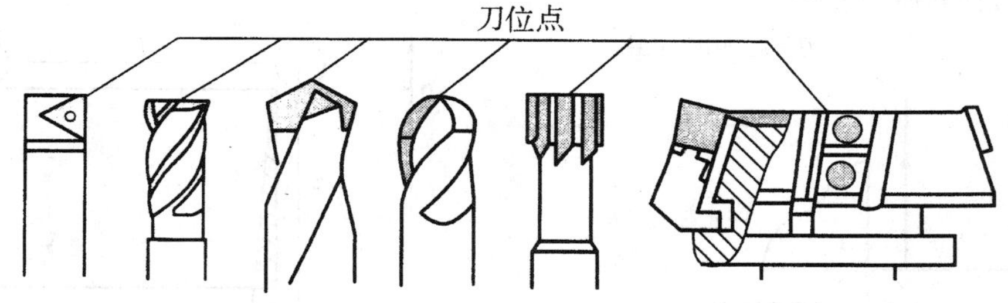

图 2－31　数控刀具的刀位点

(1) 刀具半径补偿（G40，G41，G42）。在工件轮廓加工过程中，铣刀总有一定的半径，因此，铣刀中心的运动轨迹不等于加工零件的实际轮廓。在编制轮廓切削加工程序的场合，一般以工件的轮廓尺寸作为刀具轨迹进行编程，而实际的刀具运动轨迹则与工件轮廓有一偏移量（即刀具半径），如图 2－32 所示。数控系统这种编程功能称为刀具半径补偿功能。

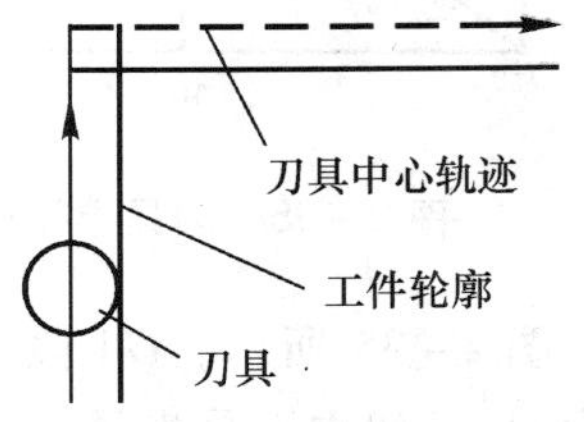

图 2－32　刀具半径补偿功能

有刀具半径补偿功能的数控机床，编程时只需按零件的轮廓尺寸编写，而将刀具的半径作为工件轮廓的偏置量，由操作者在机床的刀具参数页面中输入，在加工外轮廓时，用相应的刀具补偿指令调用，数控系统就会控制刀具中心向工件外轮廓偏移一个刀具半径值；而在加工内轮廓时，数控系统则会控制刀具中心向工件内轮廓偏移一个刀具半径值。这样一旦铣刀半径改变，只要改变机床刀具参数中的刀具半径值就可以了，程序不需要作任何修改。

（2）刀具半径指令格式。

指令格式：G41 G01 X__ Y__ F__ D__；（刀具半径左补偿）

G42 G01 X__ Y__ F__ D__；（刀具半径右补偿）

G40；（取消刀具半径补偿）

其中，X、Y 是 G01 运动的终点坐标；D 中的两位数字表示刀具半径补偿值所存放的地址，或者说是刀具补偿值在刀具参数表中的编号。

刀具半径左补偿、右补偿的判别方法是：沿着刀具的运动方向看（假设工件不动），刀具在被切零件轮廓左侧即为刀具半径左补偿，如图 2－33 所示。刀具位于零件右侧的为右补偿，如图 2－34 所示。

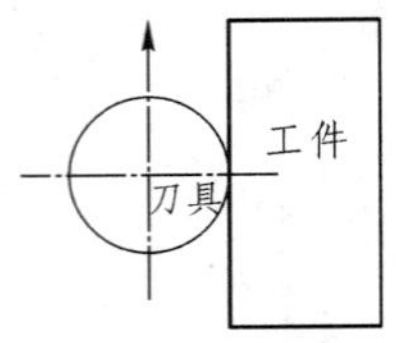

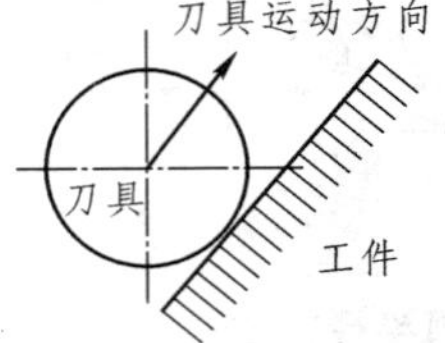

图 2－33 左偏刀具半径补偿

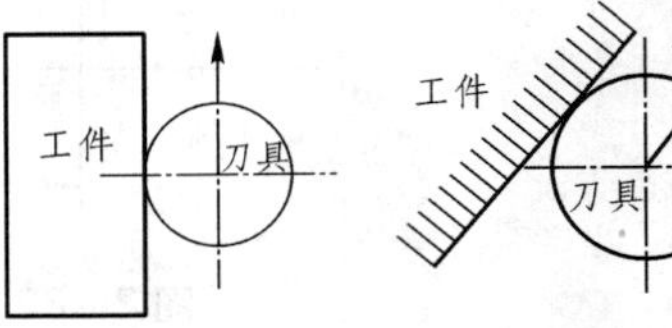

图 2－34 右偏刀具半径补偿

（3）刀具补偿过程。刀具半径补偿的过程分为三步，（如图 2－35 所示）。刀补的建立，实现刀补和撤销刀补。

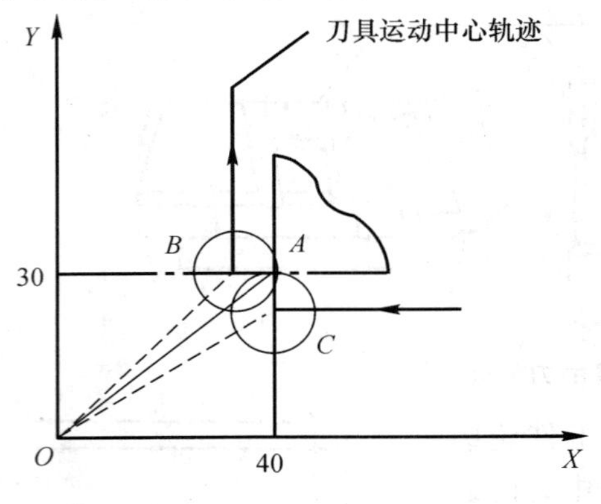

图 2－35 刀具半径补偿过程

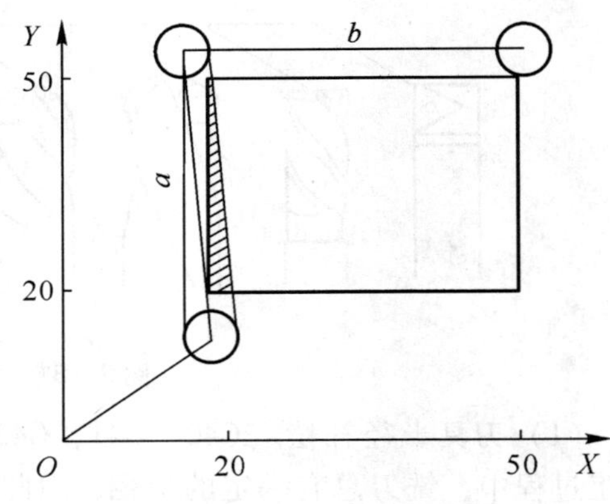

图 2－36 进刀超差

图 2－35 所示，OA 段为一个刀具半径补偿建立过程，编程轨迹为 OA，而实际运动轨迹为 OB，建立刀具半径补偿的程序段为：

G41 G01 X50 Y40 F100 D01 ；

在 G41、G42 程序段后，刀具中心始终与编程轨迹相距一个补偿偏移量，直至刀具半径补偿取消，此时就实现了刀具补偿功能。

需要刀具半径补偿的运动轨迹完成后，必须撤销刀具半径补偿，使刀具中心轨迹过渡到和编程轨迹一致。和建立刀具半径补偿一样，要在刀具走 G00/G01 线段时撤销。如图 2－35 所示，AO 为撤销刀具半径补偿，程序段为：

G40 G01 X0 Y0 F100；或 G40 G00 X0 Y0 ；

编程轨迹为 AO，实际运动轨迹为 CO，撤销了刀具半径补偿。

刀具半径补偿的建立是使刀具从无刀具半径补偿运动到有刀具半径补偿运动的开始点，因而补偿时补偿开始点的选择非常重要。如图 2－36 所示，如果在加工开始时，建立刀具半径补偿的话，刀具所运行的轨迹将成为斜线（图 2－36 中 a 段的运行轨迹），造成工件尺寸误差。因此一般刀具半径补偿建立都在刀具空切时进行。

使用刀具半径补偿注意事项：

1）使用刀具半径补偿和取消刀具半径补偿时，刀具必须在所补偿的平面内移动（通常在 XY 平面），移动距离应大于刀具补偿值，补偿过程中不得改变补偿平面。

2）建立和撤销刀补时，移动指令只能是 G00 或 G01，不能用 G02 或 G03，撤销刀具半径补偿的终点应放在刀具切出工件以后，避免发生碰撞。

3）加工半径小于刀具半径的内圆弧时，进行半径补偿将产生过切削，如图 2－37 所示。只有过渡圆角≥刀具半径＋精加工余量的情况下才能正常切削。

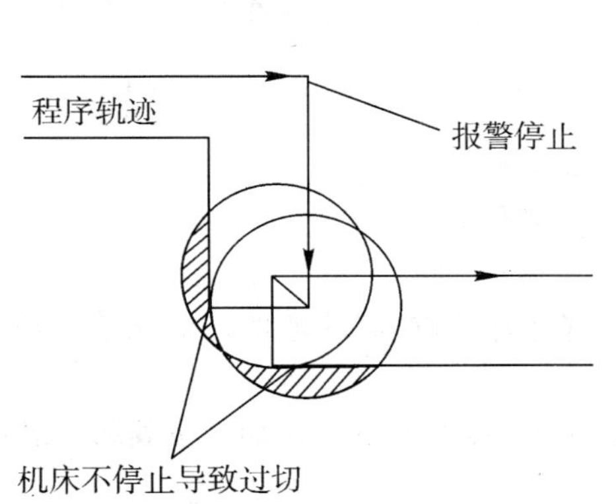

图 2－37 刀具半径大于工件内凹圆弧半径

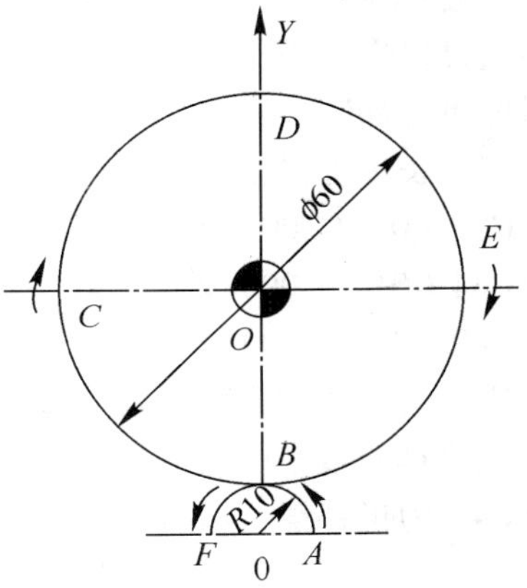

图 2－38 切向切入、切出外轮廓加工

4）G41、G42 不能重复使用，即在程序中前面有了 G41 或 G42 指令之后，不能再直接使用 G41 或 G42 指令。若想使用，则必须先用 G40 指令解除原补偿状态后，再使用 G41 或 G42，否则补偿就不正常了。

例 2－3 如图 2－38 所示，用 ϕ14 mm 的平键槽铣刀，切深为 5mm，完成工件外轮廓的铣削加工。

不考虑加工工艺问题，编写加工程序如下：

```
O5002;
N10 G90 G94 G54 G00 X0 Y0;
N20 Y－40;
N30 S500 M03 F200;
N40 Z100;
N50 Z2;
N60 G01 Z－5 F50;
N70 G41 X10 D01;                 调入一号刀具半径补偿（O→A）
N80 G03 X0 Y－30 R10;            圆弧切入（A→B）
N90 G02 X0 Y－30 I0 J30;         铣削整圆（B→C→D→→EF）
```

N100 G03 X－10 Y－40 R10 ;　　　　　圆弧切出（$B \to F$）

N110 G01 G40 X0；　　　　　　　　　取消刀具半径补偿（$F \to O$）

N120 G00 Z2；

N130 G00 Z100；

N140 M05；

N150 M30；

（二）刀具长度补偿指令（G43、G44、G49）

刀具长度偏置指令是用来补偿假想的刀具长度与实际的刀具长度之间差值的指令。数控机床规定传递切削动力的主轴为数控机床的 *Z* 轴，所以通常是在 *Z* 轴方向进行刀具长度补偿。在编写工件加工程序时，先不考虑实际刀具的长度，而是按照标准刀具（假想刀具）长度或确定一个编程参考点进行编程，如果实际刀具长度和标准刀具长度不一致时，只要通过操作面板把实际刀具长度与编程标准刀具长度之差作为偏置值存入刀具参数存储器里即可，如图 2－39 所示。

刀具长度补偿指令格式：

G43 G01（G00）Z__　H__；　（刀具长度正补偿）

G44 G01（G00）Z__　H__；　（刀具长度负补偿）

G49 G01（G00）Z__；　　　（取消刀具长度补偿）

H__中的两位数字，表示刀具长度补偿值在存储器所存放的地址，也就是刀具长度补偿值在刀具参数表中的编号。

G43 为正补偿，即将 *Z* 坐标尺寸字与 H 代码中长度补偿的量相加，按其结果进行 *Z* 轴运动。

G44 为负补偿，即将 *Z* 坐标尺寸字与 H 代码中长度补偿的量相减，按其结果进行 *Z* 轴运动。

G49 为撤销补偿。调用 H00 号刀具补偿，也可收到同样的效果。

如图 2－40 所示，采用 G43 指令进行编程，计算刀具从当前位置移动至工件表面的实际移动量（已知：假定的刀具长度为 0，则 H01 中的偏置值为 20.0；H02 中的偏置值为 60.0）。

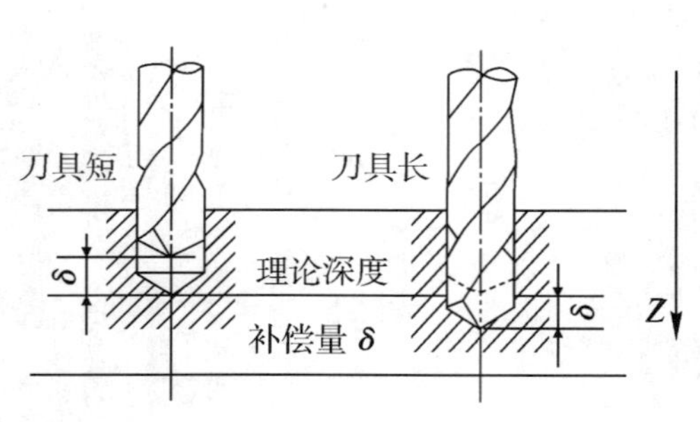

图 2－39　刀具长度补偿

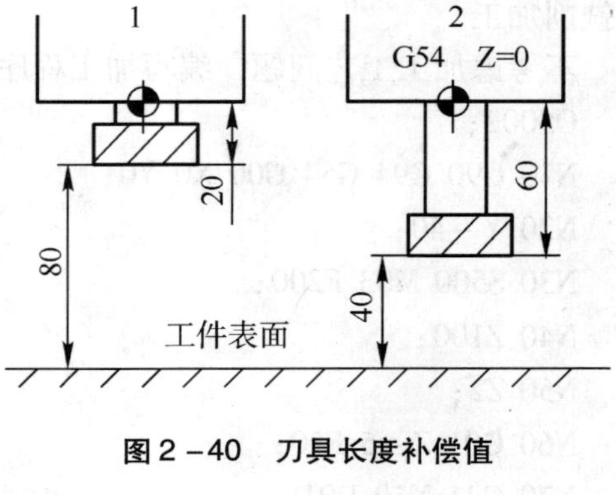

图 2－40　刀具长度补偿值

刀具 1：G43 G01 Z－100.0 H01 F100；

刀具的实际移动量 = －100mm + 20mm = －80mm，刀具向下移 80mm。

刀具 2：G43 G01 Z－100.0 H02 F100；

刀具的实际移动量 = -100mm + 60mm = -40mm，刀具向下移 40mm。

例 2-4 加工如图 2-41 所示的孔，已知钻头比标准对刀杆短了 10mm。

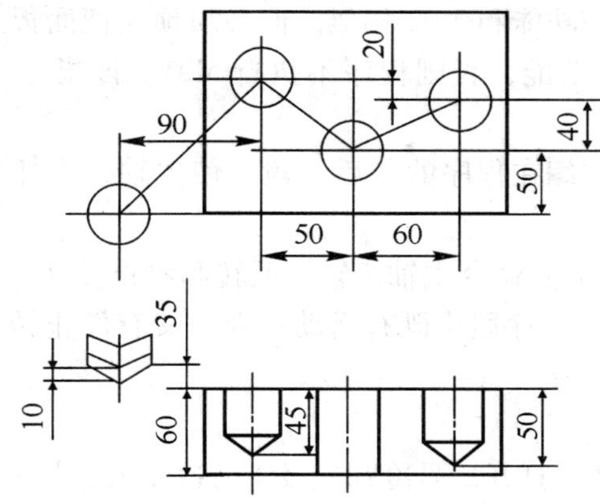

图 2-41 刀具长度补偿应用

其加工程序如下：

O5003；	
N10 G91 G00 X90 Y110 M03 S600；	增量编程，刀具快移至 X90，Y110。
N20 G43 Z -32 H01；	刀具下移 32mm，调用刀具长度正补偿 H01
N30 G01 Z -48 F100 M08；	Z 向进刀 48mm，切削液开启
N40 G04 P2000；	孔底暂停 2s
N50 G00 Z48；	刀具抬起 48mm
N60 X50 Y -60；	刀具快速定位
N70 G01 Z -68 F100；	Z 向进刀 68mm，
N80 G00 Z68；	刀具抬起 68mm
N90 X60 Y40；	刀具快速定位
N100 G01 Z -53 F100；	Z 向进刀 53mm，
N110 G04 P2000；	孔底暂停 2s
N120 G00 Z53 H00；	刀具抬起 53 mm，取消刀具长度补偿
N130 X -200 Y -90；	刀具返回起始点
N140 M05；	主轴停转
N150 M30；	程序停止

四、辅助功能 M 指令

辅助功能是用于控制零件程序的走向以及机床各种辅助功能动作（如冷却液的开关、主轴正反转等）的指令。辅助功能由地址字 M 和其后的一或两位数字组成。M 功能有非模态 M 功能和模态 M 功能两种形式，非模态 M 功能（当段有效代码），只在书写了该代码的程序段中有效；模态 M 功能（续效代码），一组可相互注销的 M 功能，这些功能在被同一组的另一个功能注销前一直有效。

FANUC 系统常用辅助功能如下：

M00——程序停止。在指定程序段完成后，使进给运动、主轴回转、冷却液等均停止，以便进行手动换刀、手动变速等手动操作。要继续执行加工程序时，必须重新按启动按钮。

M01——计划停止。该功能和 M00 相似，但必须预先把面板上的选停旋钮旋转到计划停止处，才可以执行 M01 功能，否则程序不执行 M01。该指令主要用于加工零件的抽样检查。

M02——程序结束。它编在程序的最后一段，使主轴、冷却和进给全都停止，并使数控系统处于复位状态。

M03、M04、M05——分别命令主轴正转、反转和停止转动。顺时针方向旋转为正、逆时针方向则为反转。在同一程序段中既有运动指令，又有停止转动指令 M05，首先执行运动指令后才执行停止转动指令。

M06——换刀指令。

M07、M08——分别命令打开 2 号冷却液及 1 号冷却液，控制冷却泵启动。

M09——关闭冷却泵。

M30——程序结束，并返回开始状态。

M98——调用子程序。

M99——子程序结束。

第四节　数控加工工艺基础

一、数控加工工艺设计准备

数控加工工艺处理的主要内容如下。

（1）选择适合在数控机床上加工的零件，确定工序内容。

（2）分析被加工零件图样，明确加工内容和技术要求，在此基础上确定零件的加工方案，制定数控加工工艺路线，如工序的划分、加工顺序的安排与传统加工工序的衔接等。

（3）设计数控加工工序。如工步的划分、零件的定位与夹具、刀具的选择和切削用量的确定等。

（4）调整数控加工工序的程序。如对刀点和换刀点的选择，加工路线的确定和刀具的补偿。

（5）分配数控加工中的容差。

（6）处理数控机床上部分工艺指令。

（一）数控加工工艺内容选择

对于一个零件来说，并非全部加工工艺过程都适合在数控机床上完成，而往往只是其中的一部分工艺内容适合数控加工。这就需要对零件图样进行仔细的工艺分析，选择那些最适合、最需要进行数控加工的内容和工序。在考虑选择内容时，应结合本企业设备的实际，立足于解决难题、攻克关键问题和提高生产效率，充分发挥数控加工的优势。

在选择时，一般可按下列顺序考虑。

（1）通用机床无法加工的内容应作为优先选择内容；

（2）通用机床难加工，质量也难以保证的内容应作为重点选择内容；

（3）通用机床加工效率低、工人手工操作劳动强度大的内容，可在数控机床尚存在富余加工能力时选择。

（二）数控加工工艺性分析

被加工零件的数控加工工艺性问题涉及面很广，下面结合编程的可能性和方便性提出一些必须分析和审查的主要内容。

1. 尺寸标注应符合数控加工的特点

在数控编程中，所有点、线、面的尺寸和位置都是以编程原点为基准的。因此零件图样上最好直接给出坐标尺寸，或尽量以同一基准引注尺寸。

2. 几何要素的条件应完整、准确

在程序编制中，编程人员必须充分掌握构成零件轮廓的几何要素参数及各几何要素间的关系。因为在自动编程时要对零件轮廓的所有几何元素进行定义，手工编程时要计算出每个节点的坐标，无论哪一点不明确或不确定，编程都无法进行。但由于零件设计人员在设计过程中考虑不周或被忽略，常常出现参数不全或不清楚，如圆弧与直线、圆弧与圆弧是相切还是相交或相离。所以在审查与分析图纸时，一定要仔细核算，发现问题及时与设计人员联系。

3. 定位基准可靠

在数控加工中，加工工序往往较集中，以同一基准定位十分重要。因此往往需要设置一些辅助基准，或在毛坯上增加一些工艺凸台。为增加定位的稳定性，可在底面增加一工艺凸台，完成定位加工后再除去。

4. 统一几何类型及尺寸

零件的外形、内腔最好采用统一的几何类型及尺寸，这样可以减少换刀次数，还可能应用控制程序或专用程序以缩短程序长度。零件的形状尽可能对称，便于利用数控机床的镜像加工功能来编程，以节省编程时间。

二、数控加工工艺设计过程

（一）机床的选择

在数控机床上加工零件时，一般有两种情况：第一种情况是有零件图样和毛坯，要选择适合加工该零件的数控机床；第二种情况是已经有了数控机床，要选择适合在该机床上加工的零件。无论哪种情况，考虑的因素主要有毛坯的材料和类型、零件轮廓形状复杂程度、尺寸大小、加工精度、零件数量、热处理要求等。概括起来有三点：①要保证加工零件的技术要求，加工出合格的产品；②有利于提高生产率；③尽可能降低生产成本（加工费用）。

（二）加工工序划分

1. 工序的划分

在数控机床上加工零件，工序可以比较集中，在一次装夹中尽可能完成大部分或全部工序。根据数控加工的特点，数控加工工序的划分一般可按下列方法进行。

（1）以一次安装、加工作为一道工序。这种方法适合于加工内容较少的零件，加工完后就能达到待检状态。

（2）以同一把刀具加工的内容划分工序。有些零件虽然能在一次安装中加工出很多待加工表面，但考虑到程序太长，会受到某些限制，如控制系统的限制（主要是内存容量），机床连续工作时间的限制（如一道工序在一个工作班内不能结束）等。此外，程序太长会增加出错与检索困难。因此程序不能太长，一道工序的内容不能太多。

（3）以加工部位划分工序。对于加工内容很多的工件，可按其结构特点将加工部位分成几个部分，如内腔、外形、曲面或平面，并将每一部分的加工作为一道工序。

（4）以粗、精加工划分工序。对于经加工后易发生变形的工件，由于对粗加工后可能发生的变形需要进行校形，故一般来说，凡要进行粗、精加工的过程都要将工序分开。

2. 数控加工工艺与普通工序的衔接

数控加工工序前后一般都穿插有其他普通加工工序，如衔接得不好就容易产生矛盾。因此在熟悉整个加工工艺内容的同时，要清楚数控加工工序与普通加工工序各自的技术要求、加工目的、加工特点，如要不要留加工余量、留多少，定位面与孔的精度要求及形位公差，对校形工序的技术要求，对毛坯的热处理状态等，这样才能使各工序达到相互满足加工需要，且质量目标及技术要求明确，交接验收有依据。

（三）工件的定位与安装

1. 定位安装的基本原则

（1）力求设计、工艺与编程计算的基准统一。

（2）尽量减少装夹次数，尽可能在一次定位装夹后，加工出全部待加工表面。

（3）避免采用占机人工调整式加工方案，以充分发挥数控机床的效能。

2. 选择夹具的基本原则

数控加工的特点对夹具提出了两个基本要求：一是要保证夹具的坐标方向与机床的坐标方向相对固定；二是要协调零件和机床坐标系的尺寸关系。除此之外，还要考虑以下四点：

（1）当零件加工批量不大时，应尽量采用组合夹具、可调式夹具及其他通用夹具，以缩短生产准备时间、节省生产费用。

（2）在成批生产时才考虑采用专用夹具，并力求结构简单。

（3）零件的装卸要快速、方便、可靠，以缩短机床的停顿时间。

（4）夹具上各零部件应不妨碍机床对零件各表面的加工，即夹具要开敞，其定位、夹紧机构元件不能影响加工中的走刀（如产生碰撞等）。

（四）对刀点与换刀点的选择

在编程时，应正确地选择“对刀点”和“换刀点”的位置。“对刀点”是在数控机床上加工零件时，刀具相对于工件运动的起点。由于程序段从该点开始执行，所以对刀点又称为“程序起点”或“起刀点”。

对刀点的选择原则是：

（1）便于用数字处理和简化程序编制。

（2）在机床上找正容易，加工中便于检查。

（3）引起的加工误差小。

对刀点可选在工件上，也可选在工件外面（如选在夹具上或机床上），但必须与零件的定位基准有一定的尺寸关系。

为了提高加工精度，对刀点应尽量选在零件的设计基准或工艺基准上，如以孔定位的工件，可选孔的中心作为对刀点。刀具的位置则以此孔来找正，使“刀位点”与“对刀点”重合。工厂常用的找正方法是将千分表装在机床主轴上，然后转动机床主轴，以使“刀位点”与对刀点一致。一致性越好，对刀精度越高。

对刀点既是程序的起点，也是程序的终点。因此在成批生产中要考虑对刀点的重复精度，该精度可用对刀点相距机床原点的坐标值（X0，Y0）校核。

在加工过程中需要换刀时，应规定换刀点。所谓“换刀点”是指刀架转位换刀时的位置。该点可以是某一固定点（如加工中心机床，其换刀机械手的位置是固定的），也可以是任意的一点（如车床）。换刀点应设在工件或夹具的外部，以刀架转位时不碰工件及其他部件为准。其设定值可用实际测量方法或计算确定。

（五）进给路线的选择

在数控加工中，刀具刀位点相对于工件运动的轨迹称为加工路线，它是刀具在整个加工工序中的运动轨迹，它不但包括了工步的内容，也反映出工步顺序。加工路线是编写程序的依据之一。编程时，加工路线的确定原则主要有以下几点：

（1）加工路线应保证被加工零件的精度和表面粗糙度，且效率较高。

（2）使数值计算简单，以减少编程工作量。

（3）应使加工路线最短，这样既可减少程序段，又可减少空刀时间。

详细内容见第三章第二节及第四章第二节。

（六）数控加工刀具的选择

刀具的选择是数控加工工艺中重要内容之一，它不仅影响机床的加工效率，而且直接影响加工质量。编程时，选择刀具通常要考虑机床的加工能力、工序内容、工件材料等因素。

与传统的加工方法相比，数控加工对刀具的要求更高。不仅要求精度高、刚度好、耐用性强，而且要求尺寸稳定、安装调整方便。这就要求采用新型优质材料制造数控加工刀具，并优选刀具参数。

（七）切削用量的选择

切削用量包括主轴转速（切削速度）、背吃刀量、进给量。对于不同的加工方法，需要选择不同的切削用量，并应编入程序单内。合理选择切削用量的原则是：粗加工时，一般以提高生产率为主，但也应考虑经济性和加工成本；半精加工和精加工时，应在保证加工质量的前提下，兼顾切削效率、经济性和加工成本。具体数值应根据机床说明书、切削用量手册，并结合经验而定。

三、数控加工技术文件编写

填写数控加工专用技术文件是数控加工工艺设计的内容之一。这些技术文件既是数控加工的依据、产品验收的依据，也是操作者遵守、执行的规程。技术文件是对数控加工的具体说明，目的是让操作者更明确加工程序的内容、装夹方式、各个加工部位所选用的刀具及其他技术问题。数控加工技术文件主要有：数控编程任务书、工件安装和原点设定卡片、数控加工工序卡片、数控加工走刀路线图、数控刀具卡片等。以下提供了常用文件格式，当然文件格式也可根据企业实际情况自行设计。

表2-6只给出了数控编程任务书，其余详细内容见第三章第三节及第四章第三节。

表2-6　数控编程任务书

<table>
<tr><td rowspan="3" colspan="2">工艺处</td><td rowspan="3" colspan="2">数控编程任务书</td><td colspan="2">产品零件图号</td><td colspan="2"></td><td colspan="2">任务书编号</td></tr>
<tr><td colspan="2">零件名称</td><td colspan="2"></td><td colspan="2"></td></tr>
<tr><td colspan="2">使用数控设备</td><td colspan="2"></td><td colspan="2">共　页第　页</td></tr>
<tr><td colspan="10">主要工序说明及技术要求：</td></tr>
<tr><td>编制</td><td></td><td>审核</td><td></td><td>编程</td><td></td><td>审核</td><td></td><td>批准</td><td></td></tr>
</table>

四、数控编程中的数值计算

根据零件图的几何尺寸、确定的工艺路线及设定的坐标系，计算零件粗、精加工各运动轨迹，得到刀位数据。对于点定位控制的数控机床（如数控冲床），一般不需要计算。只是当零件图样坐标系与编程坐标系不一致时，才需要对坐标进行换算。对于形状比较简单的零件（如直线和圆弧组成的零件）的轮廓加工，需要计算出几何元素的起点、终点、圆弧的圆心、两几何元素的交点或切点的坐标值，有的还要计算刀具中心的运动轨迹坐标值。对于形状比较复杂的零件（如非圆曲线、曲面组成的零件），需要用直线段或圆弧段逼近，根据要求的精度计算出其节点坐标值，这种情况一般要用计算机来完成数值计算的工作。

习　　题

2-1　数控机床加工程序的编制步骤有哪些？

2-2　数控机床加工程序的编制方法有哪些？它们分别适用于什么场合？

2-3　用G92程序段设置的加工坐标系原点在机床坐标系中的位置是否不变？

2-4　应用刀具半径补偿指令应注意哪些问题？

2-5　如何选择一个合理的编程原点？

2-6　什么叫基点？什么叫节点？

2-7　编写图2-42、图2-43、图2-44所示零件的加工程序。

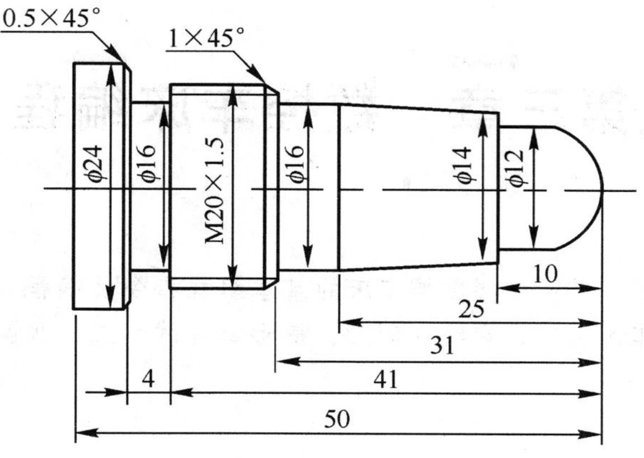

图 2－42

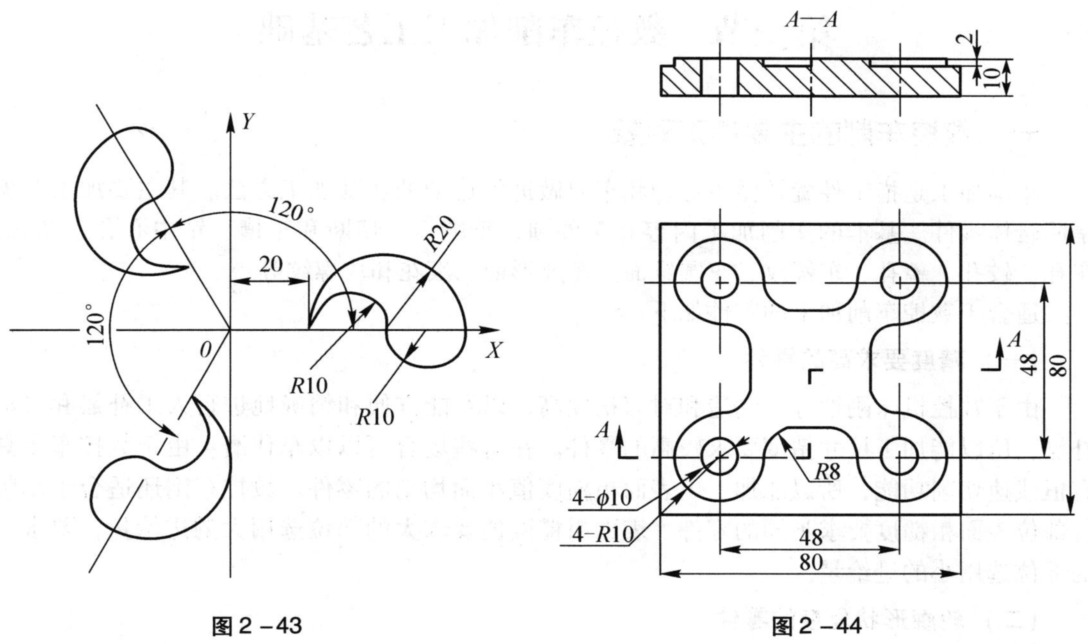

图 2－43

图 2－44

第三章　数控车床编程

学习目标：

掌握数控车削加工工艺；掌握数控车床的基本编程指令及编程方法；掌握数控车床的基本操作、内外轮廓车削加工、螺纹的加工、槽形零件的加工、非圆曲线轮廓的加工、综合零件的加工。

关键词：

数控车床　　车削工艺　　编程指令

第一节　数控车削加工工艺基础

一、数控车削的主要加工对象

车削加工是指工件旋转做主运动和车刀做进给运动的切削加工方法。其主要加工对象是回转体零件。基本的车削加工内容有车外圆、车端面、切断和车槽、钻中心孔、钻孔、车孔、铰孔、镗孔、车螺纹、车圆锥面、车成形面、滚花和攻螺纹等。

适合于数控车削加工的零件如下。

（一）精度要求高的零件

由于数控机床刚性好，制造和对刀精度高，以及能方便和精确地进行人工补偿和自动补偿，所以能加工尺寸精度要求较高的零件。在有些场合可以以车代磨。由于数控车床具有恒线速切削功能，所以能加工出表面粗糙度值小而均匀的零件。数控车削还适合于车削各部位表面粗糙度要求不同的零件。表面粗糙度值要求大的部位选用大的进给量，要求小的部位选用小的进给量。

（二）轮廓形状复杂的零件

由于数控车床具有直线和圆弧插补功能，还有部分车床数控装置具有某些非圆曲线插补功能，故能车削由任意平面曲线轮廓所组成的回转体零件，包括不能用数学方程描述的列表曲线类零件。

（三）特殊螺纹的零件

数控车床不但能车削任何等导程的圆柱、圆锥和端面螺纹，而且能车削增导程、减导程，以及要求在等导程与变导程之间平滑过渡的螺纹。数控车床车削螺纹时刀具移动是在测量主轴转速后，靠伺服驱动完成的。其主轴转向无需变换，可循环切削，直到完成，所以车螺纹的效率较高。

（四）特殊方式加工的零件

（1）一机代双机高效加工零件。如在一台六轴控制的数控车床上，有同轴线的左、右两个主轴和前、后两个刀架，既可同时车出两个相同的零件，也可同时车出两个多工序的不同零件。

（2）同样一台六轴控制并配有自动装卸机械手的数控车床上，棒料装夹在左主轴的卡盘上，用后刀架先车出有较复杂内、外形轮廓的一端后，由装卸机械手将其车后的半成品转送至右主轴的卡盘上定位（径向和轴向）并夹紧，然后通过前刀架按零件的总长要求切断，并进行其另外一端的内、外形加工，从而实现一个位置精度要求高、内外形均较复杂的特别零件全部车削过程的自动化加工。

二、数控车削加工工艺的制订

制订工艺是数控车削加工的前期工艺准备工作。工艺制订的合理与否，对程序编制、机床的加工效率和零件的加工精度都有重要影响。因此，应遵循一般的工艺原则并结合数控车床的特点认真而详细地制订好零件的数控车削加工工艺。其主要内容有：分析零件图样、确定工件在车床上的装夹方式、各表面的加工顺序和刀具的进给路线以及刀具、夹具和切削用量的选择等。

（一）零件图工艺分析

分析零件图样是工艺制订中的首要工作，它主要包括以下内容。

1. 结构工艺性分析

零件的结构工艺性是指零件对加工方法的适应性，即所设计的零件结构应便于加工成型。在数控车床上加工零件时，应根据数控车削的特点，认真审视零件结构的合理性。如图3－1（a）所示零件，需用三把不同宽度的切槽刀切槽，如无特殊需要，显然是不合理的，若改成图3－1（b）所示结构，只需一把刀即可切出三个槽。既减少了刀具数量，少占了刀架刀位，又节省了换刀时间。

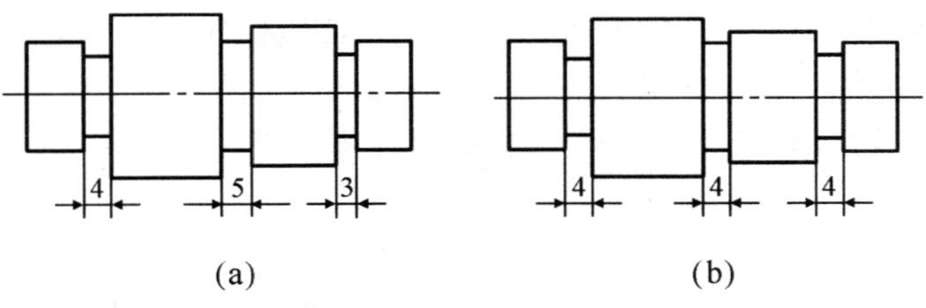

图3－1 结构工艺性

2. 尺寸标注方法分析

零件图上尺寸标注方法应适应数控车床加工的特点，如图3－2所示，应以同一基准标注尺寸或直接给出坐标尺寸。这种标注方法既便于编程，又有利于设计基准、工艺基准、测量基准和编程原点的统一。

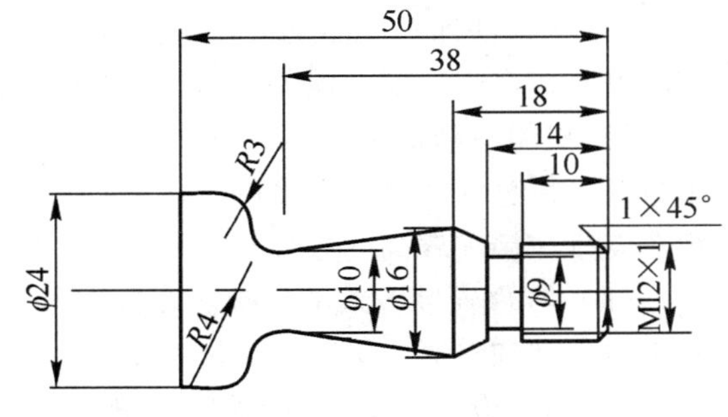

图3－2 零件尺寸标注分析

3. 精度及技术要求分析

对被加工零件的精度及技术要求进行分析，是零件工艺性分析的重要内容，只有在分析零件尺寸精度和表面粗糙度的基础上，才能正确合理地选择加工方法、装夹方式、刀具及切削用量等。精度及技术要求分析的主要内容如下。

（1）分析精度及各项技术要求是否齐全、是否合理。

（2）分析本工序的数控车削加工精度能否达到图样要求，若达不到，须采取其他措施（如磨削）弥补时，则应给后续工序留有余量。

（3）找出图样上有位置精度要求的表面，这些表面应在一次安装下完成。

（4）对表面粗糙度要求较高的表面，应确定用恒线速切削。

4. 轮廓几何要素分析

在分析零件图时，要分析几何要素的给定条件是否充分。

（二）加工工艺路线的制定

由于生产规模的差异，对于同一零件的车削工艺有所不同，根据具体条件，选择合理、经济的车削工艺方案。

1. 工序和装夹方式的确定

（1）工序划分原则。在数控机床上加工零件，工序可以比较集中，一次装夹应尽可能完成全部工序。与普通机床加工相比，加工工序划分有其自己的特点，常用的工序划分原则有以下两种。

1）保持精度原则。数控加工要求工序尽可能集中。通常粗、精加工在一次装夹下完成，为减少热变形和切削力变形对工件的形状、位置精度、尺寸精度和表面粗糙度的影响，应将粗、精加工分开进行。对轴类或盘类零件，将待加工面先粗加工，留少量余量精加工，来保证表面质量要求。对轴上有孔、螺纹加工的工件，应先加工表面而后加工孔、螺纹。

2）提高生产效率的原则。数控加工中，为了减少换刀次数，节省换刀时间，应将需用同一把刀加工的加工部位全部完成后，再换另一把刀来加工其他部位。同时应尽量减少空行程，用同一把刀加工工件的多个部位时，应以最短的路线到达各加工部位。

实际生产中，数控加工工序的划分要根据具体零件的结构特点、技术要求等情况综合考虑。

（2）常用划分工序方法。在数控车床上加工零件，应按工序集中的原则划分工序，在一次安装下尽可能完成大部分甚至全部表面的加工。根据零件的结构形状不同，通常选择外圆、端面或内孔、端面装夹，并力求设计基准、工艺基准和编程原点的统一。在批量生产中，常用下列两种方法划分工序。

1）按零件加工表面划分。将位置精度要求较高的表面安排在一次安装下完成，以免多次安装所产生的安装误差影响位置精度。

2）按粗、精加工划分。对毛坯余量较大和加工精度要求较高的零件，应将粗车和精车分开，划分成两道或更多的工序。将粗车安排在精度较低、功率较大的数控车床上，将精车安排在精度较高的数控车床上。

（3）零件安装方式的选择。在数控车床上零件的安装方式与普通车床一样，要合理选择定位基准和夹紧方案，主要注意以下两点。

1）力求设计、工艺与编程计算的基准统一，这样有利于提高编程时数值计算的简便性和精确性。

2）尽量减少装夹次数，尽可能在一次装夹后，加工出全部待加工面。

2. 加工路线的确定

在数控加工中，刀具（严格说是刀位点）相对于工件的运动轨迹和方向称为加工路线，即刀具从对刀点开始运动起，直至加工结束所经过的路径，包括切削加工的路径及刀具引入、返回等非切削空行程。加工路线的确定首先必须保持被加工零件的尺寸精度和表面质量，其次考虑数值计算简单、走刀路线尽量短、效率较高等。

（1）制订零件车削加工顺序的一般原则。

1）先粗后精。按照粗车—半精车—精车的顺序进行，逐步提高加工精度。粗车将在较短的时间内将工件表面上的大部分加工余量切掉，一方面提高金属切除率，另一方面满足精车的余量均匀性要求。若粗车后所留余量的均匀性满足不了精加工的要求时，则要安排半精车，以此为精车作准备。精车要保证加工精度，按图样尺寸一刀切出零件轮廓。如图 3－3 所示。

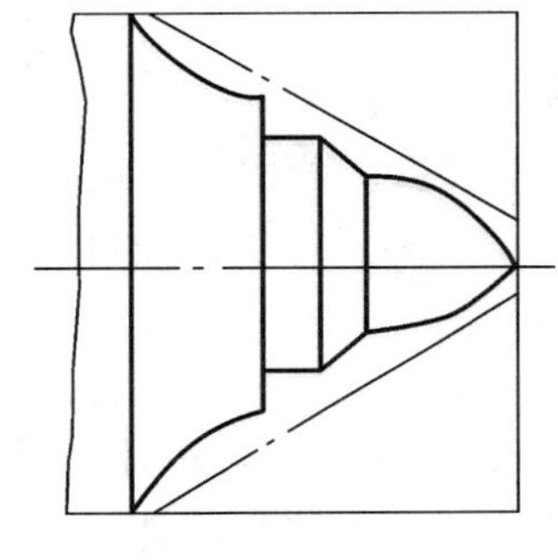

图 3－3　先粗后精

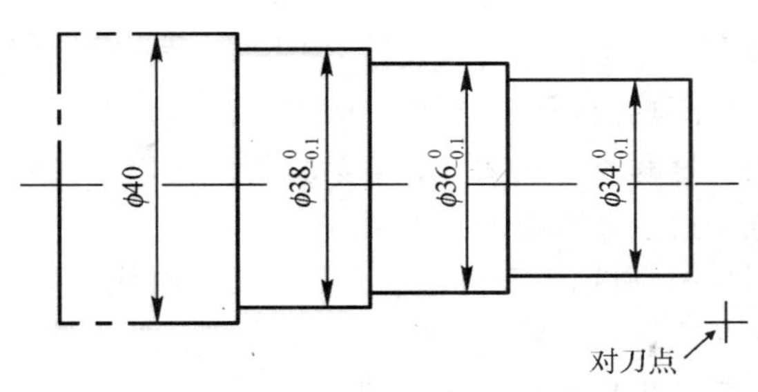

图 3－4　先近后远

2）先近后远。在一般情况下，离对刀点近的部位先加工，离对刀点远的部位后加工，以便缩短刀具移动距离，减少空行程时间。对于车削而言，先近后远还有利于保持坯件或半成品的刚性，改善其切削条件。例如加工图 3－4 所示零件时，若第一刀吃刀量未超限，则应该按 Φ34—Φ36—Φ38 的次序先近后远地安排车削顺序。

3）内外交叉。对既有内表面（内型腔），又有外表面需加工的零件，安排加工顺序时，应先进行内外表面粗加工，后进行内外表面精加工。切不可将零件上一部分表面（外表面或内表面）加工完毕后，再加工其他表面（内表面或外表面）。

4）基面先行原则。用作精基准的表面应优先加工出来，因为定位基准的表面越精确，装夹误差就越小。例如轴类零件加工时，总是先加工中心孔，再以中心孔为精基准加工外圆表面和端面。

（2）常用加工路线的确定。因精加工的进给路线基本上都是沿其零件轮廓顺序进行的，因此确定加工路线的工作重点是确定粗加工及空行程的进给路线。

下面举例分析数控车削加工零件时常用的加工路线。

1）车圆锥的加工路线分析。在车床上车外圆锥时可以分为车正锥和车倒锥两种情况，而每一种情况又有两种加工路线。图 3－5 所示为车正锥的两种加工路线。按图 3－5（a）车正锥时，需要计算终刀距 S。假设圆锥大径为 D，小径为 d，锥长为 L，背吃刀量为 α_p，则由相似三角形可得：

$$\frac{D-d}{2L}=\frac{\alpha_p}{S} \tag{3-1}$$

则 $S=\dfrac{2L\alpha_p}{D-d}$，按此种加工路线，刀具切削运动的距离较短。

当按图3－5（b）的走刀路线车正锥时，则不需要计算终刀距 S，只要确定背吃刀量，即可车出圆锥轮廓，编程方便。但在每次切削中，背吃刀量是变化的，而且切削运动的路线较长。

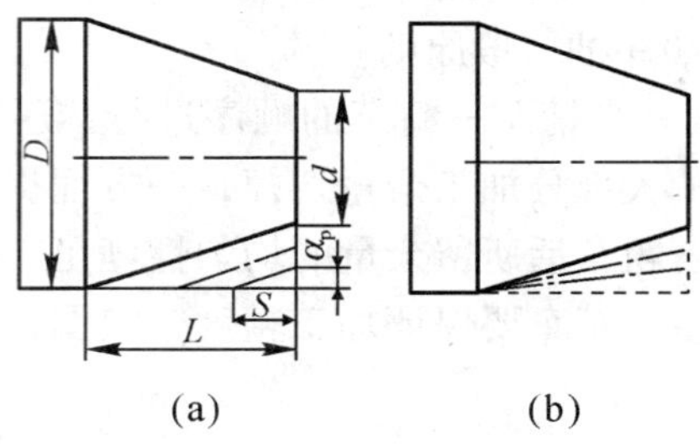

图3－5　车正锥的两种加工路线

2）车圆弧的加工路线分析。应用G02（或G03）指令车圆弧，若用一刀就把圆弧加工出来，这样吃刀量太大，容易打刀。所以，实际切削时，需要多刀加工，先将大部分余量切除，最后才车得所需圆弧。

图3－6所示为车圆弧的车圆法切削路线。图3－6（a）的走刀路线较短，即用不同半径圆来车削，最后将所需圆弧加工出来，此方法在确定了每次背吃刀量后，对90°圆弧的起点、终点坐标较易确定。图3－6（b）的空行程时间较长，但此方法数值计算简单，编程方便，常采用，可适合于加工较复杂的圆弧。

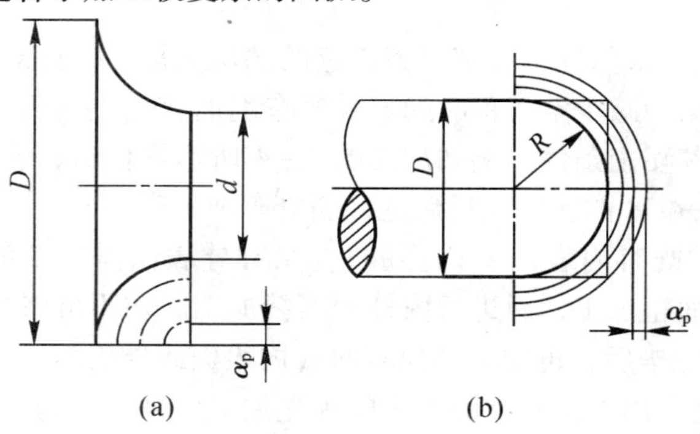

图3－6　车圆弧切削路线

3）轮廓粗车加工路线分析。切削进给路线最短，可有效提高生产效率，降低刀具损耗。安排最短切削进给路线时，应同时兼顾工件的刚性和加工工艺性等要求，不要顾此失彼。

图3－7给出了三种不同的轮廓粗车切削进给路线，其中图3－7（a）表示利用数控系统具有的封闭式复合循环功能控制车刀沿着工件轮廓线进行进给的路线；图3－7（b）为三角形循环进给路线；图3－7（c）为矩形循环进给路线，其路线总长最短，因此在同等切削条件下的切削时间最短，刀具损耗最少。

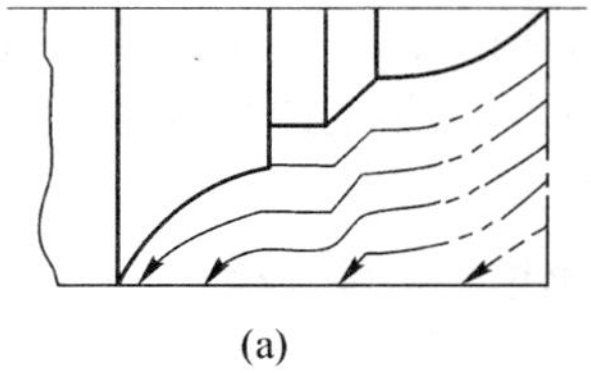
(a)

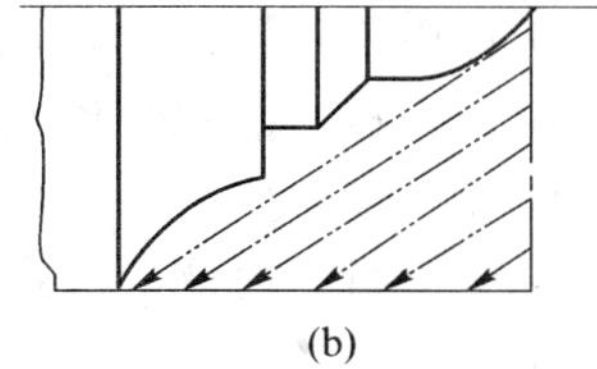
(b)

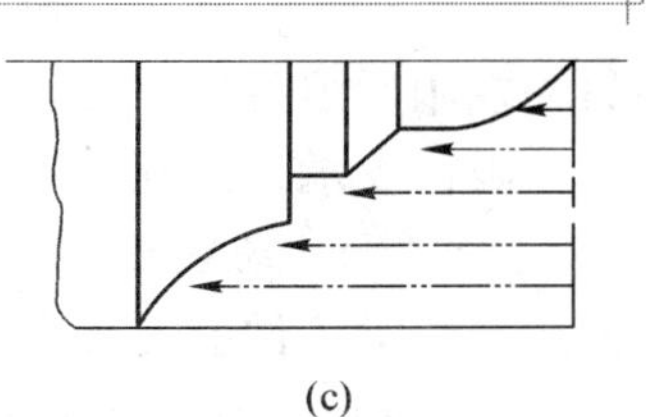
(c)

图 3－7　粗车进给路线示例

4）车螺纹时的轴向进给距离分析。在数控车床上车螺纹时，沿螺距方向的 Z 向进给应和车床主轴的旋转保持严格的速比关系，因此应避免在进给机构加速或减速的过程中切削。为此要有引入距离 δ_1 和超越距离 δ_2。如图 3－8 所示，δ_1 和 δ_2 的数值与车床拖动系统的动态特性、螺纹的螺距和精度有关。一般 δ_1 为 2～5mm，对大螺距和高精度的螺纹取大值；δ_2 一般为 1～2mm。这样在切削螺纹时，δ_2 能保证在升速后使刀具接触工件，刀具离开工件后再降速。

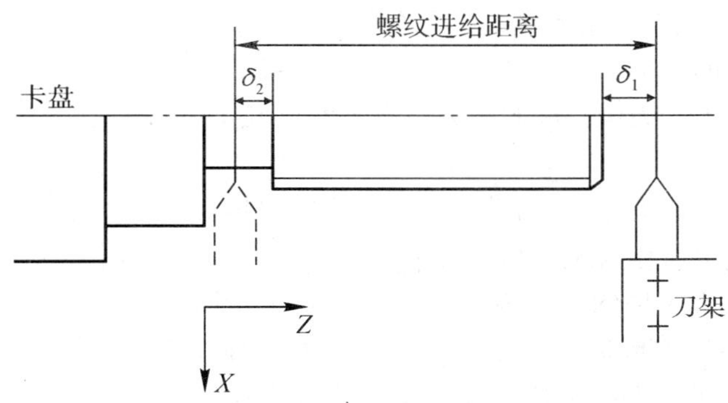

图 3－8　车螺纹时的引入距离 δ_1 和超越距离 δ_2

（三）工件在数控车床上的装夹

为了充分发挥数控机床的高效率、高精度和自动化的效能，工件的定位夹紧须适应数控机床的要求。装夹方式的选择关键在于夹具的选用。数控加工用夹具应具有较高的定位精度和刚性，结构简单、通用性强，一次可以装夹加工多个表面，便于在机床上安装夹具及迅速装卸工件等特性。

除了使用通用的三爪自定心卡盘和四爪单动卡盘外，数控车床类夹具常分成两大类，即用于轴类零件加工的夹具和用于盘类零件加工的夹具。

1. 轴类零件加工的装夹

（1）在两顶尖间安装工件。对于长度尺寸较大或加工工序较多的轴类零件，为了保证每次装夹时的装夹精度，可用两顶尖装夹。中心孔是轴类零件的常用定位基准，在数控车床上加工轴类零件时，毛坯装在主轴顶尖和尾座顶尖之间，工件用主轴上的拨动卡盘或拨齿顶尖带动旋转。这类夹具在粗车时可传递足够大的转矩，以适应主轴高转速切削。

（2）自定心中心架。数控自定心中心架，用以减少细长轴加工时的受力变形，并提高其加工精度。该件常作为机床附件提供。其工作原理为：通过安装架与机床导轨相连，工作时由主机发出信号，通过液压或气动力源作夹紧或松开，其润滑则采用中心润滑系统。

（3）一夹一顶安装工件。为了保证加工过程中刚性较好，车削较重工件时采用一端夹住另一端用后顶尖的方法。为了防止工件由于切削力的作用而产生轴向位移，必须在卡盘内装一限位支承，或利用工件的台阶限位，这样能承受较大的轴向力，轴向定位准确。

2. 盘类零件的装夹

用于盘类工件的夹具主要有液压动力卡盘、可调卡爪式卡盘和快速可调卡盘。

（四）数控车削刀具的选择

1. 常用车刀种类及其选择

数控车削常用车刀一般分为尖形车刀、圆弧形车刀和成型车刀三类。

（1）尖形车刀。以直线形切削刃为特征的车刀。这类车刀的刀尖（同时也为其刀位点）由直线形的主、副切削刃构成，如90°外圆车刀、左右端面车刀、切断（车槽）车刀以及刀尖倒棱很小的各种外圆和内孔车刀。

用这类车刀加工零件时，其零件的轮廓形状主要由一个独立的刀尖或一条直线形主切削刃位移后得到，它与另两类车刀加工时所得到零件轮廓形状的原理是截然不同的。

（2）圆弧形车刀。以一圆度误差或线轮廓误差很小的圆弧形切削刃为特征的车刀，见图3－9。该车刀圆弧刃上每一点都是圆弧形车刀的刀尖，因此，刀位点不在圆弧上，而在该圆弧的圆心上。

当某些尖形车刀或成型车刀（如螺纹车刀）的刀尖具有一定的圆弧形状时，也可作为这类车刀使用。

圆弧形车刀可用于车削内、外表面，特别适合于车削各种光滑连接（凹形）的成形面。选择车刀圆弧半径时应考虑两点：一是车刀切削刃的圆弧半径应小于或等于零件凹形轮廓上的最小曲率半径，以免发生加工干涉；二是该半径不宜选择太小，否则不但制造困难，还会因刀具强度太弱或刀体散热能力差而导致车刀损坏。

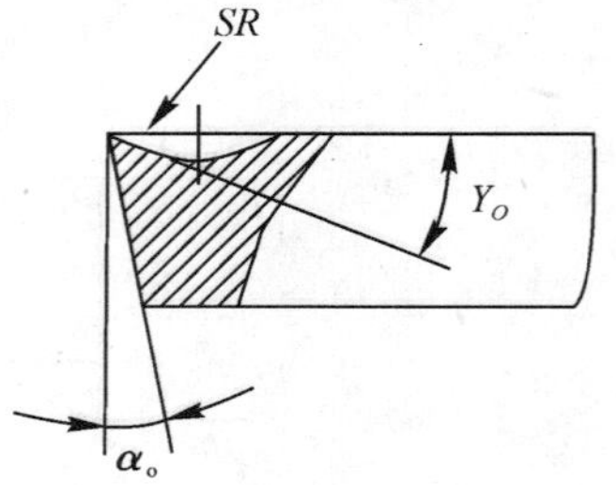

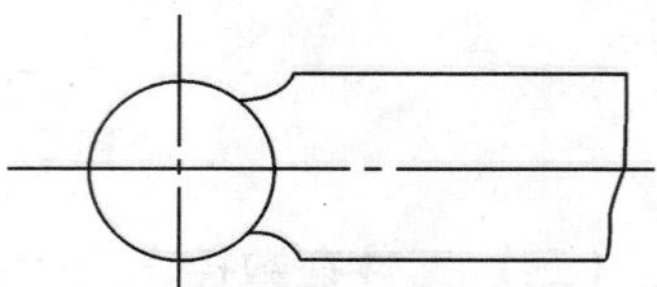

图3－9　圆弧形车刀

（3）成型车刀。成型车刀俗称样板车刀，其加工零件的轮廓形状完全由车刀刀刃的形状和尺寸决定。数控车削加工中，常见的成型车刀有小半径圆弧车刀、非矩形槽车刀和螺纹车刀等。在数控加工中，应尽量少用或不用成型车刀，当确有必要选用时，则应在工艺准备文件或加工程序单上进行详细说明。

图3－10给出了常用车刀的种类、形状和用途。

2. 机夹可转位车刀的选用

目前，数控机床上大多使用系列化、标准化刀具，对可转位机夹外圆车刀、端面车刀等的刀柄和刀头都有国家标准及系列化型号。

对所选择的刀具，在使用前都需对刀具尺寸进行严格的测量以获得精确资料，并由操作者将这些数据输入数控系统，经程序调用而完成加工过程，从而加工出合格的工件。为了减少换刀时间和方便对刀，便于实现机械加工的标准化，数控车削加工时，应尽量采用机夹刀和机夹刀片。数控车床常用的机夹可转位式车刀结构形式如图3－11所示。

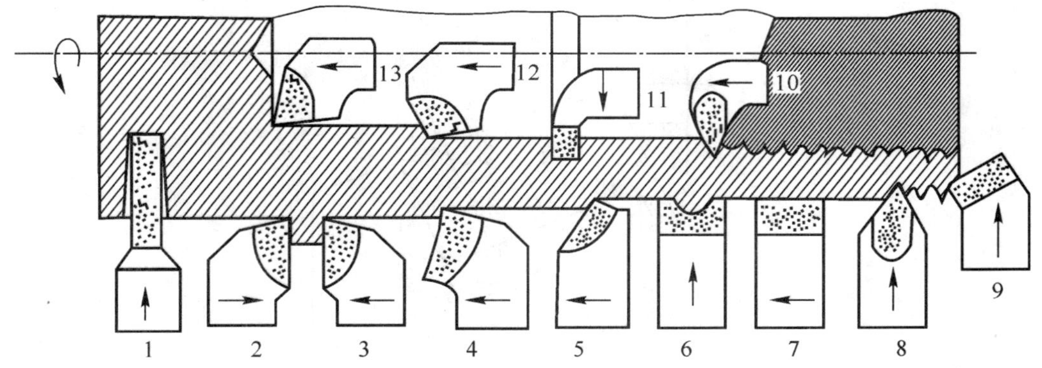

图3-10 常用车刀的种类、形状和用途

1-切断刀；2-90°左偏刀；3-90°右偏刀；4-弯头车刀；5-直头车刀；6-成型车刀；7-宽刃精车刀；8-外螺纹车刀；9-端面车刀；10-内螺纹车刀；11-内槽车刀；12-通孔车刀；13-盲孔车刀

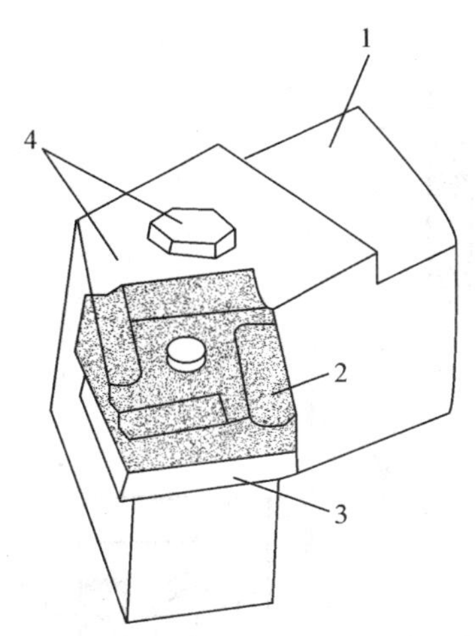

图3-11 机夹可转位式车刀结构形式

1-刀杆；2-刀片；3-刀垫；4-夹紧元件

(1) 刀片材质的选择。常见刀片材料有高速钢、硬质合金、涂层硬质合金、陶瓷、立方氮化硼和金刚石等，其中应用最多的是硬质合金和涂层硬质合金刀片。选择刀片材质主要依据被加工工件的材料、被加工表面的精度、表面质量要求、切削载荷的大小以及切削过程有无冲击和振动等。

(2) 刀片尺寸的选择。刀片尺寸的大小取决于必要的有效切削刃长度 L。有效切削刃长度与背吃刀量和车刀的主偏角有关，如图3-12所示，使用时可查阅有关刀具手册选取。

(3) 刀片形状的选择。刀片形状主要依据被加工工件的表面形状、切削方法、刀具寿命和刀片的转位次数等因素来选择。刀片型号组成见国家标准 GB2076—87《切削刀具可转位刀片型号表示规则》，常见可转位车刀刀片形状及角度如图3-13所示。特别需要注意的是，加工凹形轮廓表面时，若主、副偏角选得太小，会导致加工时刀具主后刀面、副后刀面与工件发生干涉，因此，必要时需作图检验。

α_p
K_r
L
l

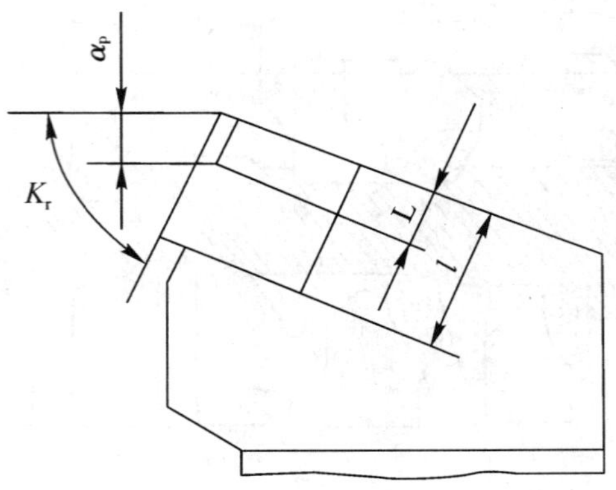

图 3－12　切削刃长度、背吃刀量与主偏角的关系

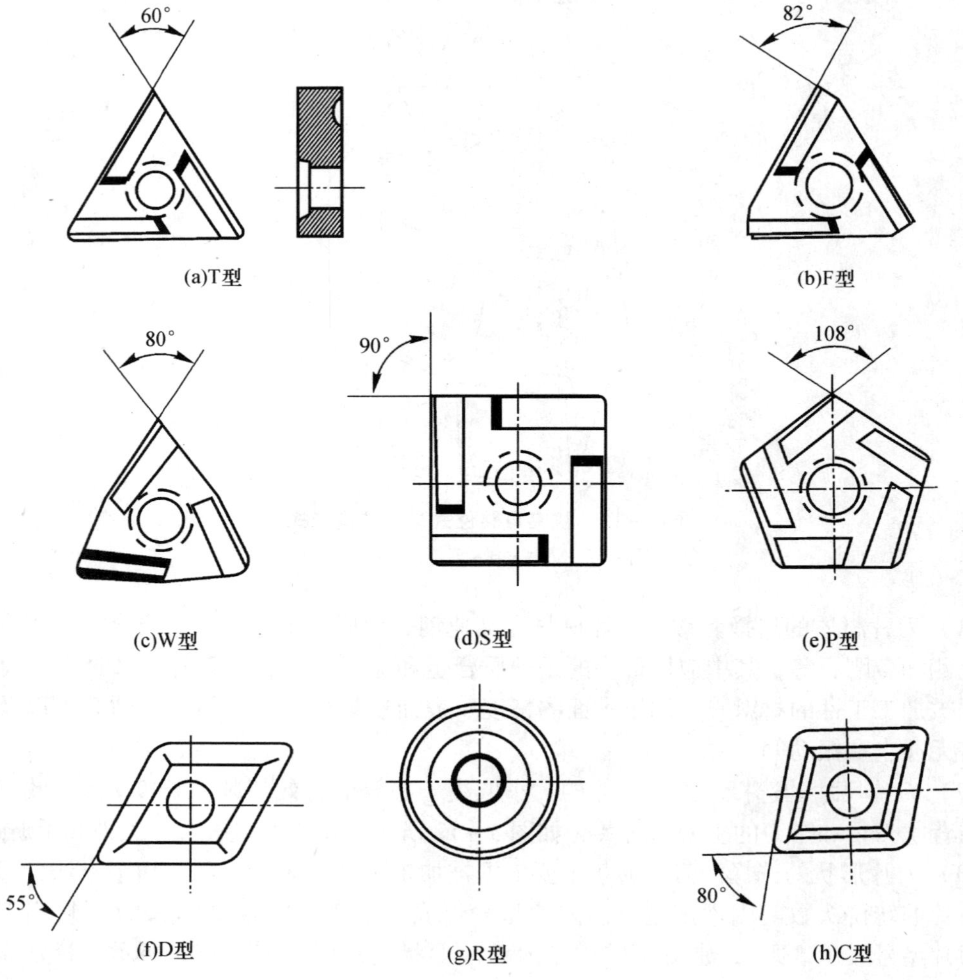

60°
(a)T型
82°
(b)F型
80°
(c)W型
90°
(d)S型
108°
(e)P型
55°
(f)D型
(g)R型
80°
(h)C型

图 3－13　常见可转位车刀刀片

（五）切削用量的确定

数控编程时，编程人员必须确定每道工序的切削用量，并以指令的形式写入程序中。切削用量包括主轴转速、背吃刀量及进给速度等。对于不同的加工方法，需要选用不同的切削用量。切削用量的选择原则是：保证零件加工精度和表面粗糙度，充分发挥刀具的切削性能，保证合理的刀具耐用度，并充分发挥机床的性能，最大限度提高生产率，降低成本。

数控车床加工中的切削用量包括：背吃刀量、主轴转速或切削速度（用于恒线速切削）、进给速度或进给量。上述切削用量应在机床说明书给定的允许范围内选取。

1. 背吃刀量的确定

在工艺系统刚性和机床功率允许的条件下，尽可能选取较大的背吃刀量，以减少进给次数。当零件的精度要求较高时，则应考虑适当留出精车余量，其所留精车余量一般比普通车削时所留余量少，常取0.1～0.5mm。

2. 主轴转速的确定

（1）光车时主轴转速。光车时主轴转速应根据零件上被加工部位的直径，并按零件和刀具的材料及加工性质等条件所允许的切削速度来确定。切削速度除了计算和查表选取外，还可根据实践经验确定。需要注意的是交流变频调速数控车床低速输出力矩小，因而切削速度不能太低。

（2）车螺纹时主轴转速。数控车床加工螺纹时，因其传动链的改变，原则上其转速只要能保证主轴每转一周时，刀具沿主进给轴（多为 Z 轴）方向位移一个螺距即可，不应受到限制。但数控车床车螺纹时，会受到以下几方面的影响。

1）螺纹加工程序段中指令的螺距值，相当于以进给量 f（mm/r）表示的进给速度 F，如果将机床的主轴转速选择过高，其换算后的进给速度（mm/min）则必定大大超过正常值。

2）刀具在其位移过程的始终，都将受到伺服驱动系统升/降频率和数控装置插补运算速度的约束，由于升/降频特性满足不了加工需要等原因，则可能因主进给运动产生出的“超前”和“滞后”而导致部分螺牙的螺距不符合要求。

3）车削螺纹必须通过主轴的同步运行功能而实现，即车削螺纹需要有主轴脉冲发生器（编码器）。当其主轴转速选择过高时，通过编码器发出的定位脉冲（即主轴每转一周时所发出的一个基准脉冲信号）将可能因“过冲”（特别是当编码器的质量不稳定时）而导致工件螺纹产生乱纹（俗称“烂牙”）。

鉴于上述原因，不同的数控系统车螺纹时推荐使用不同的主轴转速范围。大多数经济数控车床的数控系统推荐车螺纹时主轴转速 n 为：

$$n \leqslant \frac{1200}{P} - k \tag{3-2}$$

式中，P——被加工螺纹螺距，mm；

　　k——保险系数，一般为80。

3. 进给速度的确定

进给速度是数控机床切削用量中的重要参数，其大小直接影响表面粗糙度值和车削效率。主要根据零件的加工精度和表面粗糙度要求以及刀具、工件的材料性质选取。最大进给速度受机床刚度和进给系统的性能限制。确定进给速度的原则如下。

(1) 当工件的质量要求能够得到保证时，为提高生产效率，可选择较高的进给速度。一般在 200～300mm/min 范围内选取。

(2) 在切断、加工深孔或用高速钢刀具加工时，宜选择较低的进给速度，一般在 20～50mm/min 范围内选取。

(3) 当加工精度、表面粗糙度要求较高时，进给速度应选小些，一般在 20～50mm/min 范围内选取。

(4) 刀具空行程时，特别是远距离“回零”时，可以采用该机床数控系统设定的最高进给速度。

计算进给速度时，可查阅切削用量手册选取每转进给量 f，然后按公式计算进给速度。

(六) 对刀

数控车削加工中，应首先确定零件的加工原点，以建立准确的加工坐标系，同时考虑刀具的不同尺寸对加工的影响。这些都需要通过对刀来解决。

1. 一般对刀

一般对刀是指在机床上使用相对位置检测手动对刀。下面以 Z 向对刀为例说明对刀方法，如图 3－14 所示。

刀具安装后，先移动刀具手动切削工件右端面，再沿 X 向退刀，将右端面与加工原点距离 N 输入数控系统，即完成这把刀具 Z 向对刀过程。

手动对刀是基本对刀方法，但它还是没跳出传统车床的“试切—测量—调整”的对刀模式，占用较多的在机床上时间。此方法较为落后。

2. 机外对刀仪对刀

机外对刀的本质是测量出刀具假想刀尖点到刀具台基准之间 X 及 Z 方向的距离。利用机外对刀仪可将刀具预先在机床外校对好，以便装上机床后将对刀长度输入相应刀具补偿号即可以使用，如图 3－15 所示。

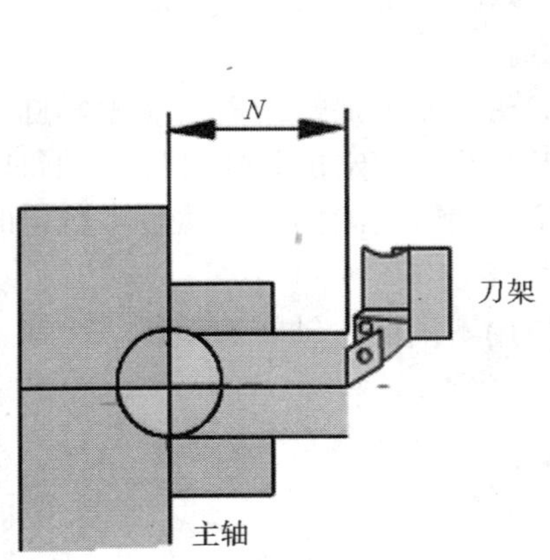

图 3－14　相对位置检测对刀图

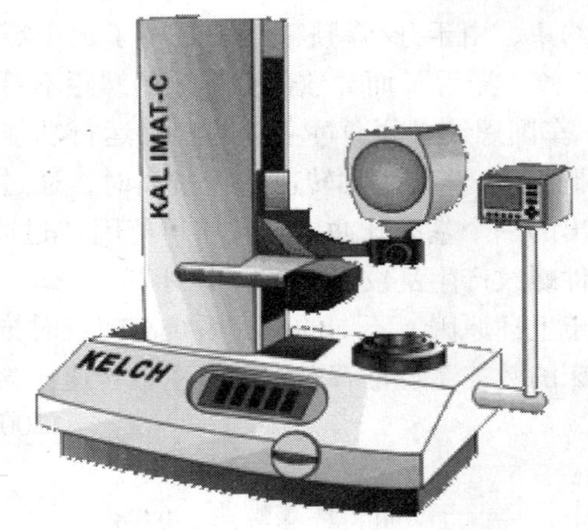

图 3－15　机外对刀仪对刀图

3. 自动对刀

自动对刀是通过刀尖检测系统实现的，刀尖以设定的速度向接触式传感器接近，当刀尖与传感器接触并发出信号，数控系统立即记下该瞬间的坐标值，并自动修正刀具补偿值。自动对刀过程如图 3 – 16 所示。

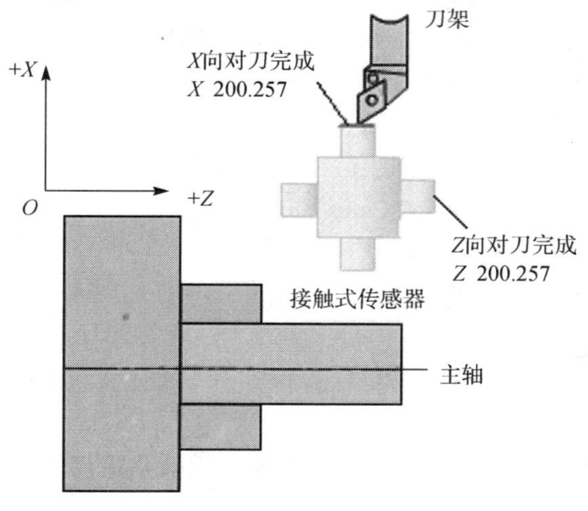

图 3 – 16　自动对刀

第二节　数控车床编程基础

一、数控车床的编程特点

1. 工件坐标系

加工坐标系应与机床坐标系的坐标方向一致，*X* 轴对应径向，*Z* 轴对应轴向，*C* 轴（主轴）的运动方向则以从机床尾架向主轴看，逆时针为 + *C* 向，顺时针为 – *C* 向。加工坐标系的原点选在便于测量或对刀的基准位置，一般在工件的右端面或左端面上。

2. 直径编程方式

在车削加工的数控程序中，*X* 轴的坐标值取零件图样上的直径值，采用直径尺寸编程与零件图样中的尺寸标注一致，这样可避免尺寸换算过程中可能造成的错误，给编程带来很大方便。

3. 进刀和退刀方式

对于车削加工，进刀时采用快速走刀接近工件切削起点附近的某个点，再改用切削进给，以减少空走刀的时间，提高加工效率。切削起点的确定与工件毛坯余量大小有关，应以刀具快速走到该点时刀尖不与工件发生碰撞为原则。

二、数控车床的基本编程方法

下面将结合配置 FANUC – 0T 数控系统的数控车床重点讨论数控车床基本编程方法。

（一） F、S、T 功能

1. F 功能

F 功能指令用于控制切削进给量。在程序中，有两种使用方法。

每转进给量，指令格式：G95 F_ ；

F 表示的是主轴每转进给量，单位为 mm/r。

每分钟进给量，指令格式：G94 F_ ；

F 表示的是每分钟进给量，单位为 mm/min。

2. S 功能

S 功能指令用于控制主轴转速。

指令格式：S_ ；

S 表示主轴转速，单位为 r/min。在具有恒线速功能的机床上，S 功能指令还有如下作用。

（1） 最高转速限制　指令格式：G50 S_ ；S 表示的是最高转速：r/min。

例：G50 S3000 表示最高转速限制为 3000r/min。

（2） 恒线速控制　指令格式：G96 S_ ；S 表示的是恒定的线速度：m/min。

例：G96 S150 表示切削点线速度控制在 150 m/min。

对图 3－17 中所示的零件，为保持 A、B、C 各点的线速度在 150m/min，则各点在加工时的主轴转速分别为：

A：$n = 1000 \times 150 \div (\pi \cdot 40) = 1193$ （r/min）

B：$n = 1000 \times 150 \div (\pi \cdot 60) = 795$ （r/min）

C：$n = 1000 \times 150 \div (\pi \cdot 70) = 682$ （r/min）

（3） 恒线速取消　指令格式：G97 S_ ；S 表示恒线速度控制取消后的主轴转速，如 S 未指定，将保留 G96 的最终值。

例：G97 S3000 表示恒线速控制取消后主轴转速 3000r/min。

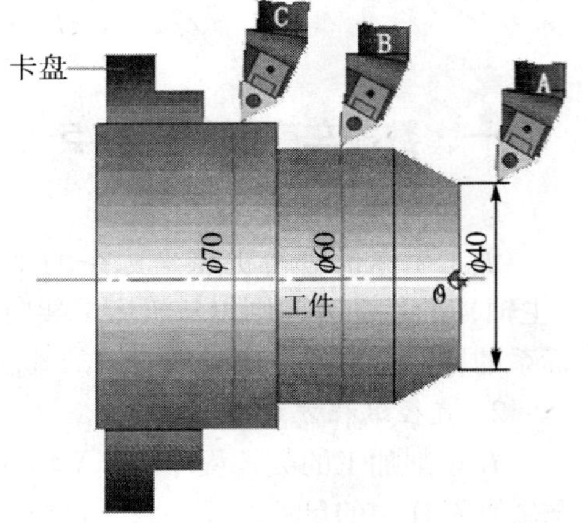

图 3－17　恒线速切削方式

3. T 功能

T 功能指令用于选择加工所用刀具。

指令格式：T_ ；

T 后面通常有两位数表示所选择的刀具号码。但也有 T 后面用四位数字，前两位是刀具号，后两位是刀具长度补偿号，又是刀尖圆弧半径补偿号。

例：T0303 表示选用 3 号刀及 3 号刀具长度补偿值和刀尖圆弧半径补偿值。T0300 表示取消刀具补偿。

（二） 倒角指令

1. 45°倒角

由轴向切削向端面切削倒角，即由 Z 轴向 X 轴倒角，i 的正、负根据倒角是向 X 轴正向还是负向，如图 3－18 （a） 所示。

指令格式：G01 Z（W）_ I ± i ；

由端面切削向轴向切削倒角，即由 X 轴向 Z 轴倒角，k 的正、负根据倒角是向 Z 轴正向还是负向，如图 3 – 18（b）所示。

指令格式：G01 X（U）_ K ± k；

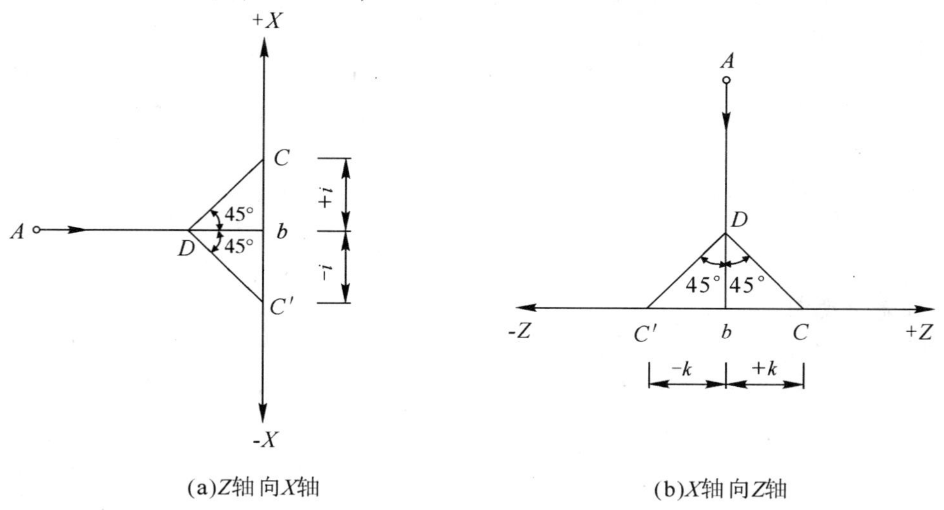

图 3 – 18 倒角

2. 任意角度倒角

在直线进给程序段尾部加上 C_ ，可自动插入任意角度的倒角。C 的数值是从假设没有倒角的拐角交点距倒角始点或与终点之间的距离，如图 3 – 19 所示。

例：G01 X50 C10；

X100 Z – 100；

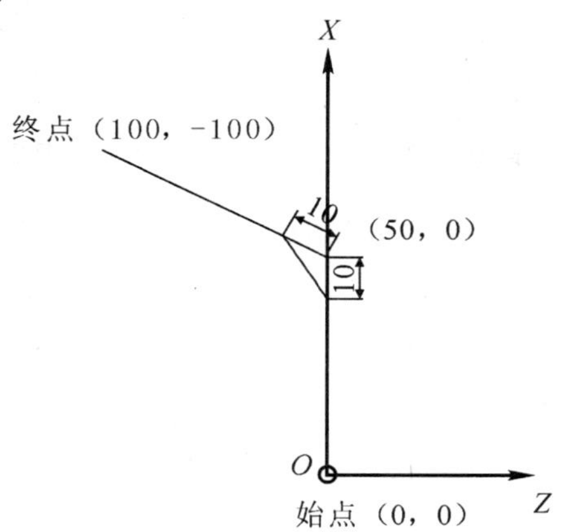

图 3 – 19 任意角度倒角

3. 倒圆角

指令格式：G01 Z（W）_ R ± r 时，圆弧倒角情况如图 3 – 20（a）所示。

指令格式：G01 X（U）_ R ± r 时，圆弧倒角情况如图 3 – 20（b）所示。

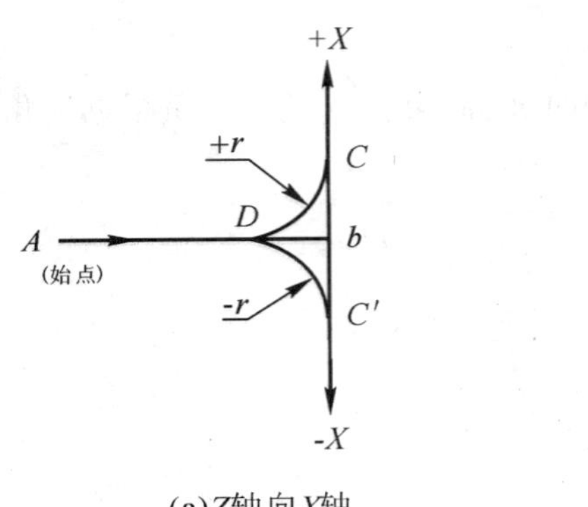

(a)Z轴向X轴

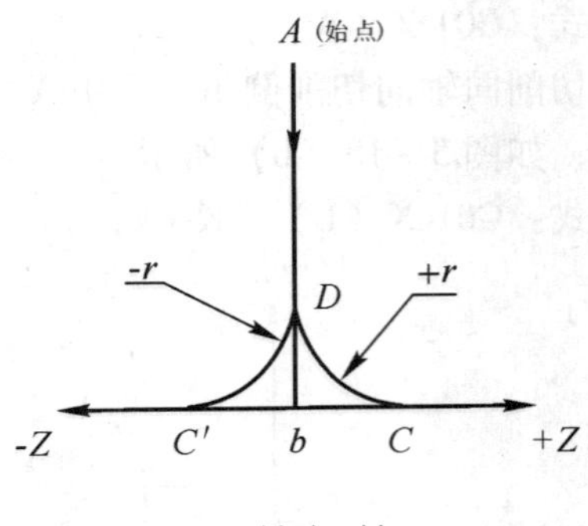

(b)X轴向Z轴

图 3－20　倒圆角

4. 任意角度倒圆角

若程序为：G01 X50 R10 F0.2；

X100 Z－100；

则加工情况如图 3－21 所示。

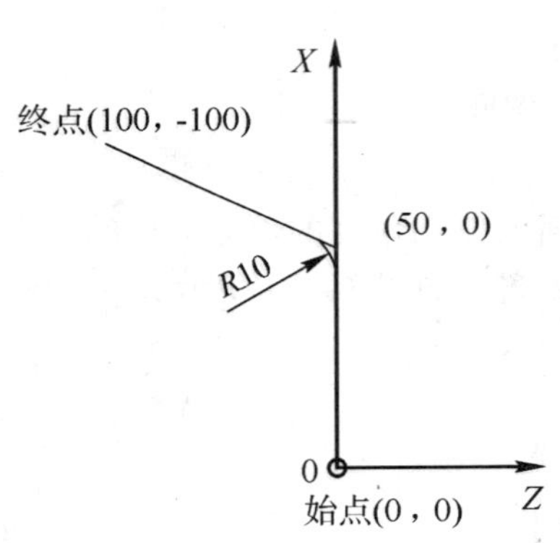

图 3－21　任意角度倒圆角

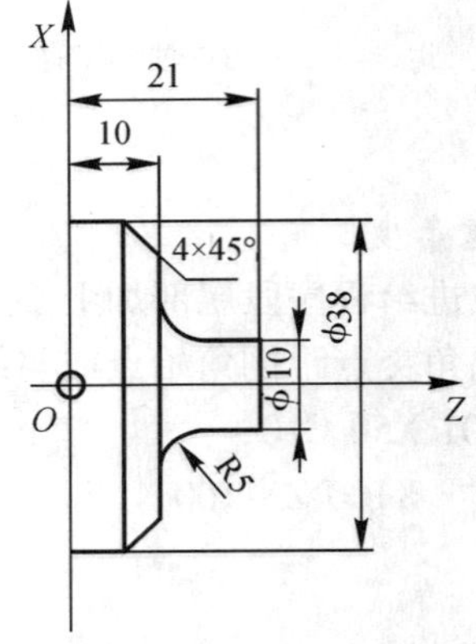

图 3－22　应用例图

例 3－1　加工图 3－22 所示零件的轮廓。

程序如下：

```
G00 X10 Z22；
G01 Z10 R5 F0.2 ；
X38 K－4；
Z0；
```

三、车削固定循环指令

（一）单一固定循环

单一固定循环可以将一系列连续加工动作，如"切入—切削—退刀—返回"，用一个循环指令完成，从而简化程序。

1. 圆柱面或圆锥面切削循环

（1）圆柱面切削循环。

指令格式：G90 X（U）_ Z（W）_ F_ ；

式中：X、Z 为圆柱面切削的终点坐标值；U、W 为圆柱面切削的终点相对于循环起点坐标分量。圆柱面单一固定循环如图 3－23 所示。

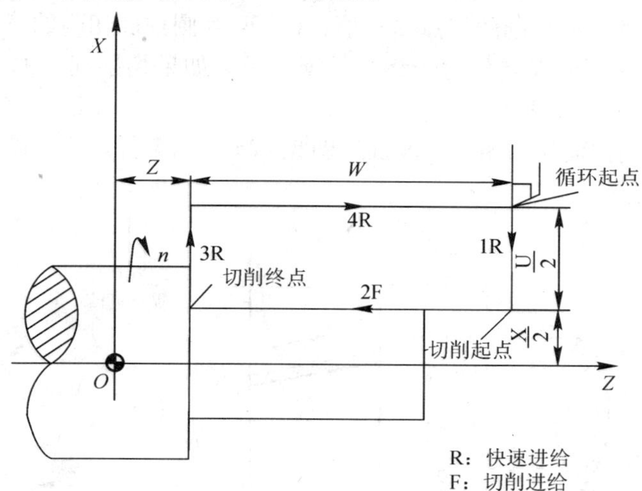

图 3－23　圆柱面切削循环

例 3－2　应用圆柱面切削循环功能加工图 3－24 所示零件。

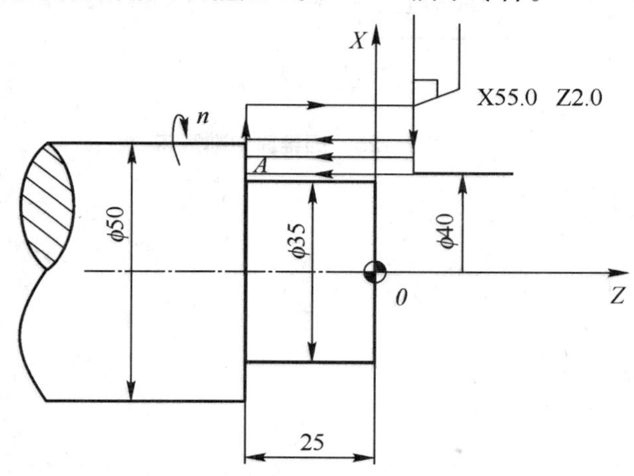

图 3－24　G90 的用法（圆柱面）

加工程序如下：

N10 T0101；

N20 M03 S1000；

N30 G00 X55 Z4 M08；

N40 G01 G96 Z2 F2.5 S150；

N50 G90 X45 Z－25 F0.2；

N60 X40；

N70 X35;

N80 G00 X200 Z200;

N90 M30;

(2) 圆锥面切削循环。圆锥面单一固定循环如图 3 -25 所示。

指令格式：G90 X (U) _ Z (W) _ I_ F_ ;

式中：X、Z 为圆锥面切削的终点坐标值；U、W 为圆柱面切削的终点相对于循环起点的坐标；I 为圆锥面切削的起点相对于终点的半径差。如果切削起点的 X 向坐标小于终点的 X 向坐标，I 值为负，反之为正。

例 3 -3 应用圆锥面切削循环功能加工图 3 -25 所示零件。

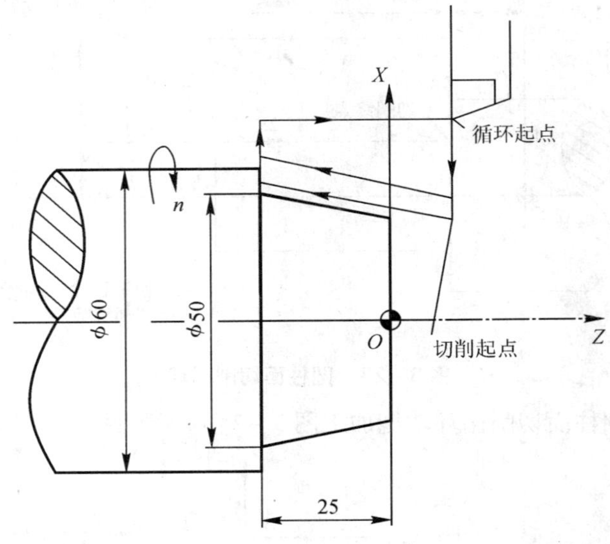

图 3 -25 圆锥面切削循环

…

G01 X65 Z2;

G90 X60 Z -35 I -5 F0.2;

X50;

G00 X100 Z200;

…

2. 端面切削循环

端面切削循环适用于端面切削加工，如图 3 -26 所示。

(1) 平面端面切削循环。

指令格式：G94 X (U) _ Z (W) _ F_ ;

式中：X、Z 为端面切削的终点坐标值；U、W 为端面切削的终点相对于循环起点的坐标。

(2) 锥面端面切削循环。

指令格式：G94 X (U) _ Z (W) _ K_ F_ ;

式中：X、Z 为端面切削的终点坐标值；U、W 为端面切削的终点相对于循环起点的坐标；K 为端面切削的起点相对于终点在 Z 轴方向的坐标分量。当起点 Z 向坐标小于终点 Z 向坐标时 K 为负，反之为正。如图 3－27 所示。

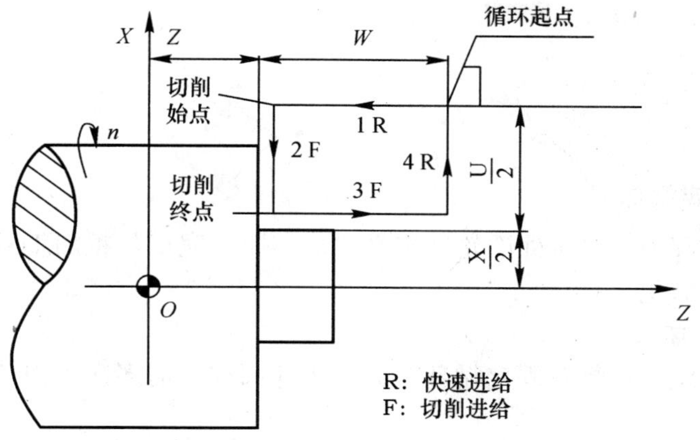

图 3－26　端面切削循环

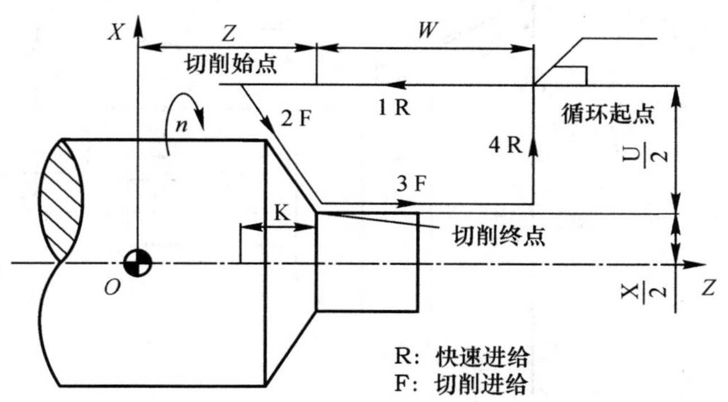

图 3－27　锥面端面切削循环

例 3－4　应用端面切削循环功能加工图 3－28 所示零件。

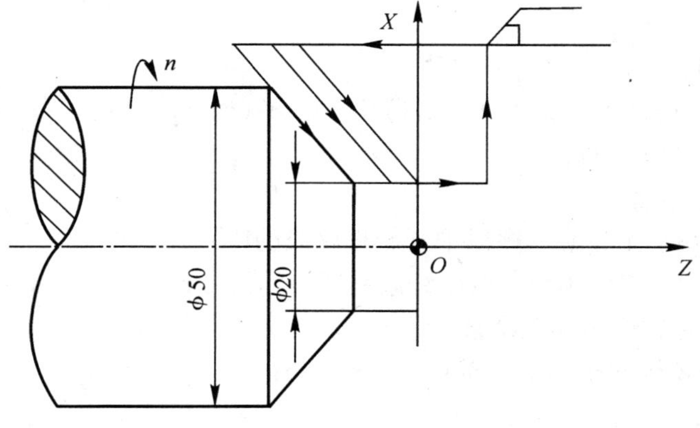

图 3－28　G94 的用法（锥面）

加工程序如下：

…

G94 X20 Z0 K－5 F0.2；

Z－5；

Z－10；

…

（二）复合固定循环

在复合固定循环中，对零件的轮廓定义之后，即可完成从粗加工到精加工的全过程，使程序得到进一步简化。

1. 外圆粗切循环

外圆粗切循环是一种复合固定循环。适用于外圆柱面需多次走刀才能完成的粗加工，如图 3－29 所示。

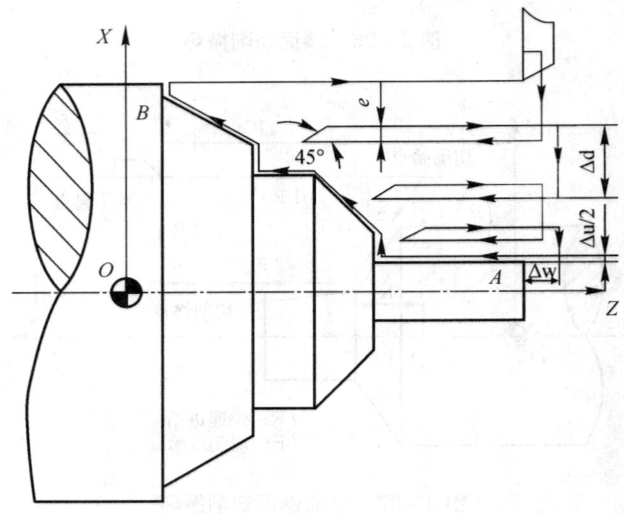

图 3－29 外圆粗切循环

指令格式：

G71 U（Δd）R（e）；

G71 P（ns）Q（nf）U（Δu）W（Δw）F（f）S（s）T（t）；

式中：Δd——背吃刀量；

e——退刀量；

ns——精加工轮廓程序段中开始程序段的段号；

nf——精加工轮廓程序段中结束程序段的段号；

Δu——*X* 轴向精加工余量；

Δw——*Z* 轴向精加工余量；

f、s、t——F、S、T 代码。

注意：

（1）ns→nf 程序段中的 F、S、T 功能，即使被指定也对粗车循环无效。

（2）零件轮廓必须符合 *X* 轴、*Z* 轴方向同时单调增大或单调减少；*X* 轴、*Z* 轴方向非单调时，ns→nf 程序段中第一条指令必须在 *X*、*Z* 向同时有运动。

例 3－5 按图 3－30 所示尺寸编写外圆粗切循环加工程序。

加工程序如下：

N10 T0101 M03 S800；

N20 G00 G42 X120 Z10；

N30 G96 S120；

N40 G71 U2 R0.5；

N50 G71 P60 Q130 U2 W0.5 F0.25；

N60 G00 X40；

N70 G01 Z－30 F0.15；

N80 X60 Z－60；

N90 Z－80；

N100 X100 Z－90；

N110 Z－110；

N120 X120 Z－130；

N130 X125；

N140 G00 X200 Z140；

N150 M02；

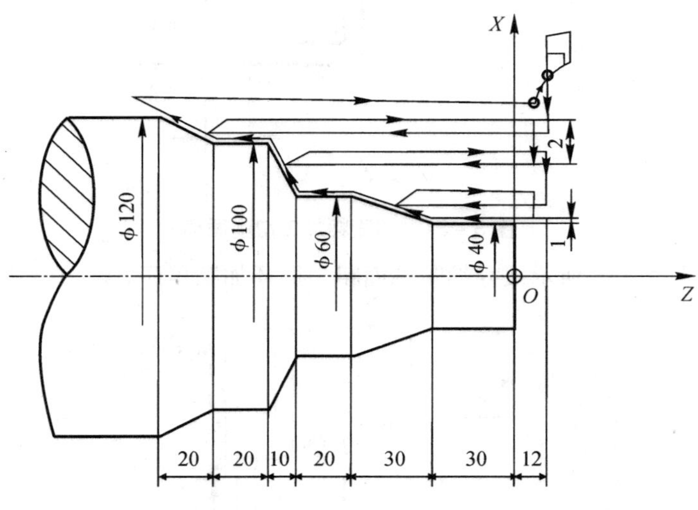

图 3－30 G71 程序例图

2. 端面粗切循环

端面粗切循环是一种复合固定循环。端面粗切循环适于 *Z* 向余量小，*X* 向余量大的棒料粗加工，如图 3－31 所示。

指令格式：

G72 U（Δd）R（e）；

G72 P（ns）Q（nf）U（Δu）W（Δw）F（f）S（s）T（t）；

式中：Δd——背吃刀量；

e——退刀量；

ns——精加工轮廓程序段中开始程序段的段号；

nf——精加工轮廓程序段中结束程序段的段号；

Δu——*X* 轴向精加工余量；

Δw——*Z* 轴向精加工余量；

f、s、t——F、S、T 代码。

注意：

（1）ns→nf 程序段中的 F、S、T 功能，即使被指定对粗车循环无效。

（2）零件轮廓必须符合 *X* 轴、*Z* 轴方向同时单调增大或单调减少。

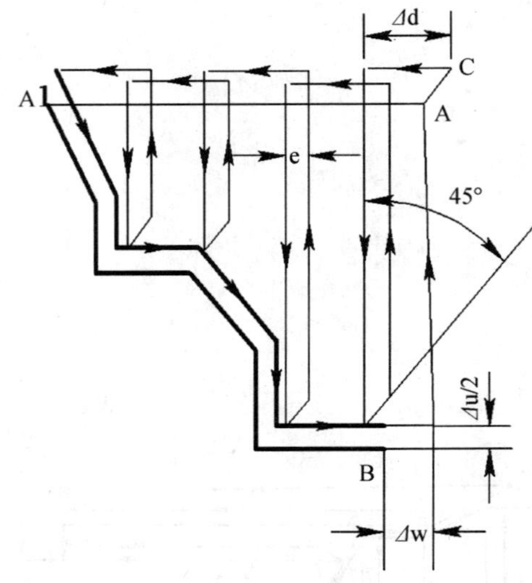

图 3－31　端面粗加工切削循环

例 3－6　按图 3－32 所示尺寸编写端面粗切循环加工程序。

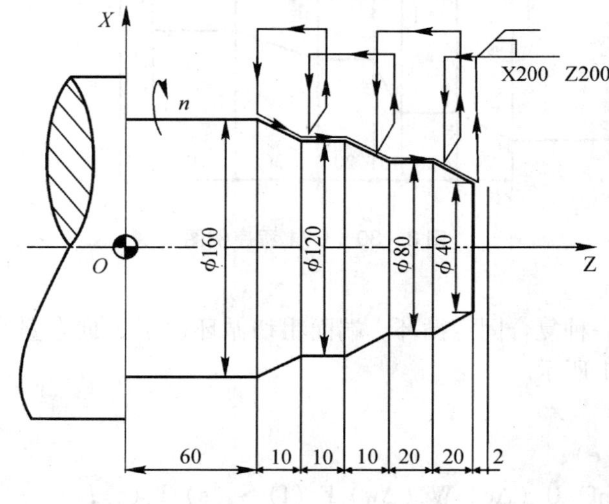

图 3－32　G72 程序例图

加工程序如下：

N10 T0101；

N20 M03 S800；

N30 G90 G00 G41 X176 Z2；

N40 G96 S120；

N50 G72 U3 R0.5；

N60 G72 P70 Q120 U2 W0.5 F0.2；

N70 G00 X160 Z60 ；

N80 G01 X120 Z70 F0.15 ；

N90 Z80；

N100 X80 Z90；

N110 Z110；

N120 X36 Z132；

N130 G00 G40 X200 Z200；

N140 M02；

3. 封闭切削循环

封闭切削循环适于对铸、锻毛坯切削，对零件轮廓的单调性则没有要求，如图 3－33 所示。

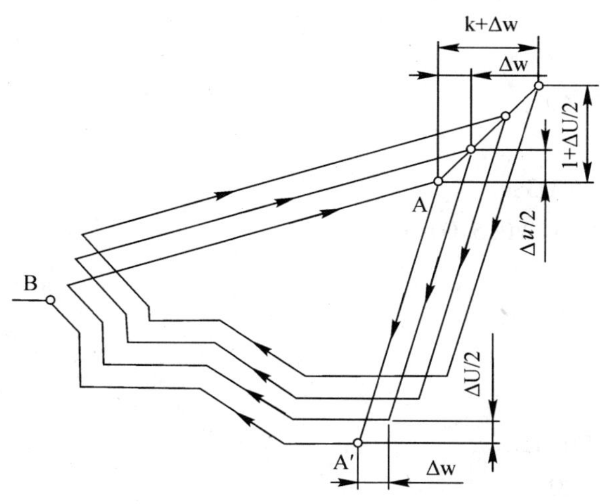

图 3－33　封闭切削循环

指令格式：G73 U（i）W（k）R（d）；

G73 P（ns）Q（nf）U（Δu）W（Δw）F（f）S（s）T（t）；

式中：i——X 轴向总退刀量（半径值）；

k——Z 轴向总退刀量；

d——重复加工次数；

ns——精加工轮廓程序段中开始程序段的段号；

nf——精加工轮廓程序段中结束程序段的段号；

Δu——X 轴向精加工余量；

Δw——Z 轴向精加工余量；

f、s、t——F、S、T 代码。

例 3-7 按图 3-34 所示尺寸编写封闭切削循环加工程序。

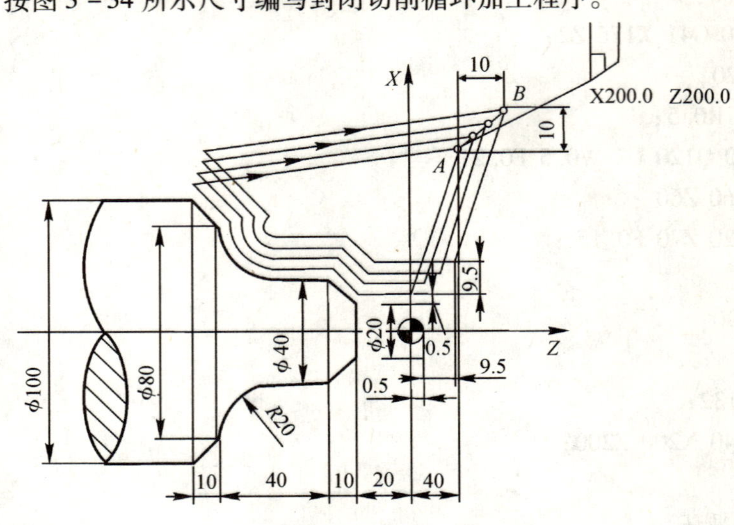

图 3-34 G73 程序例图

加工程序如下：

N01 T0101；

N20 M03 S2000；

N30 G00 G42 X140 Z40；

N40 G96 S150；

N50 G73 U9.5 W9.5 R3；

N60 G73 P70 Q130 U1 W0.5 F0.3；

N70 G00 X20 Z0；

N80 G01 Z-20 F0.15 ；

N90 X40 Z-30；

N100 Z-50；

N110 G02 X80 Z-70 R20；

N120 G01 X100 Z-80；

N130 X105；

N140 G00 G40 X200 Z200；

N150 M30 ；

4. 精加工循环

由 G71、G72、G73 完成粗加工后，可以用 G70 进行精加工。精加工时，G71、G72、G73 程序段中的 F、S、T 指令无效，只有在 ns→nf 程序段中的 F、S、T 才有效。

指令格式：G70 P（ns）Q（nf）；

式中：ns——精加工轮廓程序段中开始程序段的段号；

nf——精加工轮廓程序段中结束程序段的段号。

四、螺纹切削指令

（一）基本螺纹切削指令

基本螺纹切削方法见图 3－35 所示。

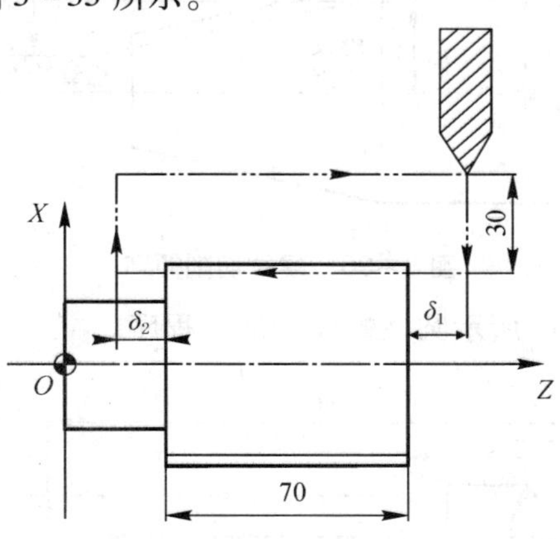

图 3－35　圆柱螺纹切削

指令格式：G32 X（U）_ Z（W）_ F_ ；

式中：X（U）、Z（W）为螺纹切削的终点坐标值；X 省略时为圆柱螺纹切削，Z 省略时为端面螺纹切削；X、Z 均不省略时为锥螺纹切削；F 为螺纹导程。

螺纹切削应注意在两端设置足够的升速进刀段 δ_1 和降速退刀段 δ_2。

例 3－8　试编写图 3－35 所示螺纹的加工程序。（螺纹导程 4mm，升速进刀段 $\delta_1 = 3$mm，降速退刀段 $\delta_2 = 1.5$mm，螺纹深度 2.165mm）

```
…
G00 U－62；
G32 W－74.5 F4；
G00 U62；
W74.5；
U－64；
G32 W－74.5；
G00 U64；
W74.5；
…
```

（二）螺纹切削循环指令

螺纹切削循环指令把“切入——螺纹切削——退刀——返回”四个动作作为一个循环，如图 3－36 所示，用一个程序段来指令。

编程格式：G92 X（U）_ Z（W）_ I_ F_ ；

式中：X（U）、Z（W）为螺纹切削的终点坐标值；I 为螺纹部分半径之差，即螺纹切削起始点与切削终点的半径差。加工圆柱螺纹时，I＝0。加工圆锥螺纹时，当 X 向切削起始点坐标小于切削终点坐标时，I 为负，反之为正。

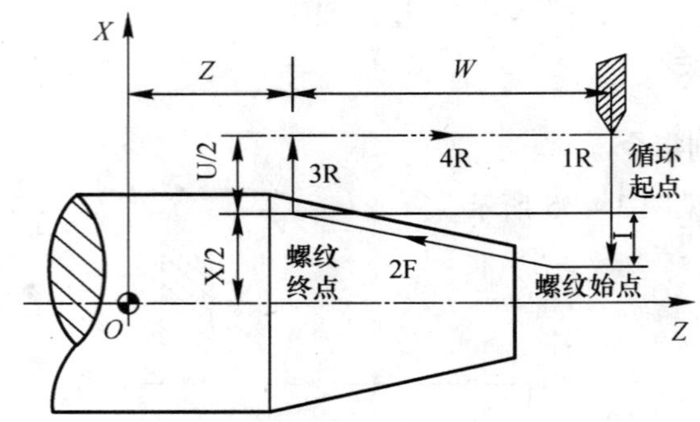

图 3-36 螺纹切削循环

例 3-9 试编写图 3-37 所示圆柱螺纹的加工程序。

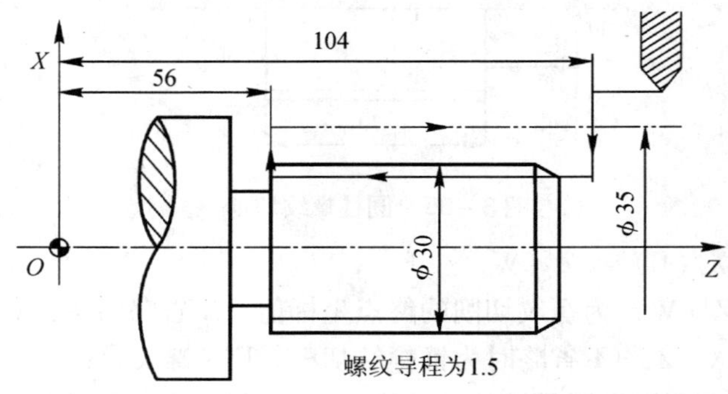

图 3-37 圆柱螺纹切削循环

加工程序如下：

```
…
G00 X35 Z104;
G92 X29.2 Z53 F1.5;
X28.6;
X28.2;
X28.04;
G00 X200 Z200;
…
```

（三）复合螺纹切削循环指令

复合螺纹切削循环指令可以完成一个螺纹段的全部加工任务。它的进刀方法有利于改善刀具的切削条件，在编程中应优先考虑应用该指令，如图 3-38 所示。

指令格式：G76 P（m）（r）（α）Q（Δdmin）R（d）；

G76 X（U）Z（W）R（I）F（f）P（k）Q（Δd）；

式中：m——精加工重复次数；

r——倒角量；

α——刀尖角；

Δdmin——最小切入量；

d——精加工余量；

X（U）Z（W）——终点坐标；

I——螺纹部分半径之差，即螺纹切削起始点与切削终点的半径差。加工圆柱螺纹时，i=0。加工圆锥螺纹时，当 X 向切削起始点坐标小于切削终点坐标时，I 为负，反之为正。

k——螺牙的高度（X 轴方向的半径值）；

Δd——第一次切入量（X 轴方向的半径值）；

f——螺纹导程。

例 3－9　试编写图 3－39 所示圆柱螺纹的加工程序，螺距为 6mm。

G76 P 02 2 60 Q0. 1 R0. 1；

G76 X60. 64 Z23 R0 F6 P3. 68 Q1. 8；

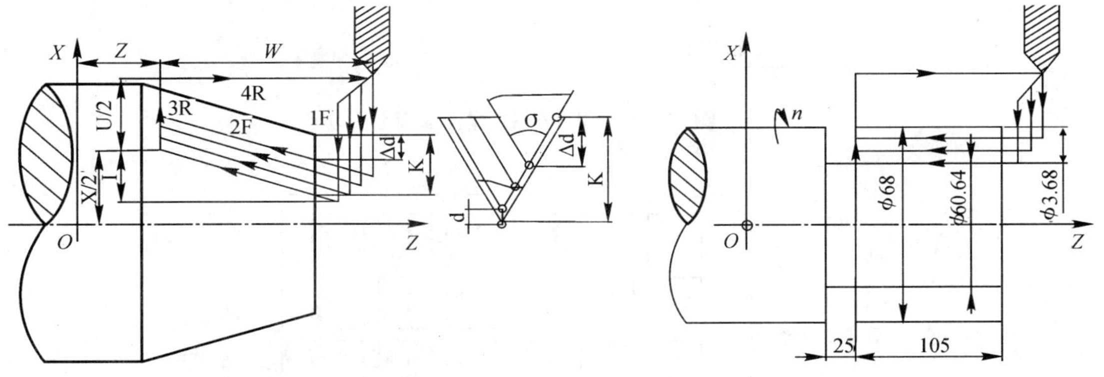

图 3－38　复合螺纹切削循环与进刀法　　**图 3－39　复合螺纹切削循环应用**

第三节　数控车削加工技术

项目一　数控车床的基本操作

项目任务　数控车床操作面板介绍（FANUC 0i）

数控车床手动操作

对刀及工件坐标系的设定

项目实施

（一）数控车床操作面板介绍（FANUC 0i）

下面以宝鸡机床厂生产的 CK6150 数控车床为例，介绍数控车床的基本操作。

FANUC 数控车床操作面板由 CRT/MDI 操作面板和机床控制面板两部分组成。

1. CRT/MDI 操作面板

CRT/MDI 操作面板用操作键盘结合显示屏可以进行数控系统操作。如图 3－40，图 3－41 所示。系统操作面板功能键作用见表 3－1。

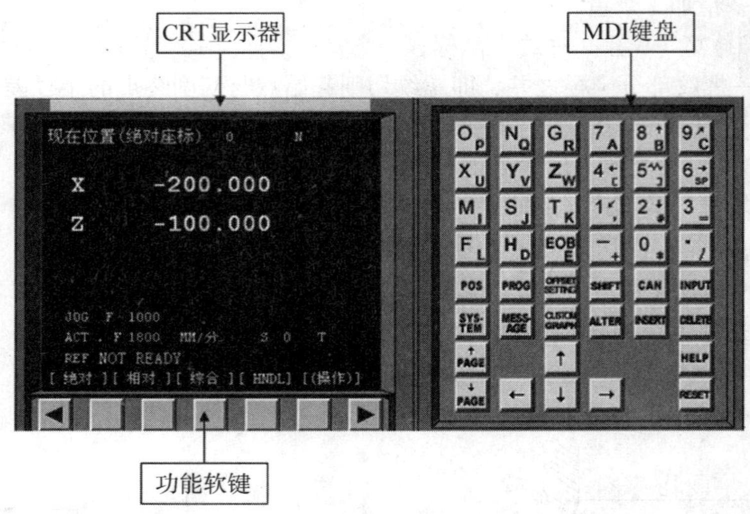

图 3-40 CRT/MDI 操作面板

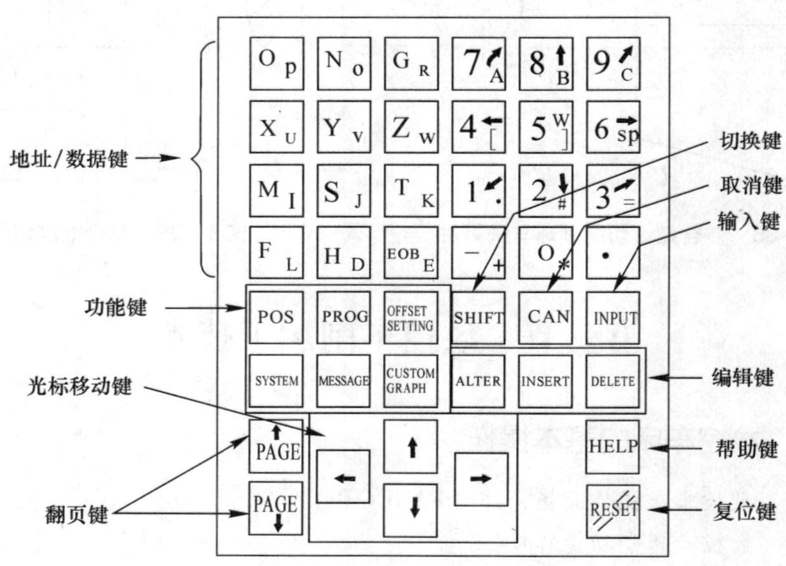

图 3-41 系统操作面板功能键

表 3-1 系统操作面板功能键的主要作用

按　键	名　称	按　键　功　能
ALTER	替代键	用输入的数据替代光标所在的数据
DELETE	删除键	删除光标后的数据；或删除一个数控程序，或删除全部数控程序
INSERT	插入键	把输入区域中的数据插入到当前光标之后的位置

续表

按　键	名　称	按　键　功　能
CAN	修改键	消除输入区域内的数据
EOB/E	换行键	结束一行程序的输入并且换行
SHIFT	上挡键	按住此键，再按双字符键，则系统输入按键右下角的字符
PROG	程序键	数控程序显示与编辑页面
POS	位置显示键	位置显示页面。位置显示有三种方式，用翻页键按钮选择
OFFSET SET	参数输入页面	按第一次进入坐标系设置页面，按第二次进入刀具补偿参数页面。进入不同的页面以后，用翻页按钮键切换
HELP	帮助键	显示系统帮助页面
CUSTOM GRAPH	图像显示键	图形参数设置页面或图形模拟页面
MESSAGE		显示信息页面，如“报警”
SYSTEM		系统参数页面
RESET	复位键	在自动方式下，按此键中止当前的加工程序
PAGE ↑ PAGE ↓	翻页键	向上翻页/向下翻页
↑　↓ ←　→	光标移动键	向上/向下/向左/向右移动光标
INPUT	输入键	把输入区内的数据输入参数页面或输入一个外部数控程序

2. 机床控制面板

机床控制面板如图 3－42 所示，机床控制面板上各功能键的作用见表 3－2。

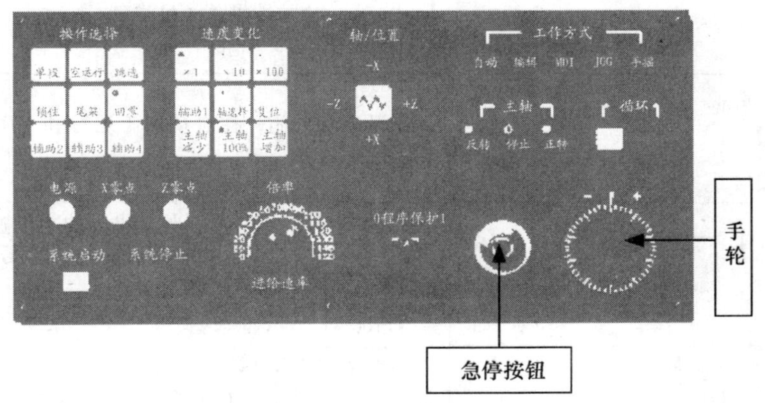

图 3－42　机床控制面板

表3-2　机床控制面板各键的功能

名　称	功能说明
方式选择键 编辑　自动　MDI　JOG　手摇	用来选择系统的运行方式 编辑：按下该键，进入编辑运行方式 自动：按下该键，进入自动运行方式 MDI：按下该键，进入 MDI 运行方式 JOG：按下该键，进入 JOG 运行方式 手摇：按下该键，进入手轮运行方式
操作选择键 单段　照明　回零	用来开启单段、回零操作 单段：按下该键，进入单段运行方式 回零：按下该键，可以进行返回机床参考点操作（即机床回零）
主轴旋转键 正转　停止　反转	用来开启和关闭主轴 正转：按下该键，主轴正转 停止：按下该键，主轴停转 反转：按下该键，主轴反转
循环启动/停止键	用来开启和关闭，在自动加工运行和 MDI 运行时都会用到它们
主轴倍率键 主轴降速　主轴100%　主轴升速	在自动或 MDI 方式下，当 S 代码的主轴速度偏高或偏低时，可用来修调程序中编制的主轴速度 按 主轴100%（指示灯亮），主轴修调倍率被置为 100%； 按一下 主轴升速，主轴修调倍率递增 5%； 按一下 主轴降速，主轴修调倍率递减 5%

续表

名　称	功能说明
超程解除  超程解锁	用来解除超程警报
进给轴和方向选择开关	用来选择机床欲移动的轴和方向
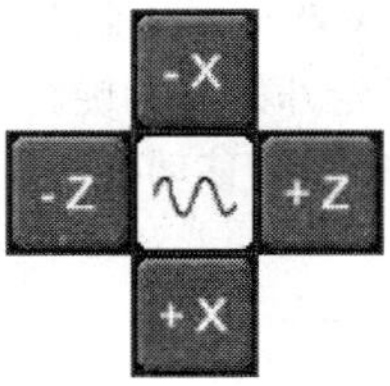 -X -Z　+Z +X	其中的  [快进键] 为快进开关。当按下该键后，该键变为红色，表明快进功能开启。再按一下该键，该键的颜色恢复成白色，表明快进功能关闭
JOG 进给倍率刻度盘  倍率 0　50　100　150 进给速率	用来调节 JOG 进给的倍率。倍率值从 0 ~ 150%。每格为 10% 左键点击旋钮，旋钮逆时针旋转一格；右键点击旋钮，旋钮顺时针旋转一格
系统启动/停止  系统启动　系统停止	用来开启和关闭数控系统。在通电开机和关机的时候用到
电源/回零指示灯  X-回零　Z-回零　电源	用来表明系统是否开机和回零的情况。当系统开机后，电源灯始终亮着。当进行机床回零操作时，某轴返回零点后，该轴的指示灯亮
急停键 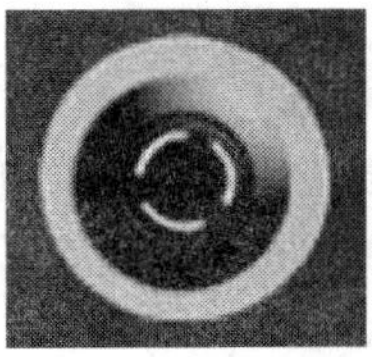	用于锁住机床。按下急停键时，机床立即停止运动
手轮进给倍率键  X1　X10　X100	用于选择手轮移动倍率。按下所选的倍率键后，该键左上方的红灯亮  X1 为 0.001、X10 为 0.010、X100 为 0.100  

续表

名　称	功能说明
手轮	手轮模式下用来使机床移动 左键点击手轮旋钮，手轮逆时针旋转，机床向负方向移动；右键点击手轮旋钮，手轮顺时针旋转，机床向正方向移动 鼠标点击一下手轮旋钮即松手，则手轮旋转刻度盘上的一格，机床根据所选择的移动倍率移动一个挡位。如果鼠标按下后不松开，则 3s 后手轮开始连续旋转，同时机床根据所选择的移动倍率进行连续移动，松开鼠标后，机床停止移动
手轮进给轴选择开关	手轮模式下用来选择机床要移动的轴 点击开关，开关扳手向上指向 X，表明选择的是 *X* 轴；开关扳手向下指向 Z，表明选择的是 *Z* 轴

（二）数控车床手动基本操作

数控车床一般操作步骤见表 3－3。

表 3－3　数控车床一般操作步骤

操作步骤	简要说明
1. 书写或编程	加工前应首先编制工件的加工程序，如果工件的加工程序较长且比较复杂时，最好不在机床上编程，而采用编程机编程或手动编程，这样可以避免占用机时，对于短程序，也应写在程序单上
2. 开机	一般是先开机床，再开系统，有的设计二者是互锁的，机床不通电就不能在 CRT 上显示信息
3. 回参考点	对于增量控制系统（使用增量式位置检测元件）的机床，必须首先执行这一步，以建立机床各坐标的移动基准
4. 输入加工程序	若是简单程序，可直接采用键盘在 CNC 装置面板上输入，若程序非常简单，且只加工 1 件，程序没有保存的必要，可采用 MDI 方式，逐段输入，逐段加工。另外，程序中用到的工件原点、刀具参数、偏置量、各种补偿量在加工前也必须输入
5. 程序的编辑	输入的程序若需要修改，则要进行编辑操作。此时，将方式选择开关置于 EDIT 位置（编辑），利用编辑键进行增加、删除、更改。关于编辑方法可见相应的说明书

续表

操作步骤	简要说明
6. 机床锁住，运行程序	此步骤是对程序进行检查，若有错误，则需重新进行编辑
7. 上工件、找正、对刀	采用手动增量移动，连续移动或采用手轮移动机床。将起刀点对到程序的起始处，并对好刀具的基准
8. 循环启动	一般是采用存储器中程序加工。这种方式比采用纸带上程序加工故障率低。加工中的进给速度可采用进给倍率开关调节。加工中可以按进给保持按钮 FEEDHOLD，暂停进给运动，观察加工情况或进行手工测量。再按 CYCLE-START 按钮，即可恢复加工。为确保程序正确无误，加工前应采用刀具轨迹模拟功能检查程序的正确性
9. 操作显示	利用 CRT 的各个画面显示工作台或刀具的位置、程序和机床的状态，以使操作工人监视加工情况
10. 程序输出	加工结束后，若程序有保存的必要，可以留在 CNC 的内存中，若程序太长，可以把内存中的程序输出给外部设备上加以保存
11. 关机	一般应先关机床，再关系统

（三）对刀及工件坐标系的设定

1. 数控机床坐标系

数控车床所使用的坐标系有两个：一个是机械坐标系，另外一个是工件坐标系。

在机床的机械坐标系中设有一个固定的参考点［假设为（X，Z）］。这个参考点的作用主要是用来给机床本身一个定位。因为每次开机后无论刀架停留在哪个位置，系统都把当前位置设定为（0，0），这样势必造成基准的不统一，所以每次开机的第一步操作为回参考点（也称回零），也就是通过确定（X，Z）来确定原点（0，0）。

为了计算和编程方便，通常将工件（程序）原点设定在工件右端面的回转中心上，尽量使编程基准与设计、装配基准重合。机械坐标系是机床唯一的基准，所以必须要弄清楚程序原点在机械坐标系中的位置。这通常在接下来的对刀过程中完成。

2. FANUC 系统确定工件坐标系的方法

第一种方法：通过对刀将刀偏值写入参数从而获得工件坐标系。这种方法操作简单，可靠性好，通过刀偏与机械坐标系紧密的联系在一起，只要不断电、不改变刀偏值，工件坐标系就会存在且不会变，即使断电，重启后回参考点，工件坐标系还在原来的位置。

第二种方法：用 G50 设定坐标系，对刀后将刀移动到 G50 设定的位置才能加工。对刀时先对基准刀，其他刀的刀偏都是相对于基准刀的。

第三种方法：MDI 参数，运用 G54 ~ G59 可以设定六个坐标系，这种坐标系是相对于参考点不变的，与刀具无关。这种方法适用于批量生产且工件在卡盘上有固定装夹位置的加工。

3. 具体步骤

（1）试切对刀。

1）用外圆车刀先试车一外圆端面，输入 offset 界面的几何形状 Z0。点测量键即可。见图 3－43。

```
工具补正/形状                     O0006   N0000
 番号      X              Z       R      T
W_01     0.000          0.000   0.000   0
W02      0.000          0.000   0.000   0
W03      0.000          0.000   0.000   0
W04      0.000          0.000   0.000   0
W05      0.000          0.000   0.000   0
W06      0.000          0.000   0.000   0
W07      0.000          0.000   0.000   0
W08      0.000          0.000   0.000   0
现在位置（相对坐标）
  U     -75.000            W   -200.000

>_                          OS  50% T0000
 EDIT  **** *** ***     14:07:25
[NO检索] [    ] [C.输入] [+输入] [输入]
```

图 3－43　offset 界面

2）用外圆车刀先试车一外圆，输入 offset 界面的几何形状 X（测量值），点测量键即可。

3）其他刀具分别尽可能接近试切过的外圆面和端面，把第一把刀的 X 方向测量值和 Z0 直接键入到 offset 工具补正/形状界面里相应刀具对应的刀补号 X、Z 中，按测量即可。

4）刀具刀尖半径值可直接进入编辑运行方式输入到 offset 工具补正/形状界面里相应刀具对应的刀补号 R 中。

（2）用 G50 设置工件零点。

1）用外圆车刀先试车一外圆，测量外圆直径后，把刀沿 *Z* 轴正方向后退一些，切端面到中心（*X* 轴坐标减去直径值）。

2）选择 MDI 方式，输入 G50 X0 Z0，启动 START 键，把当前点设为零点。

3）选择 MDI 方式，输入 G0 X150 Z150，使刀具离开工件进刀加工。

4）这时程序开头：G50 X150 Z150，……

5）用 G50 设置，起点和终点必须一致，即 X150，Z150，这样才能保证重复加工不乱刀。

6）其他刀具分别尽可能接近试切过的外圆面和端面，把第一把刀的 X 方向测量值和 Z0 直接键入到 offset 工具补正/形状界面里相应刀具对应的刀补号 X、Z 中，按测量即可。

7）刀具刀尖半径值可直接进入编辑运行方式输入到 offset 工具补正/形状界面里相应刀具对应的刀补号 R 中。

（3）用 G54 ~ G59 设置工件零点。见图3－44。

1）用外圆车刀先试车一外圆，测量外圆直径后，把刀沿 Z 轴正方向退点，切端面到中心。

2）把当前的 X 和 Z 轴坐标直接输入到 G54 ~ G59 里，程序直接调用如：G54X50Z50……。

3）可用 G53 指令清除 G54 ~ G59 工件坐标系。

4）其他刀具分别尽可能接近试切过的外圆面和端面，把第一把刀的 X 方向测量值和 Z0 直

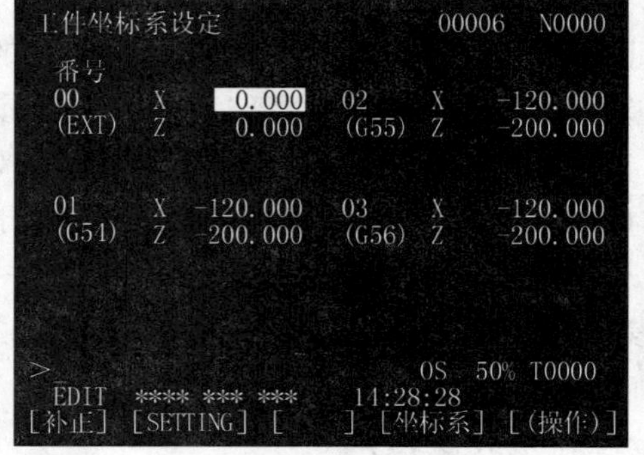

图 3－44　G54 ~ G59 坐标系

接键入到 offset 工具补正/形状界面里相应刀具对应的刀补号 X、Z 中，按测量即可。

5）刀具刀尖半径值可直接进入编辑运行方式输入到 offset 工具补正/形状界面里相应刀具对应的刀补号。

项目二　内、外轮廓车削加工

项目任务　轴类零件的加工

套类零件的加工

盘类零件的加工

项目实施

（一）轴类零件的加工

1. 零件加工概述

如图 3－45 所示，该零件属典型较复杂轴类零件，ϕ52 外圆及零件总长已在前面工序完成。现对其进行数控车削加工工艺的制订及编程，所用机床为 CK6150 数控车床，系统：FANUC－0i；材料：45 钢。

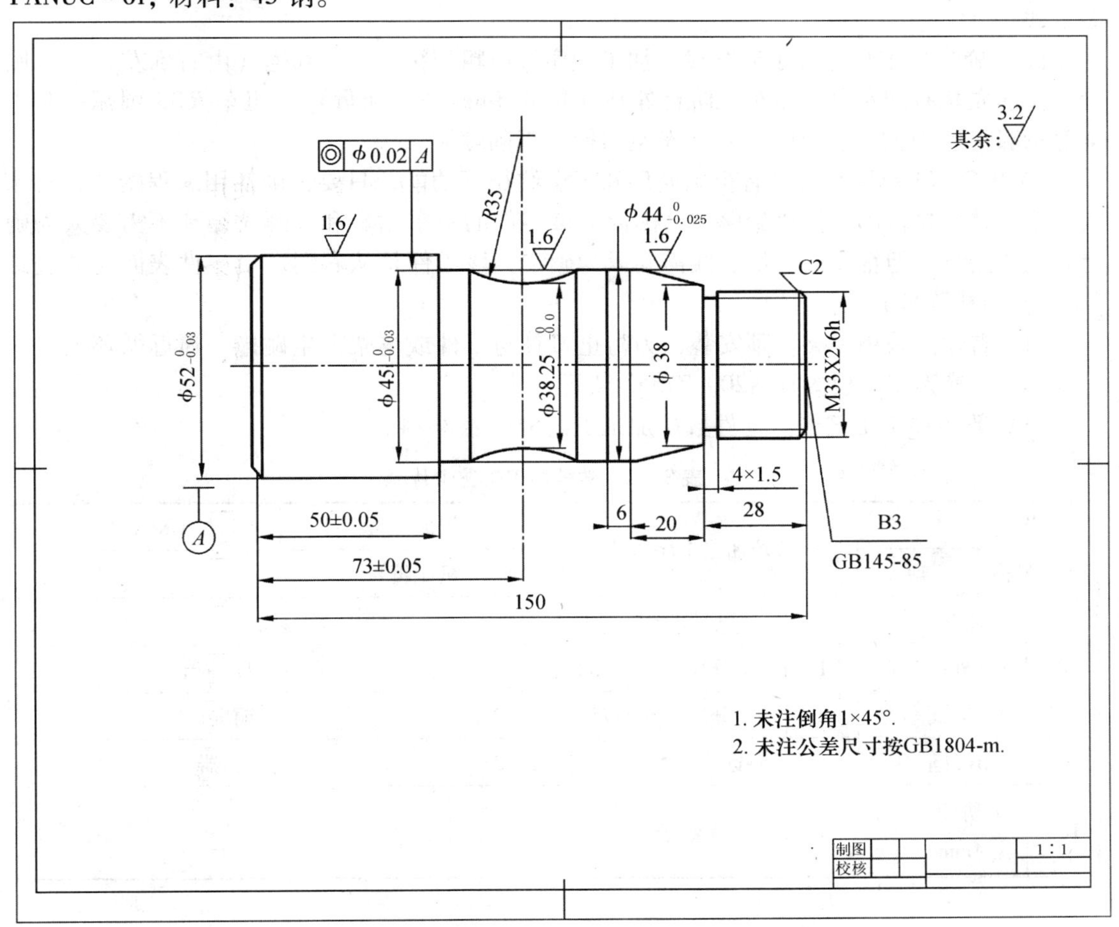

图 3－45　轴

2. 零件图样工艺分析

该零件表面由圆柱、阶台、螺纹、曲面、圆锥、沟槽等表面组成。其中多个直径尺寸有较严的尺寸精度和表面粗糙度等要求。尺寸标注完整，轮廓描述清楚。根据编程需要需计算圆弧终点和起点的 Z 向坐标点，零件材料为 45 钢，无热处理和硬度要求。

通过上述分析，采取以下几点工艺措施。

（1）对图样上给定的几个精度要求较高的尺寸，因其公差数值较小而且方向一致，故编程时不必取平均值，而全部取其基本尺寸即可。

（2）工件长度较长并且设计基准在左端面，故采用一夹一顶装夹，工件原点设置在左端面与轴线的交点。

（3）在轮廓曲线上，既有过象限圆弧，又有改变进给方向的轮廓曲线，因此在加工时应进行机械间隙补偿，以保证轮廓曲线的准确性。

3. 制订加工工艺

（1）确定装夹方案。以工件的 ϕ52 外圆和左端面为定位基准。

为防止夹伤外圆，左端采用三爪自定心卡盘和软爪夹持，右端采用活动顶尖支承的装夹方式。

（2）确定加工顺序及走刀路线。加工顺序按由粗到精、由近到远（由右到左）的原则确定。即先从右到左进行粗车各阶台外圆（留 0.5mm 精车余量）→粗车 R35 圆弧→精车全部轮廓（空刀槽和螺纹除外）→车空刀槽→车削螺纹。

FANUC－0i 数控系统具有粗车循环和车螺纹循环功能，只要正确使用编程指令，机床数控系统就会自行确定其进给路线，因此，该零件的粗车循环和车螺纹循环不需要人为确定其进给路线。但精车的进给路线需要人为确定，该零件是从右到左沿零件表面轮廓进给（螺纹空刀槽除外）。

加工右端因采用一夹一顶安装，为防止刀具与工件或尾架发生碰撞，逼近循环点时应先 X 后 Z，换刀点应设置在 X200. Z155. 位置。

（3）数控加工工艺卡。零件数控加工工艺卡见表 3－4。

表 3－4　数控加工工艺卡片

零件图号	3－45	数控加工工序卡片		机床型号	CK6150
零件名称	轴			机床编号	
刀具表		量具表		工具表	
T01	90°外圆车刀	1	千分尺（25～50）	1	垫刀片若干
T02	45°端面车刀	2	千分尺（50～75）	2	铜皮
T03	仿型车刀	3	游标卡尺（0～150）	3	计算器
T04	外切槽刀刀宽 4mm	4	螺纹千分尺		

续表

T05	60°外螺纹车刀	5	R 样板（R35）				
序号	工艺内容			切削用量			备注
				主轴转速（r/min）	进给速度（mm/r）	背吃刀量（mm）	
1	粗精车左端						
2	粗车右端各外圆			500	0.25	3	
3	粗车 *R*35 圆弧面			500	0.2		
4	精车右端各外圆			900	0.08	0.5	
5	切螺纹退刀槽 4×1.5			650	0.06	4	
6	粗精车螺纹			650	3	递减	

4. 零件加工程序单

零件加工程序单见表 3－5。

表 3－5 零件加工程序单

加工程序	程序注释
O1；	主程序号
G97 G99 G40 M03 S500；	主轴正转，转速 500 r/min
T0101；	90°外圆车刀
M08；	冷却开
G00 X55.0 Z153.0；	快速定位
G71 U3.0 R0.5；	
G71 P10 Q20 U0.5 W0.2 F0.25；	粗车循环
N10 G00 X29.0；	
G01 Z150.0；	
X33.0 Z148.0；	车倒角
Z122.0；	
X38.0；	车外圆
X44.0 Z102.0；	车锥度
Z96.0；	
X45.0；	
Z50.0；	
N20 X57.0；	退刀
G00 X200.0 Z155.0；	快速定位

续表

加工程序	程序注释
T0202;	45°端面车刀
G00 X47.16 Z87.79;	定位
G02 Z58.21 R34.5 F0.2;	车 R34.5 的外圆弧
G00 X200.0 Z155.0;	回换刀点
T0303;	仿型车刀
S900;	转速 900 r/min
G00 X55.0 Z153.0;	快速定位
G00 X28.9;	
G01 Z150.0 F0.3;	
X32.9 Z148.0 F0.08;	车倒角
Z122.0;	
X38.0;	
X44.0 Z102.0;	车锥度
Z96.0;	
X45.0;	
Z88.0;	
G02 Z58.0 R35.0;	车 *R*35 的圆弧
Z50.0;	
X57.0;	抬刀
G00 X200.0 Z250.0;	回换刀点
T0404;	外切槽刀刀宽 4 mm
S650;	换转速 650 r/min
G00 X40.0 Z122.0;	快速定位
G01 X30.0 F0.06;	切槽
G04 U1;	
G00 X40.0;	抬刀
X200.0 Z155.0;	回换刀点
T0505;	60°外螺纹刀
G00 X35.0 Z155.0;	定位
G92 X31.7 Z124.0 F2.0;	螺纹循环
X31.2;	
X31.0;	

续表

加工程序	程序注释
X30. 9；	
X30. 84；	
G00 X200. 0 Z155. 0 M09 M05；	返回参考点，冷却关，主轴停转
M30；	程序结束并复位

5. 注意事项

（1）工件原点与定位基准、设计基准重合，消除了由于基准不重合造成的误差。

（2）圆弧面与其他外圆表面由一把刀精车完成，消除了由于对刀误差对工件尺寸精度的影响。

（3）采用合理的切削用量提高工件表面质量。

（4）充分浇注切削液，消除切削热对尺寸精度的影响。

（二）套类零件的加工

1. 零件加工概述

如图 3－46 所示，该零件属典型套类零件，ϕ 140 外圆及零件总长已在前面工序完成。现对其进行数控车削加工工艺的制定及编程，所用机床为 CK6150 数控车床，系统：FANUC－0i；材料：45 钢。

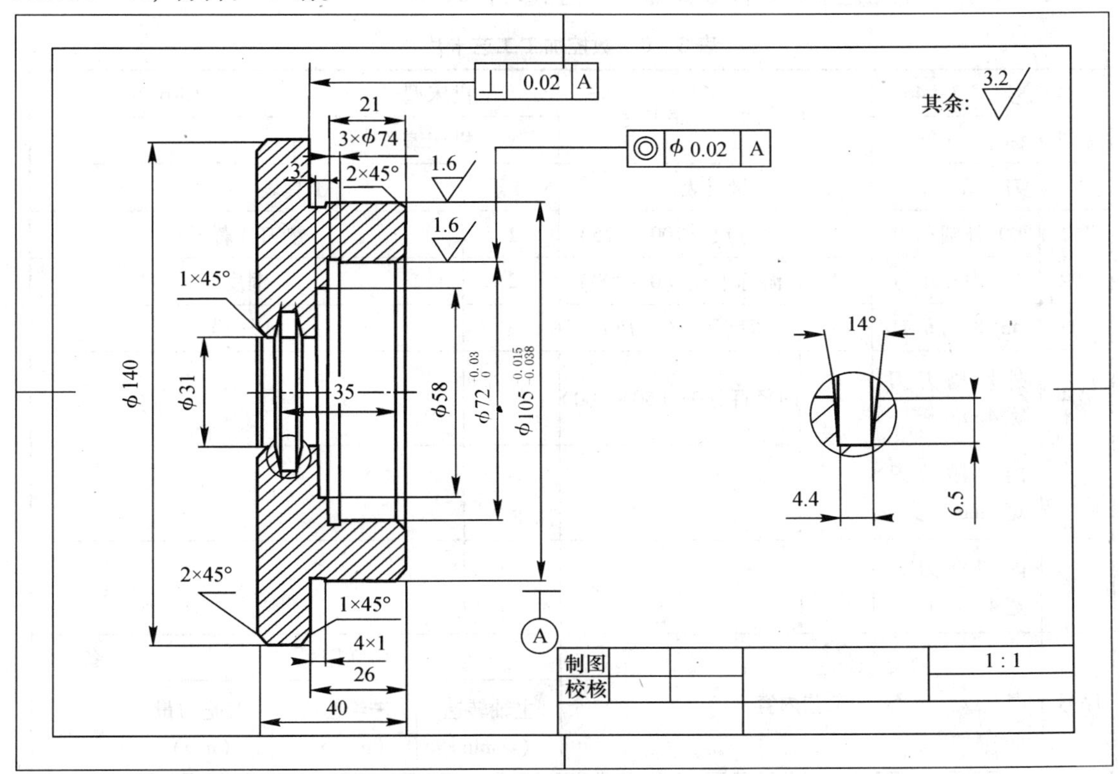

图 3－46 套

2. 零件图样工艺分析

该零件表面由阶台圆、阶台孔、沟槽及内沟槽等表面组成。其中多个直径尺寸有较严的尺寸精度和表面粗糙度等要求。尺寸标注完整，轮廓描述清楚。根据编程需要需计算内沟槽的槽顶宽度，零件材料为45 钢，无热处理和硬度要求。

通过上述分析，采取以下几点工艺措施。

（1）对图样上给定的几个精度要求较高的尺寸，因其公差数值较小而且方向一致，故编程时不必取平均值，而全部取其基本尺寸即可。

（2）工件长度较短并且设计基准在右端面，可采用三爪反爪夹持，工件原点分别设置在端面与轴线的交点。

3. 制订加工工艺

（1）确定装夹方案。因内孔和外圆的同轴度要求在工件的右端，故工件右端外型及内孔可在一次装夹内完成加工。为了防止夹伤外圆，装夹 ϕ140 外圆时可垫铜皮作为保护措施。

（2）确定加工顺序及走刀路线。加工顺序按由粗到精、由近到远（由右到左）、先外型后内孔的原则确定。

1）粗精车左端，钻孔至 ϕ28。

2）粗精车右端外轮廓（留 0.5mm 精车余量）→车外沟槽。

3）粗精车右端内轮廓（留 0.5mm 精车余量）→车内沟槽。

4）粗精车梯形槽。

（3）数控加工工艺卡。零件数控加工工艺卡见表 3－6。

表 3－6　数控加工工艺卡片

<table>
<tr><td>零件图号</td><td>3－46</td><td colspan="2" rowspan="2">数控加工工序卡片</td><td colspan="2">机床型号</td><td colspan="2">CK6150</td></tr>
<tr><td>零件名称</td><td>套</td><td colspan="2">机床编号</td><td colspan="2"></td></tr>
<tr><td colspan="2">刀具表</td><td colspan="2">量具表</td><td colspan="4">工具表</td></tr>
<tr><td>T01</td><td>90°外圆车刀</td><td>1</td><td>千分尺（100～125）</td><td>1</td><td colspan="3">垫刀片若干</td></tr>
<tr><td>T02</td><td>90°内孔车刀</td><td>2</td><td>游标卡尺（0～300）</td><td>2</td><td colspan="3">铜皮</td></tr>
<tr><td>T03</td><td>45°端面车刀</td><td>3</td><td>深度尺（0～150）</td><td>3</td><td colspan="3">计算器</td></tr>
<tr><td>T04</td><td>外切槽刀刀宽 4mm</td><td>4</td><td>内径百分表（50～100）</td><td></td><td colspan="3"></td></tr>
<tr><td>T05</td><td>内切槽刀刀宽 3mm</td><td>5</td><td></td><td></td><td colspan="3"></td></tr>
<tr><td>T06</td><td>内切槽刀刀宽 4.4mm</td><td></td><td></td><td></td><td colspan="3"></td></tr>
<tr><td rowspan="2">序号</td><td colspan="3" rowspan="2">工艺内容</td><td colspan="3">切削用量</td><td rowspan="2">备注</td></tr>
<tr><td>主轴转速（r/min）</td><td>进给速度（mm/r）</td><td>背吃刀量（mm）</td></tr>
<tr><td>1</td><td colspan="3">粗精车左端，钻孔至 ϕ28 mm</td><td>260</td><td>0.2</td><td>2.5</td><td></td></tr>
</table>

续表

2	粗精车右端外轮廓（留 0.5 mm 余量）	260、400	0.25、0.08	3、0.5	
3	车外沟槽	400	0.08	4	
4	粗精车右端内轮廓（留 0.5mm 余量）	300、500	0.2、0.08	2、0.5	
5	车内沟槽	500	0.08	3	
6	粗精车梯形槽	500	0.08	4.4	

4. 零件加工程序单

零件加工程序见表 3－7。

表 3－7 零件加工程序单

加工程序	程序注释
O1;	左端主程序号
钻孔 φ28;	
G97 G99 G40 M03 S260;	主轴正转，转速 260 r/min
T0303;	45°端面车刀
G00 X145.0 Z0;	快速定位
G01 X25.0 F0.15;	车平端面
G00 X180.0 Z150.0;	回换刀点
T0101;	换 90°外圆车刀
G00 X136.0 Z3.0;	快速定位
G01 Z0 F0.2;	
X140.0 Z－2.0;	倒角
Z－15.0;	140 外圆 Z 值
X150.0;	退刀
G00 X180.0 Z150.0;	回换刀点
M30;	程序结束并复位
O2;	右端主程序号
G97 G54 G99 G40 M03 S260;	主轴正转，转速 260 r/min
T0303	换 45°端面车刀
G00 X145.0 Z0;	快速定位
G01 X25.0 F0.15;	车平端面
Z2.0;	退刀
G00 X180.0 Z150.0;	快速定位
T0101;	换 90°外圆车刀

续表

加工程序	程序注释
M08;	开启切削液
G00 X145.0 Z3.0;	快速定位
G71 U3.0 R0.5;	粗车循环
G71 P10 Q20 U0.5 W0.2 F0.25;	
N10 G00 X101.0;	快速定位
G01 Z0 F0.08;	
X105.0 Z-2.0;	倒角
Z-26.0;	ϕ105 外圆 Z 值
X138.0;	退刀
X141 Z-27.5;	倒角
N20 X145.0;	退刀
S400;	主轴转速 400r/min
G70 P10 Q20	精车循环
G00 X200.0 Z200.0;	回换刀点
T0404;	换外切槽刀，刀宽 4 mm
G00 X107.0 Z-25.0;	快速定位
G01 Z-26.0;	
G01 X103.0 F0.08;	切槽
X141.0 F0.2;	退刀
Z-25.0;	
G00 X200.0 Z200.0;	回换刀点
T0202;	换 90°内孔车刀
S300;	主轴转速 300r/min
G00 X28.0 Z3.0;	快速定位
G71 U2.0 R0.5;	粗车循环
G71 P30 Q40 U-0.5 W0.1 F0.2;	
N30 G00 X75.0;	快速定位
G01 Z0.5 F0.08;	
X72.0 Z-1.0;	倒角
Z-21.0;	镗 Φ72 孔
X58.0;	退刀
Z-24.0;	镗 Φ58 孔

续表

加工程序	程序注释
X31.0；	退刀
Z－41.0；	镗Φ31孔
N40 G00 X28.0；	退刀
S500	主轴转速500r/min
G70 P30 Q40；	精车循环
G00 X200.0 Z200.0；	回换刀点
T0505；	换内切槽刀，刀宽3 mm
G00 X70.0 Z3.0；	快速定位
Z－20.0；	
G01 Z－21 F0.2；	定位
G01 X74.0 F0.08；	切槽
X70.0 F0.2；	退刀
Z－20.0；	
G00 Z200.0；	回换刀点
T0606；	换内切槽刀，刀宽4.4mm
G00 X29.0；	快速定位
Z－34.2；	
G01 X44.0 F0.08；	切槽
X29.0；	退刀
Z－35.0；	定位
X31.0；	
X44.0 Z－34.2 F0.08；	车锥度
X30.0；	退刀
Z－33.4；	定位
X31.0；	
X44.0 Z－34.2 F0.08；	车锥度
X29.0 F0.3；	退刀
G00 Z200.0；	回换刀点
G00 X200.0；	
M30；	程序结束并复位

5. 注意事项

（1）外形和内孔在一次装夹之内完成加工，可保证零件的同轴度及垂直度要求。

（2）采用合理的切削用量提高工件表面质量。

（3）充分浇注切削液，消除切削热对尺寸精度的影响。

（三）盘类零件的加工

1. 零件加工概述

如图 3－47 所示，该零件属典型盘类零件，毛坯尺寸：ф202×47。现对其进行数控车削加工工艺的制订及编程，所用机床为 CK6150 数控车床，系统：FANUC－0i；材料：45 钢。

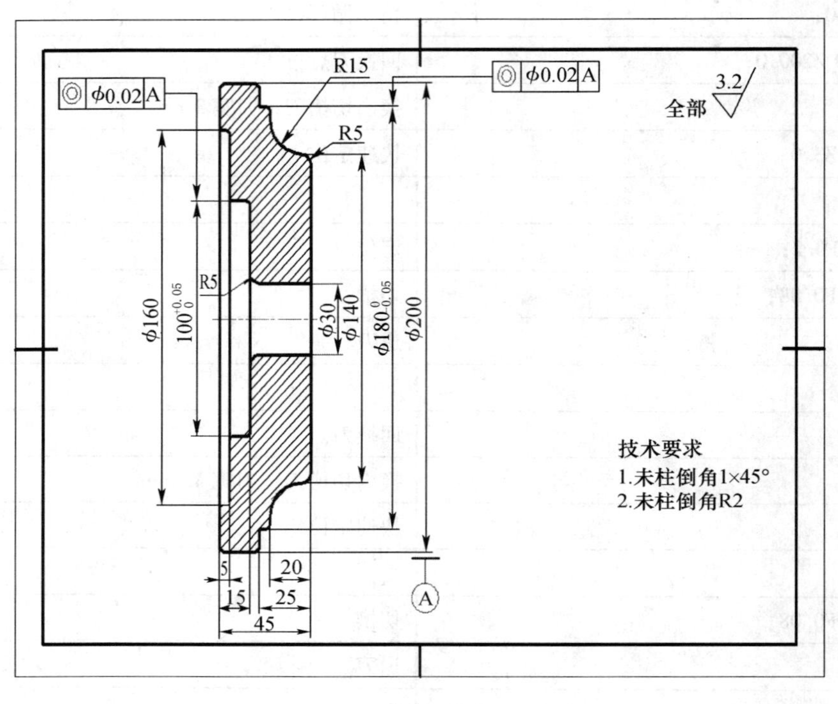

图 3－47　盘

2. 零件图样工艺分析

该零件表面形状并不复杂，尺寸精度和表面粗糙度要求不高，但有多处圆角及圆弧转接。尺寸标注完整，轮廓描述清楚。根据编程需要须计算圆弧终点和起点的 Z 向坐标点，零件材料为 45 钢，无热处理和硬度要求。

通过上述分析，采取以下几点工艺措施：

（1）因为该零件的设计基准在左端，故左端外圆及各内孔可在第一次装夹内完成加工。先将左端面车削平整（不可过多切除余量，完全见光即可），以左端面与轴线的交点作为工件的原点。

（2）左端加工完成后，工件调头，夹持左端加工右端，工件原点仍设在左端面与轴线的交点。

（3）工件为盘类零件，长度尺寸短、直径尺寸大，故应采用 G72 切削循环指令粗车左端阶台孔和右端。

3. 制订加工工艺

（1）确定装夹方案。

1）加工左端可采用三爪自定心卡盘装夹零件。

2）加工右端时，为保证同轴度要求及防止夹伤外圆，可采用三爪自定心卡盘和软卡爪装夹。

（2）确定加工顺序及走刀路线。

1）加工左端：为了保证外圆和内孔的同轴度要求，加工时应采用先粗后精的原则。走刀路线为：粗车 φ200 外圆→钻孔→粗车 φ30 内孔→粗车阶台孔（G72 指令）→精车外圆 φ200→精车内孔。因 φ30 内孔和 φ160、φ100 内孔余量切除方式不同，故应换刀分工步粗车。

2）加工右端走刀路线为：粗车外轮廓（G72 指令）→精车外轮廓→倒内孔圆角。

3）换刀点应设置在 X210.0 Z200.0 位置，接刀和退刀处可采用圆弧切入、切出。

（3）数控加工工艺卡。零件数控加工工艺卡见表 3－8。

表 3－8　数控加工工艺卡片

<table>
<tr><td>零件图号</td><td>3－47</td><td colspan="2" rowspan="2">数控加工工序卡片</td><td colspan="2">机床型号</td><td colspan="2">CK6150</td></tr>
<tr><td>零件名称</td><td>盘</td><td colspan="2">机床编号</td><td colspan="2"></td></tr>
<tr><td colspan="2">刀具表</td><td colspan="2">量具表</td><td colspan="4">工具表</td></tr>
<tr><td>T01</td><td>90°外圆车刀</td><td>1</td><td>千分尺（175～200）</td><td>1</td><td colspan="3">垫刀片若干</td></tr>
<tr><td>T02</td><td>45°端面车刀</td><td>2</td><td>游标卡尺（0～300）</td><td>2</td><td colspan="3">铜皮</td></tr>
<tr><td>T03</td><td>90°内孔车刀</td><td>3</td><td>深度尺（0～150）</td><td>3</td><td colspan="3">计算器</td></tr>
<tr><td>T04</td><td>90°横刃内孔车刀</td><td>4</td><td>内径百分表（50～100）</td><td></td><td colspan="3"></td></tr>
<tr><td>T05</td><td>90°横刃外圆车刀</td><td>5</td><td>R 样板（R2、R5、R15）</td><td></td><td colspan="3"></td></tr>
<tr><td rowspan="2">序号</td><td colspan="3" rowspan="2">工艺内容</td><td colspan="3">切削用量</td><td rowspan="2">备注</td></tr>
<tr><td>主轴转速（r/min）</td><td>进给速度（mm/r）</td><td>背吃刀量（mm）</td></tr>
<tr><td>1</td><td colspan="3">粗精车左端外圆，钻孔至 φ28 mm</td><td>300</td><td>0.15 0.2</td><td></td><td></td></tr>
<tr><td></td><td colspan="3">粗车左端内孔（留 0.4 mm 余量）</td><td>300</td><td>0.15</td><td>2.5</td><td></td></tr>
<tr><td></td><td colspan="3">精车左端内孔至尺寸要求</td><td>500</td><td>0.08</td><td>0.4</td><td></td></tr>
<tr><td>2</td><td colspan="3">粗精车右端外轮廓（留 0.5 mm 余量）</td><td>300、500</td><td>0.2、0.08</td><td>3、0.5</td><td></td></tr>
</table>

4. 零件加工程序单

零件加工程序单见表 3－9。

表 3-9 零件加工程序单

加工程序	程序注释
O1；	（加工左端）
钻孔 φ28；	
G97 G99 G40 M03 S300；	主轴正转，转速 300 r/min
T0202；	换 45°端面车刀
G00 X210.0 Z0；	快速定位
G01 X26.0 F0.15；	车平端面
G00 X250.0 Z250.0；	回换刀点
T0101；	换 90°外圆车刀
G00 X198.0 Z2.0 ；	快速定位
G01 Z0 F0.2；	
X200.0 Z-1.0；	倒角
Z-25.0；	Φ200 外圆 *Z* 值
X202.0；	退刀
G00 X250.0 Z250.0；	回换刀点
T0404；	选用硬质合金 90°横刃内孔车刀
S300；	主轴转速 300r/min
G00 X26.0 Z1.0；	快速定位
G72 W2.5 R0.5；	粗车循环
G72 P10 Q20 U-0.4 W0.1 F0.15；	
N10 G00 Z-20.0；	定位
G01 X30.0 F0.08；	
G03 X40.0 Z-15.0 R5.0；	逆时针车 *R*5.0 圆弧
G01 X96.0；	
G02 X100.0 Z-13.0 R2.0；	顺时针车 *R*2.0 圆弧
G01 Z-7.0；	
G03 X104.0 Z-5.0 R2.0；	逆时针车 *R*2.0 圆弧
G01 X156.0；	
G02 X160.0 Z-3.0 R2.0；	顺时针车 *R*2.0 圆弧
G01 Z-2.0；	
G03 X164.0 Z0 R2.0；	逆时针车 *R*2.0 圆弧
N20 G00 Z2.0；	
G00 X250.0 Z250.0；	回换刀点

续表

加工程序	程序注释
T0303；	选用硬质合金90°内车刀
S500；	主轴转速500r/min
M08；	开启切削液
X160.0 Z6.0；	快速定位
G41 X168.0 F0.4；	刀具左补偿
Z2.0	
G03 X164.0 Z0 R2.0 F0.08；	逆时针车 $R2.0$ 圆弧
G02 X160.0 Z－2.0 R2.0；	顺时针车 $R2.0$ 圆弧
G01 Z－3.0；	
G03 X156.0 Z－5.0 R2.0；	逆时针车 $R2.0$ 圆弧
G01 X104.0；	
G02 X100.0 Z－7.0 R2.0；	顺时针车 $R2.0$ 圆弧
G01 Z－13.0；	
G03 X96.0 Z－15.0 R2.0；	逆时针车 $R2.0$ 圆弧
G01 X40.0；	
G02 X30.0 Z－20.0 R5.0；	顺时针车 $R5.0$ 圆弧
G01 Z－47.0；	
G00 X26.0；	退刀
G40 Z250.0；	取刀补
X250.0；	回换刀点
M09 M05；	切削液关闭
M30；	程序结束并复位
O2；	（加工右端）
G97 G99 G40 M03 S300；	
T0505；	硬质合金90°横刃车刀
M08；	切削液开启
G00 X210.0 Z50.0；	快速定位
G72 W3.0 R0.5；	粗车循环
G72 P30 Q40 U0.5 W0.2 F0.2；	
N30 G0 G41 Z18.0；	刀具左补偿
X202.0；	
G01 X198.0 Z20.0 F0.08；	倒角

续表

加工程序	程序注释
X180.0;	
Z22.0;	
G02 X176.0 Z25.0 R2.0;	顺时针车 R2.0 圆弧
G01 X170.0;	
G03 X140.0 Z40.0 R15.0;	逆时针车 R15.0 圆弧
G02 X130.0 Z45.0 R5.0;	顺时针车 R5.0 圆弧
G01 X28.0;	
N40 G0 G40 Z50.0;	取消刀补
S500;	主轴转速 500r/min
G70 P30 Q40;	精车循环
G00 X250.0 Z250.0 M09 M05;	回换刀点，切削液关闭，主轴停
M30;	程序结束并复位

5. 注意事项

（1）工件原点与定位基准、设计基准重合，消除了由于基准不重合造成的误差。

（2）大部分圆弧面与其他外圆表面由一把刀精车完成，消除了由于对刀误差对工件尺寸精度的影响。

（3）采用圆弧切入切出消除接刀痕迹。

（4）采用合理的切削用量提高工件表面质量。

（5）充分浇注切削液，消除切削热对尺寸精度的影响。

项目三　螺纹的加工

项目任务　三角螺纹的加工

梯形螺纹的加工

锥螺纹的加工

多头螺纹的加工

变导程螺纹的加工

项目实施

（一）三角螺纹的加工

1. 零件加工概述

如图 3－48 所示，该零件是生产实践中常见的以三角螺纹为主要尺寸的零件，现针对零件进行编程加工。

2. 零件图样工艺分析

计算螺纹底径：$d_1 = 42 - 1.0825 \times 3 = 38.75$（mm）

3. 制订加工工艺

（1）确定加工顺序及走刀路线，利用 G92 循环指令采用直进法高速切削。

（2）数控加工工艺卡见表 3－10。

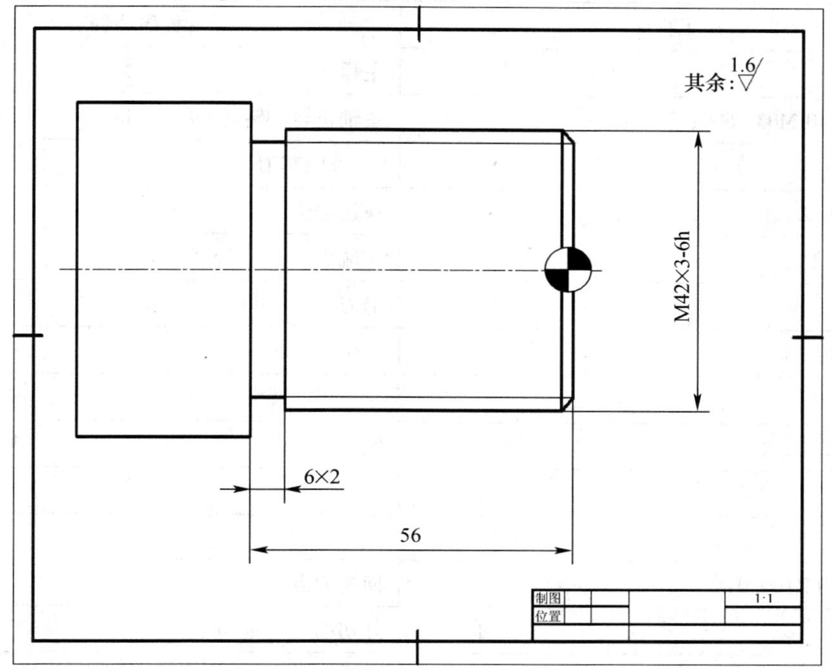

图 3－48　三角螺纹

表 3－10　数控加工工艺卡片

<table>
<tr><td colspan="2">零件图号</td><td>3－48</td><td colspan="2" rowspan="2">数控加工工序卡片</td><td colspan="3">机床型号</td><td colspan="3">CK6150</td></tr>
<tr><td colspan="2">零件名称</td><td>三角螺纹</td><td colspan="3">机床编号</td><td colspan="3"></td></tr>
<tr><td colspan="3">刀具表</td><td colspan="2">量具表</td><td colspan="6">工具表</td></tr>
<tr><td>T01</td><td colspan="2">90°外圆车刀</td><td>1</td><td>游标卡尺（0～150）</td><td>1</td><td colspan="5">垫刀片若干</td></tr>
<tr><td>T02</td><td colspan="2">外切槽刀刀宽 5mm</td><td>2</td><td>螺纹千分尺</td><td>2</td><td colspan="5">铜皮</td></tr>
<tr><td>T03</td><td colspan="2">60°外螺纹车刀</td><td></td><td></td><td>3</td><td colspan="5">计算器</td></tr>
<tr><td rowspan="2">序号</td><td colspan="4" rowspan="2">工艺内容</td><td colspan="5">切削用量</td><td>备注</td></tr>
<tr><td colspan="2">主轴转速（r/min）</td><td colspan="2">进给速度（mm/r）</td><td>背吃刀量（mm）</td><td></td></tr>
<tr><td>1</td><td colspan="4">粗精车外圆</td><td colspan="2">600</td><td colspan="2">0. 2</td><td>2. 5</td><td></td></tr>
<tr><td>2</td><td colspan="4">切螺纹退刀槽 6×2</td><td colspan="2">600</td><td colspan="2">0. 08</td><td>5</td><td></td></tr>
<tr><td>3</td><td colspan="4">粗精车螺纹</td><td colspan="2">600</td><td colspan="2">3</td><td>递减</td><td></td></tr>
</table>

4. 零件加工程序单

零件加工程序单见表 3－11。

表 3－11　零件加工程序单

加工程序	程序注释
O1；	主程序号
G97 G99 G40 M03 S600；	主轴正转，转速 600 r/min
T0101；	90°外圆车刀
G00 X50.0 Z0；	快速定位
G01 X0 F0.15；	车端面
Z2.0；	退刀
G00 X38.0；	定位
G01 Z0 F0.2；	
X42.0 Z－2.0；	倒角
Z－56.0；	
X45.0；	
G00 X100.0 Z100.0；	回换刀点
T0202；	外切槽刀刀宽 5mm
G00 X50.0 Z－55.0；	定位
G01 X38.0 F0.08；	切槽
G00 X50.0；	退刀
Z－56.0；	切槽刀向 *Z* 轴进 1mm
G01 X38.0；	
Z－55.0；	
X50.0 F1.；	
G00 X100.0 Z100.0；	回换刀点
T0303；	60°外螺纹车刀
M08；	冷却液开启
G00 X44.0 Z5.0；	快速定位
G92 X40.5 Z－53.0 F3.0；	车螺纹循环
X39.5；	
X39.0；	
X38.6；	
X38.3；	
X38.2；	

续表

加工程序	程序注释
X38.1;	
G00 X100.0 Z100.0 M09;	回换刀点，冷却液关闭
M30;	程序结束并复位

（二）梯形螺纹的加工

1. 零件加工概述

如图 3－49 所示，以梯形螺纹为主要尺寸的零件，外圆及其他长度尺寸已在前面工序完成。现针对梯形螺纹进行编程加工。

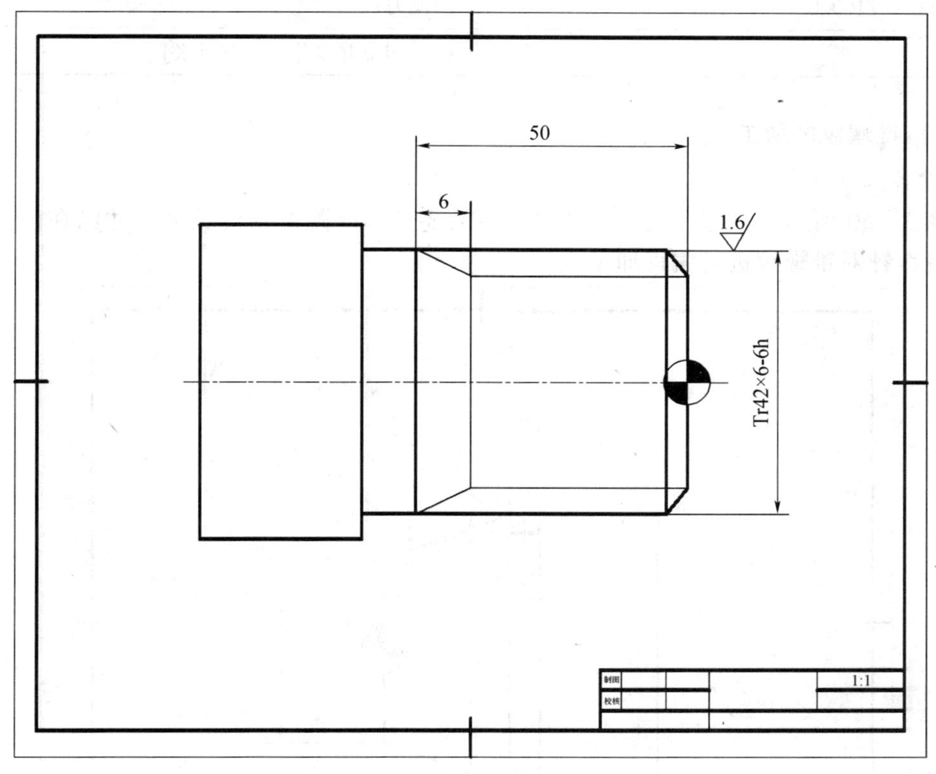

图 3－49 梯形螺纹

2. 图样工艺分析

（1）6mm 螺距的梯形螺纹牙型较深，不能采用直进法进刀车削，否则容易产生啃刀和振刀，故采用 G76 螺纹循环指令斜向进刀车削。

（2）计算螺纹底径：$d_3 = d - 2h_3 = 36$（mm）。

3. 零件加工程序单

零件加工程序单见表 3－12。

表 3-12　零件加工程序单

加工程序	程序注释
O1；	主程序号
G99 G40 G97 M03 S300；	主轴正转，转速 300 r/min
T0101；	外梯形螺纹刀
M08；	冷却液开启
G00 X44.0 Z10.0；	快速定位
G76 P021030 Q50 R0.025；	车梯形螺纹循环
G76 X35.0 Z-50.0 P3500 Q500 F6.0；	
G00 X100.0 Z100.0；	回换刀点
M30；	程序结束并复位，冷却液关闭

（三）锥螺纹的加工

1. 零件加工概述

如图 3-50 所示，该零件是以锥螺纹为主的零件，外圆及其他长度尺寸已在前面工序完成，现在针对锥螺纹进行编程加工。

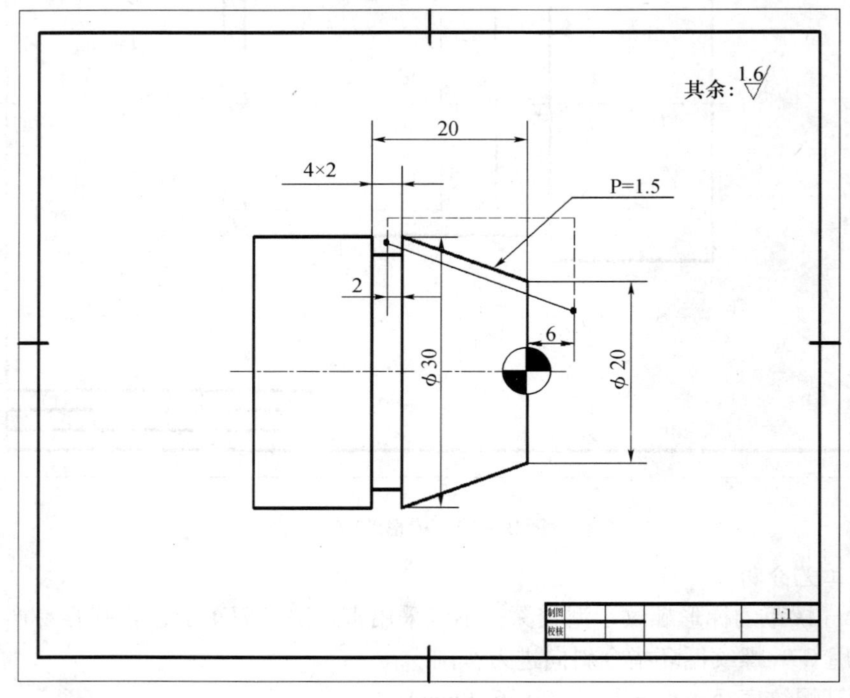

图 3-50　锥螺纹

2. 零件图样工艺分析

确定半径差及 *X* 向最后一刀的位置是加工锥螺纹的关键。

（1）确定 *Z* 向起刀点和退刀点的坐标，起刀点 Z = +6；退刀点 Z = -18。

（2）计算半径差，$R=[(20-30)/2]/16\times(2+6+16)=-7.5$。

（3）计算螺纹 X 向最后一刀的位置：$d_1=[30+(30-20)/16\times2]-1.3\times1.5=29.3$。

3. 零件加工程序单

零件加工程序单见表 3－13。

表 3－13　零件加工程序单

加工程序	程序注释
O1;	程序号
G99 G40 G97 M03 S600;	主轴正转，转速 600 r/min
T0101;	三角螺纹刀
M08;	冷却液开启
G00 X32.0 Z5.0;	定位
G92 X31.0 Z－18.0 R－7.5 F1.5;	加工螺纹循环
X30.4;	
X29.8;	
X29.5;	
X29.4;	
X29.3;	
G00 X100.0 Z100.0;	回换刀点
M30;	程序结束并复位，冷却液关闭

4. 注意事项

（1）合理确定 Z 向起刀点和退刀点的坐标。

（2）准确计算半径差及 X 向最后一刀的位置。

（四）多头螺纹的加工

1. 零件加工概述

如图 3－51 所示，该零件是以多线螺纹为主的零件，外圆及其他长度尺寸已在前面工序完成，现在针对多线螺纹进行编程加工。

2. 零件图样工艺分析

（1）加工多线螺纹分线方法是编程的关键，可以采用轴向分线法也可以采用圆周分线法。即根据多线螺纹螺旋线沿轴向是等距分布，在端面上螺旋线的起始点是等角分布的特点来实现分线。

（2）计算螺纹小径：$d_1=42-\dfrac{1.0825\times3}{2}=40.37$（mm）。

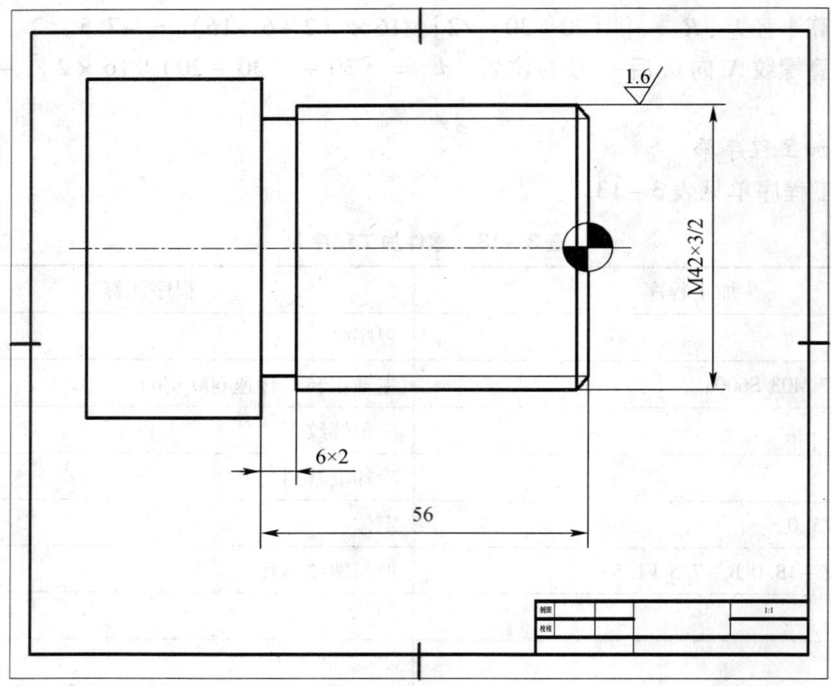

图 3－51　多头螺纹

3. 零件加工程序单

零件加工程序单见表 3－14。

表 3－14　零件加工程序单

加工程序	程序注释
O1；（轴向分线）	程序号
G99 G40 G97 M03 S600；	主轴正转，转速 600 r/min
T0101；	三角螺纹刀
M08；	冷却液开启
G00 X44.0 Z5.0；	定位
G92 X41.0 Z－53.0 F3.0；	加工螺纹循环
X40.7；	
X40.5；	
X40.37；	
G00 Z6.5；	向 Z 轴正方向退 6.5mm
G92 X41.0 Z－53.0 F3.0；	加工螺纹循环
X40.7；	
X40.5；	

续表

加工程序	程序注释
X40.37；	
G00 X100.0 Z100.0；	回换刀点
M30；	程序结束并复位，冷却液关闭
O2；（圆周分线）	程序号
G99 G40 G97 M03 S600；	建立工件坐标系，主轴正转，转速 600 r/min
T0101；	三角螺纹刀
M08；	冷却液开启
G00 X44.0 Z5.0；	定位
G92 X41.0 Z－53.0 F3.0；	加工螺纹循环
X40.7；	
X40.5；	
X40.37；	
G92 X41.0 Z－53.0 F3.0 Q180000；	加工螺纹循环，变换切入角度
X40.7 Q180000；	
X40.5 Q180000；	
X40.37 Q180000；	
G00 X100.0 Z100.0；	回换刀点
M30；	程序结束并复位，冷却液关闭

4. 注意事项

采用圆周分线法编程时，Q 为切入角度，非模态值，Q 的单位是0.001°。

（五）变导程螺纹的加工

1. 零件加工概述

如图 3－52 所示，该零件是以变导程螺纹为主的零件。外圆及其他长度尺寸已在前面工序完成，现在针对变导程螺纹进行编程加工。

2. 零件图样工艺分析

从图中可知每导程的变化量为 2mm，第一牙的螺距为 10mm，距离工件右端面 12mm，最后一牙的螺距大于 20mm，螺纹横截面为圆弧形，根据分析在编程加工时应注意：

（1）螺纹车刀后角的选择；

（2）加工螺纹时转速的选择；

（3）加工螺纹时切削起点及第一个导程螺距的确定。从起刀点第一个导程实际是 F = 10mm－2mm－2mm＝6mm，所以选择编程的 Z 向切削起点为距离零点正方向 2mm 的位置。

变导程螺纹加工指令格式：G34/G35 X（U）_ Z（W）_ F_ K_ ；

其中 K 为螺纹导程增、减量，范围为＋0.0001～100.0 mm，G34 用于增螺距，G35 用于减螺距。

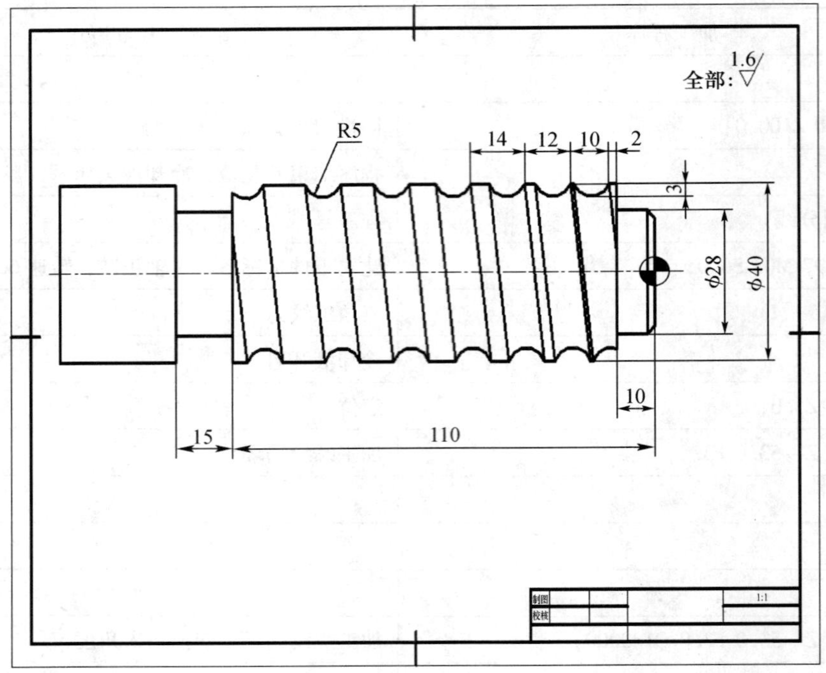

图 3－52 变导程螺纹

3. 零件加工程序单

零件加工程序单见表 3－15。

表 3－15 零件加工程序单

加工程序	程序注释
O1;	程序号
G97 G99 G40 M03 S200;	主轴正转，转速 200 r/min
T0101;	三角螺纹刀
M08;	冷却液开启
G00X50.0 Z2.0;	定位
M98P301000;	调用子程序
G00 X100.0 Z100.0;	回换刀点
M30;	程序结束并复位，冷却液关闭
O1000;	子程序号
G00 U－10.2;	
G34 Z－118.0 F6.0 K2.0;	车变螺距螺纹
G00 U10.0;	退刀
Z2.0;	
M99;	子程序结束

4. 注意事项

（1）确定加工螺纹时切削起点及第一个导程的螺距。

（2）合理选择转速。

（3）合理选择螺纹车刀后角。

（4）充分浇注切削液，减小刀具磨损。

（5）车螺纹的进给速度应小于机床设定的最大进给速度（一般经济型数控设定为 5m/min），即 $n \times L/1000 < 5000$，$n < 250$ r/min；因此该零件加工时转速选择为 200r/min。

（6）选择硬质合金圆弧形车刀，$R = 5$mm，刀长 = 8mm，$\alpha_{左} = 15°$，$\alpha_{右} = 0°$。

项目四 槽形零件的加工

项目任务 单槽的加工

多槽的加工

端面槽的加工

异形槽的加工

端面腰槽的加工

项目实施

（一）单槽的加工

1. 零件加工概述

如图 3－53 所示，该零件是生产中常见的槽类零件。ϕ60 外圆及其他外圆和长度尺寸已在前面工序完成，现在针对槽的粗精加工工序进行编程加工。

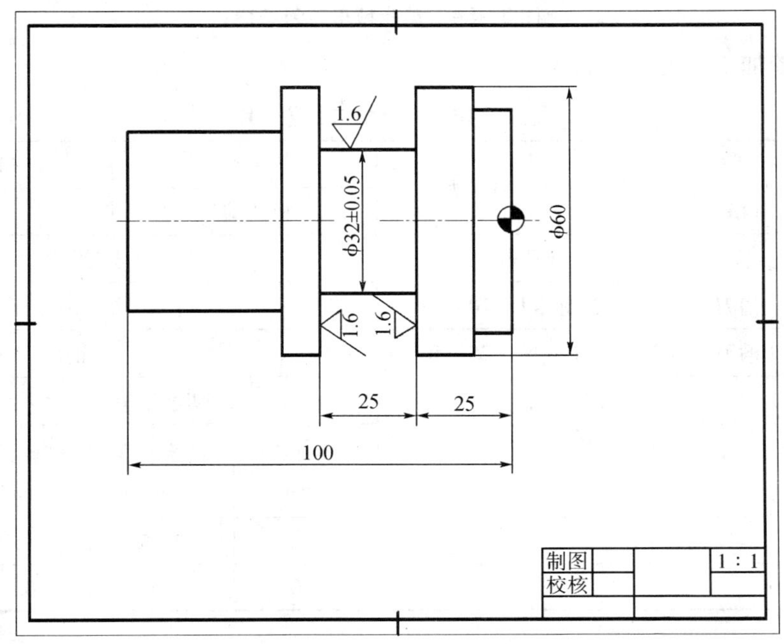

图 3－53 单槽

2. 零件图样工艺分析

该零件的加工难点是槽两侧和槽底粗糙度的要求及槽底尺寸的控制。

外径切削循环功能适合于在外圆面上切削沟槽或切断加工，指令格式如下：

G75 R（e）；

G75 X（U）P（Δi）F_ ；

式中：e 为退刀量；X（U）为槽深；Δi 为每次循环切削量。

3. 制定加工工艺

（1）确定装夹方案。采用三爪卡盘悬伸装夹，工件伸出三爪卡盘60mm。

（2）确定加工顺序及走刀路线。

粗车：为简化编程和不降低工件刚性，采用切槽循环指令 G75 从右向左车削。

精车：走刀路线如图 3－54 所示。

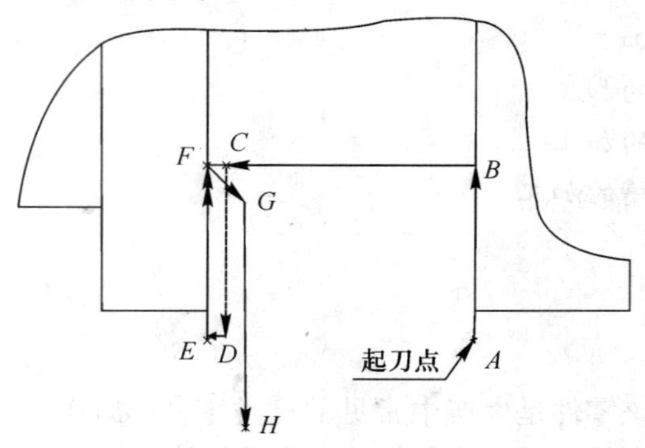

图 3－54　单槽精车走刀路线

（3）数控加工工艺卡见表 3－16。

表 3－16　数控加工工艺卡片

<table>
<tr><td>零件图号</td><td>3－53</td><td colspan="2" rowspan="2">数控加工工序卡片</td><td colspan="2">机床型号</td><td colspan="2">CK6150</td></tr>
<tr><td>零件名称</td><td>单槽</td><td colspan="2">机床编号</td><td colspan="2"></td></tr>
<tr><td colspan="2">刀具表</td><td colspan="2">量具表</td><td colspan="4">工具表</td></tr>
<tr><td>T01</td><td>粗车切槽刀</td><td>1</td><td>游标卡尺（0～150）</td><td>1</td><td colspan="3">垫刀片若干</td></tr>
<tr><td>T02</td><td>精车切槽刀</td><td>2</td><td>千分尺（25～50）</td><td>2</td><td colspan="3">铜皮</td></tr>
<tr><td rowspan="2">序号</td><td colspan="3" rowspan="2">工艺内容</td><td colspan="3">切削用量</td><td rowspan="2">备注</td></tr>
<tr><td>主轴转速（r/min）</td><td>进给速度（mm/r）</td><td>背吃刀量（mm）</td></tr>
<tr><td>1</td><td colspan="3">粗车</td><td>500</td><td>0.15</td><td>5</td><td></td></tr>
<tr><td>2</td><td colspan="3">精车</td><td>140</td><td>0.08</td><td>0.3</td><td>线速度</td></tr>
</table>

4. 零件加工程序单

零件加工程序单见表 3－17。

表 3－17 零件加工程序单

加工程序	程序注释
O1;	主程序号
G97 G99 G40 M03 S500;	主轴正转，转速 500 r/min
T0101;	粗车切槽刀
M08;	冷却液开启
G00 X62.0 Z－25.3;	快速定位
G75 R0.5;	
G75 X32.5 Z－44.7 P4000 Q4500 F0.15;	切槽循环
G00 X100.0 Z100.0;	回换刀点
T0202;	精车切槽刀
G96 S140;	
G50 S1500;	
G00 X62.0 Z－25.0;	快速定位
G01 X32.0 F0.08;	精车槽
Z－44.0;	
G00 X62.0;	
G01 Z－45.0 F0.2;	
X32.0 F0.08;	
X35.0 Z－43.0;	退刀
G00 X70.0;	
M30;	程序结束并复位

5. 注意事项

（1）车刀的刚性。

（2）车刀几何角度的选择。

（3）精车采用恒线速度功能。

（4）装刀时确保主切削刃与轴线平行。

（5）充分浇注切削液，提高表面质量。

（二）多槽的加工

1. 零件加工概述

如图 3－55 所示，该零件是切纸辊多槽零件。ϕ60 外圆及其他外圆和长度尺寸已在前面工序完成，现在针对多槽的粗、精加工工序进行编程加工。

2. 零件图样工艺分析

该零件大外圆上等距分布了 18 个尺寸相同的窄槽，在编制加工程序时会出现内容重复现象，为此采用子程序调用指令，缩短程序的长度。

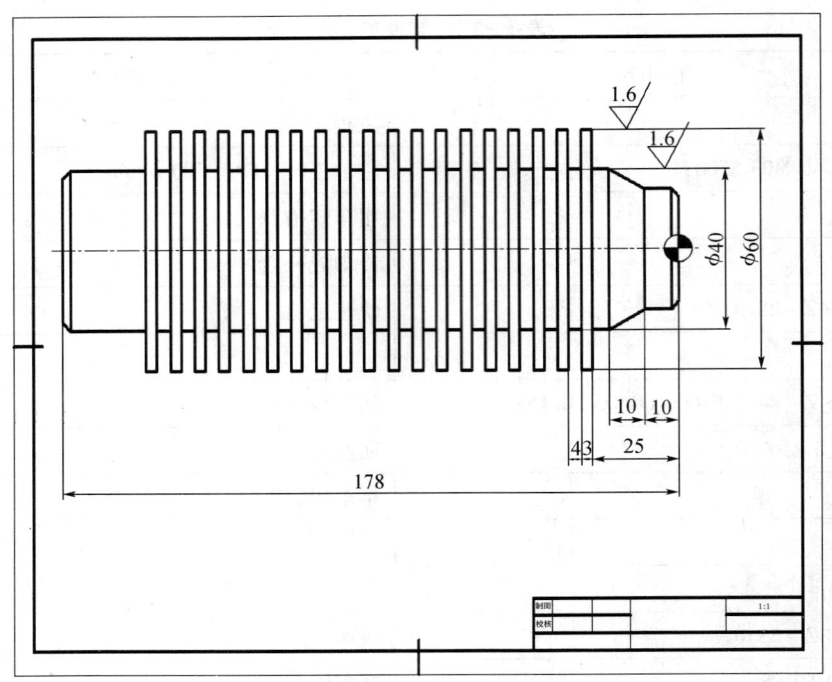

图 3－55　多槽零件

3. 制订加工工艺

（1）确定装夹方案：采用三爪卡盘和活顶尖一夹一顶装夹。

（2）确定加工顺序及走刀路线。

1）从右向左依次车削完成每一个槽。

2）子程序采用先 Z 向移动再 X 向切削的走刀路线。

4. 零件加工程序单

零件加工程序单见表 3－18。

表 3－18　零件加工程序单

加工程序	程序注释
O1；	主程序号
G97 G99 G40 M03 S500；	主轴正转，转速 500 r/min
T0101；	切槽刀，刀宽 4mm
M08；	冷却液开启
G00 X62. 0 Z－25. 0；	快速定位
M98 P180100；	调用子程序 18 次
G00 X100. 0 Z－25. 0；	回换刀点
M30；	程序结束并复位
O100；	子程序号

续表

加工程序	程序注释
G00 W -7.0;	
G01 U -22.0 F0.08;	车槽
G04 U1.2;	暂停，工件转 1.2 转所暂停的时间
G00 U22.0;	退刀
M99;	子程序停止

5. 注意事项

(1) 车刀材料和几何角度的选择。

(2) 子程序采用先 Z 向移动再 X 向切削的走刀路线，可避免切最后一个槽时车刀与卡盘爪发生碰撞。

(3) 充分浇注切削液，提高表面质量。

(三) 端面槽的加工

1. 零件加工概述

如图 3－56 所示，该零件是实践中常见的端面槽类零件。零件其他外圆和内孔已在前面工序完成，现在针对端面槽的粗、精加工工序进行编程加工。

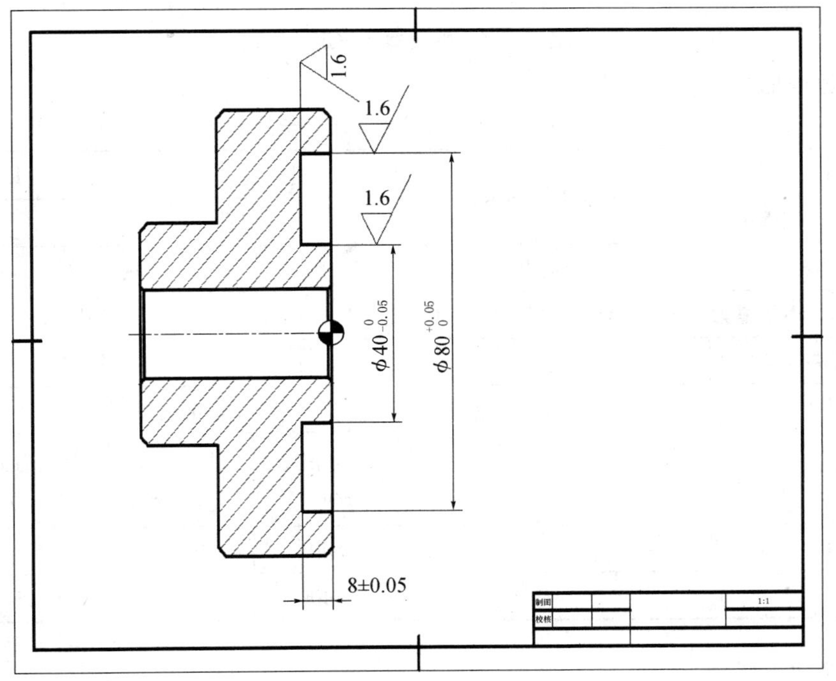

图 3－56 端面槽

2. 零件图样工艺分析

(1) 该零件的加工难点是端面槽两侧和槽底粗糙度的要求及端面槽尺寸的控制。

(2) 对图样上给定的两个精度要求较高的大小圆尺寸，因其公差方向不一致，故编程时取平均值。

3. 制订加工工艺

（1）确定装夹方案。采用三爪卡盘悬伸装夹，工件伸出三爪卡盘60mm。

（2）确定加工顺序及走刀路线。

1）粗车。为简化编程和减小车刀左侧后面与工件发生干涉，采用切槽循环指令G74从大到小车削。

2）精车。走刀路线如图3－57所示。

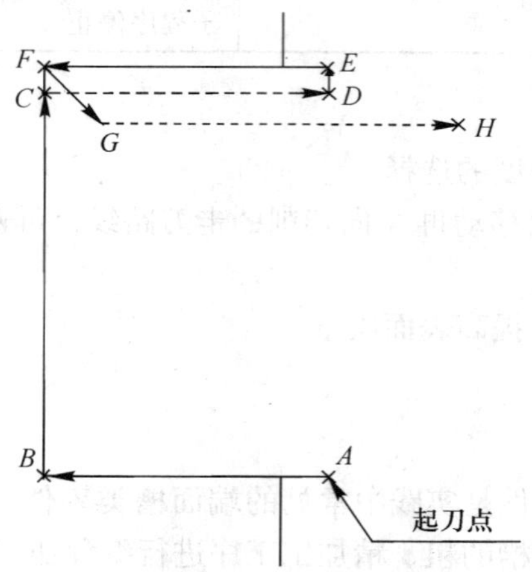

图3－57　端面槽精车走刀路线

（3）数控加工工艺卡见表3－19。

表3－19　数控加工工艺卡片

零件图号	3－56	数控加工工序卡片		机床型号		CK6150		
零件名称	端面槽			机床编号				
刀具表		量具表		工具表				
T01	粗车端面切槽刀	1	数显卡尺（0～150）	1	垫刀片若干			
T02	精车端面切槽刀			2	铜皮			
序号	工艺内容			切削用量				备注
				主轴转速（r/min）	进给速度（mm/r）	背吃刀量（mm）		
1	粗车			500	0.15	5		
2	精车			140	0.08	0.25		线速度

4. 零件加工程序单

零件加工程序单见表3－20。

表 3-20 零件加工程序单

加工程序	程序注释
O1;	主程序号
G97 G99 G40 M03 S500;	主轴正转，转速 500mm/r
T0101;	粗车端面切槽刀
M08;	冷却液开启
G00 X79.5 Z3.0;	快速定位
G74 R0.5;	切槽循环
G74 X50.5 Z-7.9 P9000 Q4000 F0.1;	
G96 S140;	
G50 S1500;	
G00 X80.025;	定位
G01 Z-8.0 F0.08;	精车端面槽
X52.0;	
G00 Z3.0;	
G01 X49.975 F0.2;	
Z-8.0 F0.08;	
X54.0 Z-6.0;	
G00 Z3.0;	
M30;	程序结束并复位

5. 注意事项

（1）车刀的刚性。

（2）车刀形状和几何角度的选择。

（3）精车采用恒线速度功能。

（4）装刀时确保主切削刃与轴线垂直。

（5）充分浇注切削液，提高表面质量。

（四）异形槽的加工

1. 零件加工概述

如图 3-58 所示，该零件槽的尺寸精度和形位精度要求较高。零件其他尺寸已在前面工步完成，现在针对槽的粗、精加工进行编程加工。

2. 零件图样工艺分析

（1）该零件的加工难点是槽的尺寸精度和位置精度的控制。

（2）槽的对称度要求较高，在加工时采用一把切槽车刀双刀补完成。

3. 制订加工工艺

（1）确定加工顺序及走刀路线。

1）粗车中间6mm直槽。

2）利用G72循环指令分别从两边向中间进给粗精车。

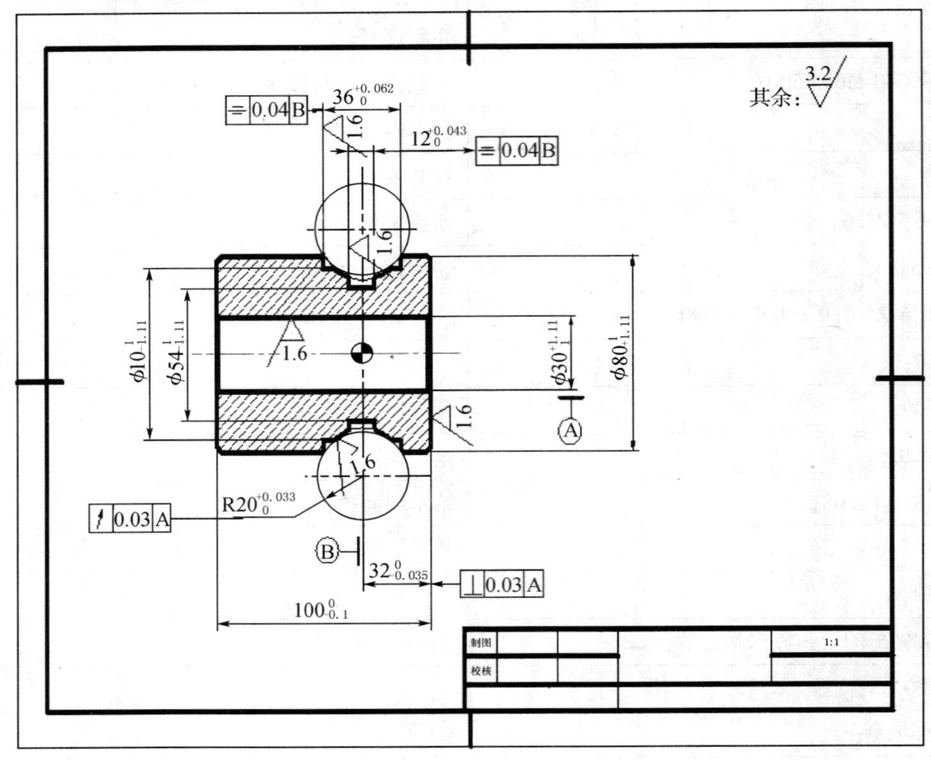

图3－58　异形槽

（2）数控加工工艺卡见表3－21。

表3－21　数控加工工艺卡片

零件图号	3－57	数控加工工序卡片		机床型号	CK6150		
零件名称	异形槽			机床编号			
刀具表		量具表		工具表			
T01	切槽刀（刀宽5mm）	1	数显卡尺（0～150）	1	垫刀片若干		
		2	千分尺（75～100）	2	铜皮		
序号	工艺内容			切削用量			备注
				主轴转速（r/min）	进给速度（mm/r）	背吃刀量（mm）	
1	粗车中间6mm直槽			500	0.1	5	
2	粗精车右半边槽			500、800	0.1、0.06	0.2	
3	粗精车左半边槽			500、800	0.1、0.06	0.2	

4. 零件加工程序单

零件加工程序单见表3－22。

表3－22　零件加工程序单

加工程序	程序注释
O1；	程序号
G97 G99 G40 M03 S500；	主轴正转，转速500 r/min
T0101；	切槽刀，刀宽5mm，刀位点为右刀尖
M08；	冷却液开启
G00 X82.0 Z2.5；	快速定位
G01 X54.2 F0.1；	
G00 X82.0；	
G72 W4.0 R0；	
G72 P10 Q20 U0.2 W－0.2 F0.1；	粗车循环
N10 G00 G42 Z18.015；	
G01 X70.0 F0.06；	
Z13.245；	
G02 X43.29 Z6.01 R20.0；	车 *R*20 圆弧
N20 G01 G40 Z3.0；	
S800；	换转速800 r/min
G70 P10 Q20；	精车右半边槽
S500；	转速500 r/min
G00 X90.0；	退刀
T0108；	刀位点为左刀尖
G00 X82.0 Z－2.5；	快速定位
G72 W4.0 R0.2；	
G72 P30 Q40 U0.2 W0.2 F0.1；	粗车循环
N30 G00 G41 Z－18.015；	
G01 X70.0 F0.06；	
Z－13.245；	
G03 X43.29 Z－6.01 R20.0；	车 *R*20 圆弧
N40 G01 G40 Z－3.0；	
S800；	换转速800 r/min
G70 P30 Q40；	精车左半边槽
G28 U0 W0 M05；	回原点，主轴停止
M30；	程序结束并复位

5. 注意事项

(1) 车刀的刚性。

(2) 车刀几何角度的选择。

(3) 精确测量车刀宽度。

(4) 采用双刀补加工。

(5) 充分浇注切削液，提高表面质量。

(五) 端面腰槽的加工

1. 零件加工概述

加工如图 3-59 所示端面腰槽类零件，零件外圆和端面已加工至尺寸，现针对端面腰槽的加工工序进行编程加工。

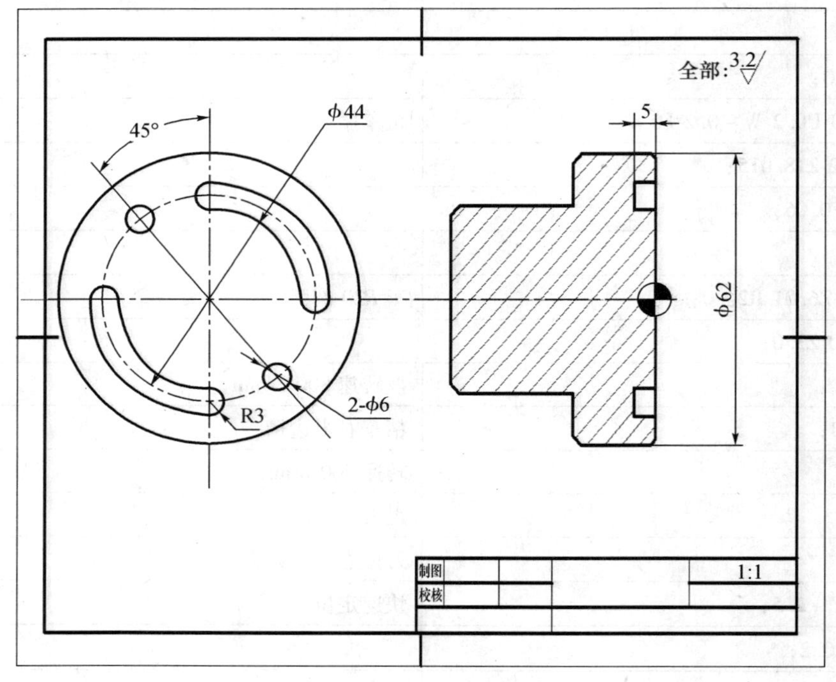

图 3-59　端面腰槽

2. 零件图样工艺分析

在该零件尺寸精度要求不高，可在车铣中心数控机床上利用 C 轴功能粗精加工一次完成。采用台湾龙泽生产的 EX-308 车铣中心，系统为 FANUC Series 21i。

3. 制订加工工艺

(1) 确定加工顺序及走刀路线。顺时针方向依次加工腰槽和 ϕ6 孔。

(2) 选择刀具。ϕ 6 立铣刀。

4. 零件加工程序单

零件加工程序单见表 3-23。

表 3-23 零件加工程序单

加工程序	程序注释
O1;	程序号
M76;	C 轴离合器合上
G28 H-30;	C 轴反向转动 30°，有利于 C 轴回零点
G50 C0;	设定 C 轴坐标系
T1010;	ϕ6 铣刀
G40 G97 G98 S1000 M03;	铣刀转速 1000r/min
G00 X44.0 Z2.0;	铣刀定位
G01 Z-5.0 F5;	
G01 H90.0 F20;	C 轴增量方式加工
Z2.0 F20;	
G00 H45.0;	
G01 Z-5.0 F5;	
Z2.0 F20;	
G00 H45;	
G01 Z-5.0 F5;	
G01 H90.0 F20;	
Z2.0	
G00 H45.0;	
G01 Z-5.0 F5;	
Z2.0 F20;	
G00 X100.0;	
G28 U0 W0 C0 T0 M05;	
M75;	C 轴离合器分开
M30;	程序结束

5. 注意事项

(1) 铣刀的刚性要好，选用硬质合金整体式铣刀。

(2) C 轴反向转动 30°，有利于 C 轴回零点。

(3) 充分浇注切削液，提高表面质量。

项目五　非圆曲线轮廓的加工

项目任务　抛物线轮廓的加工

椭圆轮廓的加工

项目实施

（一）抛物线轮廓的加工

1. 零件加工概述

编制如图 3－60 所示零件抛物线曲面加工的宏程序，零件各圆柱面尺寸已保证。现针对抛物线轮廓的粗精加工工序进行编程加工。所用机床为 CK6150 数控车床，系统：FANUC－0i；材料：45 钢。

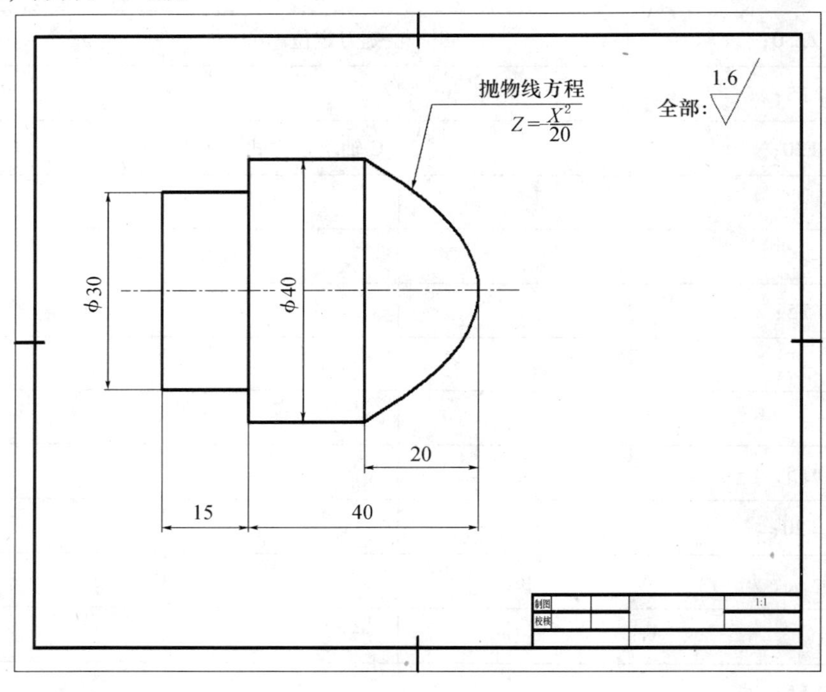

图 3－60　抛物线曲面

2. 零件图样工艺分析

该零件由抛物线轮廓表面组成，表面粗糙度要求较高。为了提高加工效率和保证零件质量，需要合理编制宏程序。

抛物线解析方程：$y^2=-2px$

抛物线参数方程：$x=2p\cdot t\cdot t$

$y=2p\cdot t$

3. 确定加工顺序及走刀路线

Z 向让出，逐步递进。

4. 零件加工程序单

零件加工程序单见表 3－24。

表3-24 零件加工程序单

加工程序	程序注释
O1;	程序号
G40 G99;	
M03 S700;	
T0101;	
M98 P120;	
G00 X100.0 Z100.0;	
M05;	
M30;	
O120;	
#6 =6.;	Z向让刀量
N5 G00 X0 Z2.0	切削起点
#1 =0;	赋初始值
#2 =0.1;	加工步距
#3 = -20.5;	Z向切削终点值
N10 #4 =#1 *2;	求任意点直径值
#5 = - [#1 *#1/20];	求任意点Z值
#5 =#5 +#6;	任意点Z值加上让刀量
G01 X#4 Z#5 F0.1;	直线移动
#1 =#1 +#2;	变换动点
IF [#5GT#3] GOTO 10;	终点判别
G00 X42.0 Z0;	抬刀退回起点
#6 =#6 -1.0;	Z向让刀量递减
IF [#6GE0] GOTO 5;	进行Z向让刀量判别，当小于0时结束加工
M99;	

（二）椭圆轮廓的加工

1. 零件加工概述

编制如图3-61所示零件椭圆曲面粗精加工程序，毛坯尺寸ϕ50mm。所用机床为CK6150数控车床，系统：FANUC-0i；材料：45钢。

2. 零件图样工艺分析

该零件表面由椭圆面及外沟槽表面组成，表面粗糙度要求较高，尺寸标注完整，轮廓描述清楚。为了提高加工效率和保证零件质量，需要合理编制宏程序。编程零件原点设置在椭圆中心。

椭圆的解析方程：

$$\frac{x^2}{a^2} + \frac{y^2}{b^2} = 1$$

椭圆的参数方程：

$$x = a \cdot \cos(t)$$
$$y = b \cdot \sin(t)$$

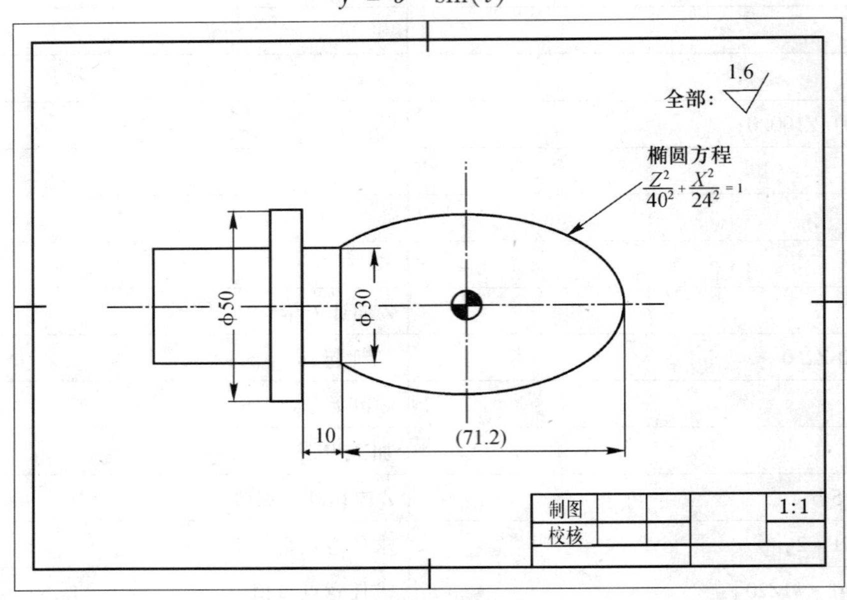

图 3-61　椭圆曲面

3. 制订加工工艺

（1）确定加工顺序及走刀路线，加工顺序及走刀路线为先粗车外圆 → 粗车椭圆右半边（从右向左）→ 粗切外沟槽 →粗车椭圆左半边（从左向右）→ 精车全部轮廓。

（2）数控加工工艺卡见表 3-25。

表 3-25　数控加工工艺卡片

<table>
<tr><td>零件图号</td><td>3-61</td><td colspan="2" rowspan="2">数控加工工序卡片</td><td colspan="2">机床型号</td><td colspan="3">CK6150</td></tr>
<tr><td>零件名称</td><td>椭圆</td><td colspan="2">机床编号</td><td colspan="3"></td></tr>
<tr><td colspan="2">刀具表</td><td colspan="2">量具表</td><td colspan="5">工具表</td></tr>
<tr><td>T01</td><td>90°外圆车刀</td><td>1</td><td>游标卡尺（0~150）</td><td>1</td><td colspan="4">垫刀片若干</td></tr>
<tr><td>T02</td><td>切槽刀刀
宽 5mm</td><td>2</td><td>椭圆样板</td><td>2</td><td colspan="4">铜皮</td></tr>
<tr><td>T03</td><td>仿型车刀</td><td></td><td></td><td>3</td><td colspan="4">计算器</td></tr>
<tr><td rowspan="2">序号</td><td colspan="3" rowspan="2">工艺内容</td><td colspan="4">切削用量</td><td rowspan="2">备注</td></tr>
<tr><td>主轴转速
（r/min）</td><td colspan="2">进给速度
（mm/r）</td><td>背吃刀量
（mm）</td></tr>
</table>

续表

1	粗车外圆	600	0.2	0.75	
2	粗车椭圆右半边	600	0.2	2	
3	粗切外沟槽	600	0.1	5	
4	粗车椭圆左半边	600	0.1	2	
5	精车全部轮廓	1000	0.1	0.5	

4. 零件加工程序单

零件加工程序单见表 3－26。

表 3－26 零件加工程序单

加工程序	程序注释
O1;	程序号
G99 G97 G40 M03 S600;	主轴正转，转速 600 r/min
T0101;	90°外圆车刀
M08;	冷却液开启
G00 X48.5 Z45.0;	快速定位
G01 Z－41.0 F0.2;	粗车外圆
X52.0;	
G00 Z45.0;	
#1 =23.0;	
N10 #2 =#1 *2.0;	粗车椭圆右半边
#3 =SQRT [1.0－#1 *#1/576.0] *40.0 +0.5;	
G00 X#2;	
G01 Z#3 F0.2;	
U1.0;	
G00 Z45.0;	
#1 =#1 －1.0;	
IF [#1GE0] GOTO 10;	
G00 X100.0 Z150.0;	回换刀点
T0202;	切槽刀
G00 X52.0 Z－36.0;	快速定位
G01 X30.5 F0.1;	粗切外沟槽
G00 X52.0;	
Z－31.5;	

续表

加工程序	程序注释
G01 X30.5;	
G00 X52.0;	
#10 = -31.2;	粗车椭圆左半边
N20 #20 = SQRT[1.0 - #10 * #10/1600.0] * 24.0;	
#30 = #20 * 2.0 + 0.5;	
G00 Z#10;	
G01 X#30 F0.1;	
U1.0 W-1.0 F0.3;	
G00 X50.0;	
#10 = #10 + 2.0;	
IF [#10LE0] GOTO 20;	
G00 X100.0 Z150.0;	回换刀点
T0303;	仿型车刀
S1000	换转速 1000mm/r
G00 X50.0 Z45.0;	快速定位
#100 = 40.0;	精车全部轮廓
#101 = 24.0;	
#102 = 0;	
#103 = 154.34;	
#104 = 0.5;	
WHILE [#102 LE #103] DO1;	
#105 = #100 * COS [#102];	
#106 = #101 * SIN [#102];	
#107 = #106 * 2;	
G01 G42 X#107 Z#105 F0.1;	
#102 = #102 + #104;	
END 1;	
G01 Z-41.2 F0.2;	
X52.0 F0.1;	
G40 X100.0 Z150.0 M05 M09;	回换刀点，取消刀补，主轴停止，冷却液关闭
M30;	程序结束并复位

5. 注意事项

（1）加工步距（#104）影响加工精度和效率。当#104 赋值过小时，有些系统会由于内存不足将无法执行，此时将#104 调整即可。

（2）T02 刀位点为右刀尖。

项目六 综合加工实例

（一）零件加工概述

如图 3－62 所示零件为轴套配合零件，由 1 号件（轴）及 2 号件（套）、3 号件（螺母）组成。现对其进行数控车削加工工艺的制定及编程，所用机床为 CK6150 数控车床，系统：FANUC－0i；材料：45 钢。

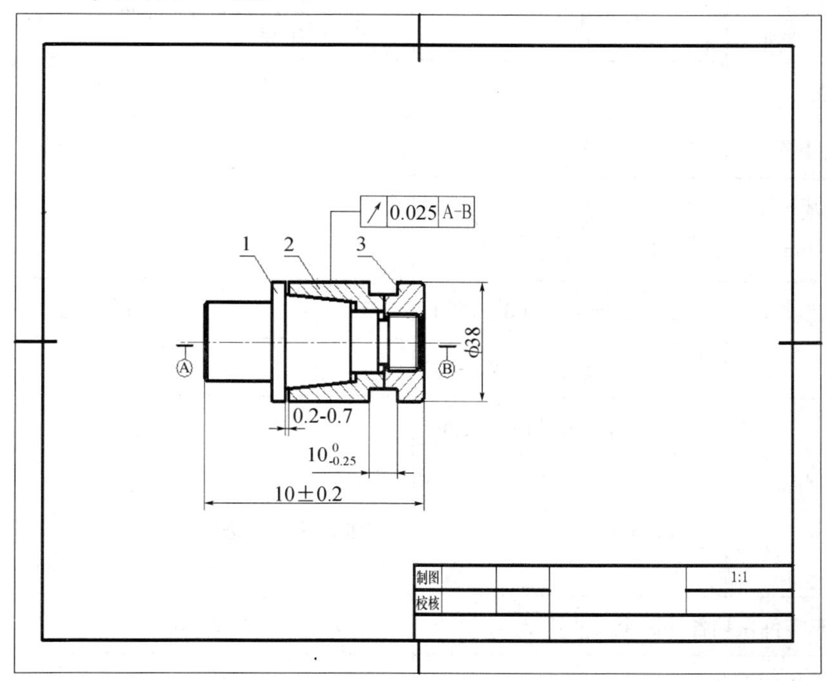

图 3－62 轴套配合零件

（二）零件图样工艺分析

该配合零件有较高的配合精度要求（ϕ38 外圆圆跳动要求为 0.025mm）及较高的表面粗糙度要求。表面粗糙度可通过选用合理的切削用量来保证因此，加工时应重点考虑保证同轴度要求，可采用以下工序。

（1）将毛坯的外圆先粗车至 ϕ38.5 并切断保证各单件的总长至尺寸。

（2）将各单件分别加工至尺寸要求（ϕ38.5 外圆除外）。

（3）零件配合在一起用右端螺纹旋紧后将 ϕ38 外圆加工至尺寸。

（三）制订加工工艺

1. 确定装夹方案

各单件装夹方案的分析可参照本章第一、二节相关内容。这里只简单说明装夹方法。

1号件（轴）采用一夹一顶，普通三爪夹持 $\phi25$ 外圆，右端用顶尖顶紧，2、3号件（套）采用普通三爪夹持 $\phi38.5$ 外圆。

2. 确定加工顺序及走刀路线

因图样设计基准在1号件（轴），所以1号件为主件，2、3号件（套）为套配件。因此先加工1号件（轴），之后分别加工2、3号件。各单件的加工顺序及走刀路线见加工工艺卡。

3. 数控加工工艺卡

数控加工工艺卡见表3－27、表3－28、表3－29。

表3－27 数控加工工艺卡片

<table>
<tr><td>零件图号</td><td>3－63</td><td colspan="2" rowspan="2">数控加工工序卡片</td><td colspan="2">机床型号</td><td colspan="2">CK6150</td></tr>
<tr><td>零件名称</td><td>锥轴</td><td colspan="2">机床编号</td><td colspan="2"></td></tr>
<tr><td colspan="2">刀具表</td><td colspan="2">量具表</td><td colspan="4">工具表</td></tr>
<tr><td>T01</td><td>90°外圆车刀</td><td>1</td><td>千分尺（0～25）</td><td>1</td><td colspan="3">对刀角度样板</td></tr>
<tr><td>T02</td><td>外切槽刀刀宽4mm</td><td>2</td><td>千分尺（25～50）</td><td>2</td><td colspan="3">铜皮</td></tr>
<tr><td>T03</td><td>60°外螺纹车刀</td><td>3</td><td>游标卡尺（0～150）</td><td>3</td><td colspan="3">常用车床辅具</td></tr>
<tr><td></td><td></td><td>4</td><td>螺纹千分尺</td><td>4</td><td colspan="3">塞尺</td></tr>
<tr><td></td><td></td><td>5</td><td>百分表及磁力表架</td><td></td><td colspan="3"></td></tr>
<tr><td rowspan="2">序号</td><td colspan="3" rowspan="2">工艺内容</td><td colspan="3">切削用量</td><td rowspan="2">备注</td></tr>
<tr><td>主轴转速（r/min）</td><td>进给速度（mm/r）</td><td>背吃刀量（mm）</td></tr>
<tr><td>1</td><td colspan="3">粗精车零件左端各外圆至尺寸要求</td><td>600</td><td>0.25、0.08</td><td>3、0.25</td><td></td></tr>
<tr><td>2</td><td colspan="3">调头夹 $\phi25$ 外圆并校正</td><td></td><td></td><td></td><td></td></tr>
<tr><td>3</td><td colspan="3">粗车右端各外圆、锥面、台阶，留加工余量单边0.25mm</td><td>600</td><td>0.25</td><td>3</td><td></td></tr>
<tr><td>4</td><td colspan="3">精车右端各外圆、锥面、台阶</td><td>900</td><td>0.08</td><td>0.25</td><td></td></tr>
<tr><td>5</td><td colspan="3">切螺纹退刀槽4×2</td><td>600</td><td>0.08</td><td>4</td><td></td></tr>
<tr><td>6</td><td colspan="3">粗精车螺纹</td><td>600</td><td>1.5</td><td>递减</td><td></td></tr>
</table>

表 3-28 数控加工工艺卡片

<table>
<tr><td>零件图号</td><td>3-64</td><td colspan="3" rowspan="2">数控加工工序卡片</td><td colspan="2">机床型号</td><td colspan="2">CK6150</td></tr>
<tr><td>零件名称</td><td>锥套</td><td colspan="2">机床编号</td><td colspan="2"></td></tr>
<tr><td colspan="2">刀具表</td><td colspan="3">量具表</td><td colspan="4">工具表</td></tr>
<tr><td>T01</td><td>90°外圆车刀</td><td>1</td><td colspan="2">千分尺（0~25）</td><td>1</td><td colspan="3">铜皮</td></tr>
<tr><td>T02</td><td>外切槽刀刀宽 5mm</td><td>2</td><td colspan="2">千分尺（25~50）</td><td>2</td><td colspan="3">常用车床辅具</td></tr>
<tr><td>T03</td><td>镗孔刀</td><td>3</td><td colspan="2">游标卡尺（0~150）</td><td>3</td><td colspan="3">塞尺</td></tr>
<tr><td>T04</td><td>切断刀</td><td>4</td><td colspan="2">内径百分表（18~35）</td><td></td><td colspan="3"></td></tr>
<tr><td rowspan="2">序号</td><td colspan="4" rowspan="2">工艺内容</td><td colspan="3">切削用量</td><td>备注</td></tr>
<tr><td>主轴转速（r/min）</td><td>进给速度（mm/r）</td><td>背吃刀量（mm）</td><td></td></tr>
<tr><td>1</td><td colspan="4">夹毛坯外圆，伸出长度约 50 mm</td><td></td><td></td><td></td><td></td></tr>
<tr><td>2</td><td colspan="4">车端面钻孔 ϕ18 mm×35 mm</td><td>300</td><td></td><td></td><td></td></tr>
<tr><td>3</td><td colspan="4">粗精车零件左端各外圆至尺寸要求</td><td>600、1000</td><td>0.08</td><td>1</td><td></td></tr>
<tr><td>4</td><td colspan="4">粗精车零件左端各内孔至尺寸要求</td><td>600、900</td><td>0.25、0.08</td><td>2、0.25</td><td></td></tr>
<tr><td>5</td><td colspan="4">切断、保证长度尺寸</td><td>600</td><td>0.05</td><td>5</td><td></td></tr>
</table>

表 3-29 数控加工工艺卡片

<table>
<tr><td>零件图号</td><td>3-65</td><td colspan="3" rowspan="2">数控加工工序卡片</td><td colspan="2">机床型号</td><td colspan="2">CK6150</td></tr>
<tr><td>零件名称</td><td>螺母</td><td colspan="2">机床编号</td><td colspan="2"></td></tr>
<tr><td colspan="2">刀具表</td><td colspan="3">量具表</td><td colspan="4">工具表</td></tr>
<tr><td>T01</td><td>90°外圆车刀</td><td>1</td><td colspan="2">游标卡尺（0~150）</td><td>1</td><td colspan="3">铜皮</td></tr>
<tr><td>T02</td><td>镗孔刀</td><td>2</td><td colspan="2">千分尺（25~50）</td><td>2</td><td colspan="3">常用车床辅具</td></tr>
<tr><td>T03</td><td>内螺纹刀</td><td>3</td><td colspan="2"></td><td>3</td><td colspan="3">塞尺</td></tr>
<tr><td>T04</td><td>切断刀</td><td>4</td><td colspan="2"></td><td>4</td><td colspan="3">对刀角度样板</td></tr>
<tr><td rowspan="2">序号</td><td colspan="4" rowspan="2">工艺内容</td><td colspan="3">切削用量</td><td>备注</td></tr>
<tr><td>主轴转速（r/min）</td><td>进给速度（mm/r）</td><td>背吃刀量（mm）</td><td></td></tr>
<tr><td>1</td><td colspan="4">夹毛坯外圆，伸出长度约 30 mm</td><td></td><td></td><td></td><td></td></tr>
<tr><td>2</td><td colspan="4">车端面钻孔 ϕ15 mm×19 mm</td><td>300</td><td></td><td></td><td></td></tr>
<tr><td>3</td><td colspan="4">粗精车零件左端各外圆至尺寸要求</td><td>600、1000</td><td>0.2、0.08</td><td>2、0.5</td><td></td></tr>
<tr><td>4</td><td colspan="4">粗精车零件左端螺纹至尺寸要求</td><td>800</td><td>0.15</td><td>0.75</td><td></td></tr>
<tr><td>5</td><td colspan="4">切断、保证长度尺寸</td><td>600</td><td>0.05</td><td>0.3</td><td></td></tr>
</table>

4. 零件加工程序单

零件图见图 3－63、图 3－64、图 3－65，零件加工程序单见表 3－30、表 3－31、表3－32。

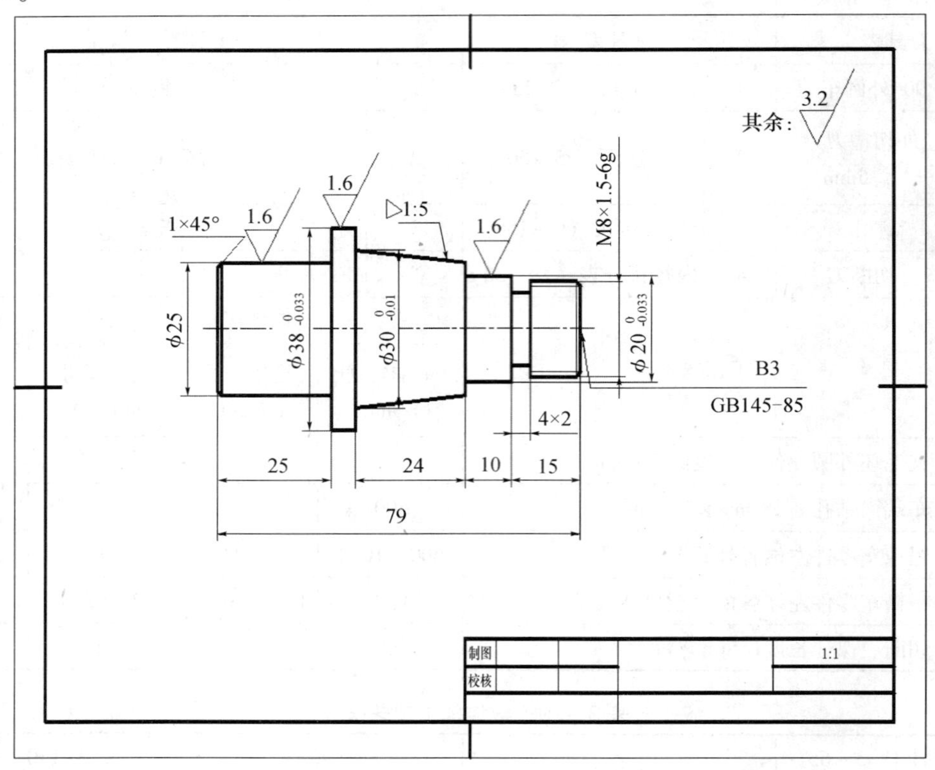

图 3－63　1 号件（轴）

表 3－30　零件加工程序单

加工程序	程序注释
O1；	程序号
G97 G99 G40 M03 S600；	主轴正转，转速 600 r/min
T0101；	90°外圆车刀
M08；	冷却液开启
G00 Z2. 0；	快速定位
X40；	
G71 U3. 0 R0. 5；	粗车循环
G71 P10 Q20 U0. 5 W0. 25 F0. 25；	
N10 G00 G42 X15. 9；	
G01 Z0 F0. 08；	
X17. 9 Z－1. 0；	

续表

加工程序	程序注释
Z－15.0；	
X20.0；	
Z－25.0；	
X25.2；	
X30.0 W－24.0；	
X38.5；	
N20 G00 G40 X41.0；	
S900；	换转速900r/min
G70 P10 Q20；	精车循环
G00 X200.0；	回换刀点
Z5.0；	
T0202 S600；	外切槽刀，刀宽4mm，转速600 r/min
G00 Z－15.0；	快速定位
X21.0；	
G01 X13.9 F0.08；	车螺纹空刀槽
G04 U1.0；	
G01 X21.0 F0.25；	
G00 X200.0；	回换刀点
Z5.0；	
T0303；	换60°外螺纹车刀
G00 Z5.0；	快速定位
X19.0；	
G92 X17.2 Z－13.5 F1.5；	车螺纹循环
X16.7；	
X16.4；	
X16.2；	
X16.2；	
G00 X200.0；	回换刀点
Z5.0 M05 M09；	主轴停止，冷却液关闭
M30；	程序结束并复位

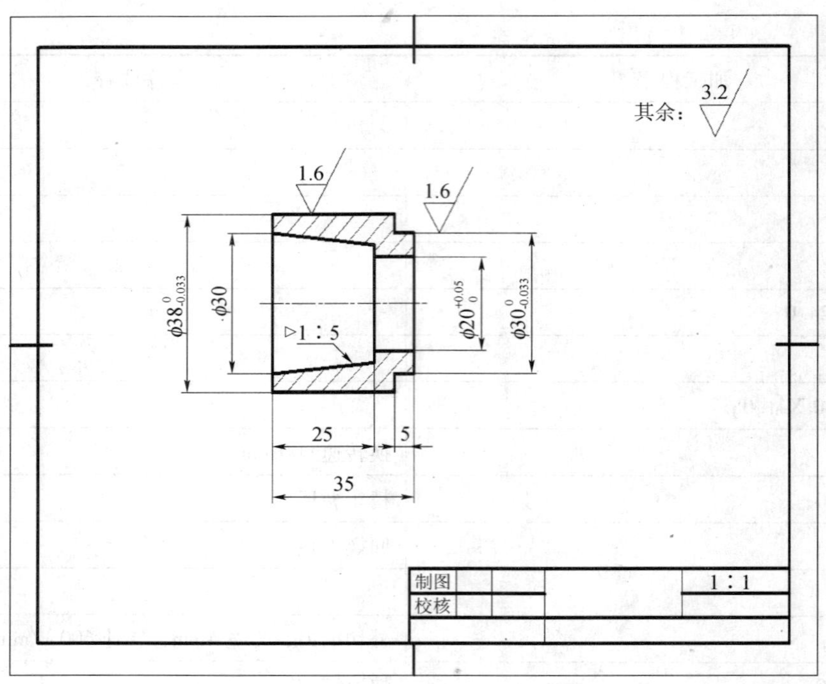

图3－64　2号件（套）

表3－31　零件加工程序单

加工程序	程序注释
O2;	程序号
G97 G99 G40 M03 S600;	主轴正转，转速600 r/min
T0101;	90°外圆车刀
M08;	冷却液开启
G00 X42.0 Z0;	快速定位
G01 X16.0 F0.1;	
Z1.0;	
G00 X37.0;	
S1000;	换转速1000 r/min
G01 Z0;	
X38.0 Z－0.5;	
Z－40.0 F0.08;	车$\phi38$外圆
X42.0 F0.3;	
G00 X100.0 Z100.0;	回换刀点
T0202;	外切槽刀，刀宽5 mm

续表

加工程序	程序注释
S600;	换转速 600 r/min
G00 X42.0 Z-30.0;	快速定位
G01 X30.0 F0.05;	
G04 X1.2;	
G01 X42.0 F0.3;	
G00 X100.0 Z100.0;	回换刀点
T0303;	镗孔刀
G00 X18.0 Z2.0;	快速定位
G71 U2.0 R0.5;	
G71 P10 Q20 U-0.4 W0.2 F0.25;	粗车循环
N10 G00 G41 X30.83;	
G01 X25.2 Z-25.0 F0.08;	
X20.0;	
Z-40.0;	
N20 G00 G40 X18.0;	
S900;	换转速 900 r/min
G70 P10 Q20;	精车循环
G00 X100.0 Z150.0 ;	回换刀点
/M00 M05;	测量
/M03;	
S600;	换转速 600 r/min
T0404;	切断刀
G00 X42.0 Z-35.0;	
G01 X18.0 F0.05;	切断
Z-32.0 F0.3;	
G00 X100.0 Z150. M09 M05;	回换刀点，冷却液关闭，主轴停止
M30;	程序结束并复位

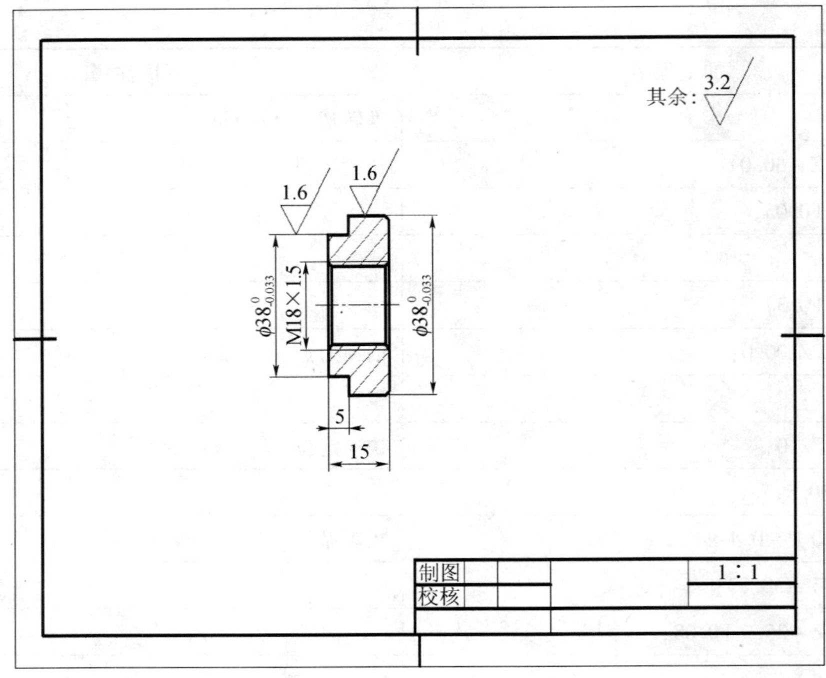

图 3-65　3 号件（螺母）

表 3-32　零件加工程序单

加工程序	程序注释
O3;	程序号
G97 G99 G40 M03 S600;	主轴正转，转速 600 r/min
T0101;	90°外圆车刀
M08;	冷却液开启
G00 X40.0 Z5.0;	快速定位
G71 U2.0 R0.5;	
G71 P10 Q20 U0.5 W0.2 F0.2;	粗车循环
N10 G00 X14.0;	
G01 Z0 F0.08;	
X30.0 C-0.5;	
Z-5.0;	
X38.0 C-0.5;	
Z-20.0;	
N20 X42.0;	
S1000;	换转速 1000 r/min

续表

加工程序	程序注释
G70 P10 Q20;	精车循环
G00 X100.0 Z150.0;	回换刀点
T0202;	换镗孔刀
S800;	换转速 800 r/min
G00 X19.5 Z2.0;	快速定位
G01 Z0 F0.3;	
X16.5 Z－1.5 F0.15;	镗孔
Z－20.0;	
X16.0;	
G00 Z2.0	
X100.0 Z150.0;	回换刀点
T0303;	内螺纹刀
G00 X16.0 Z5.0;	
G92 X17.3 Z－17.0 F1.5;	车螺纹循环
X17.8;	
X18.0;	
X18.1;	
X18.1;	
G00 X100.0 Z150.0;	回换刀点
S600;	换转速 600 r/min
T0404;	切断刀
G00 X42.0 Z－15.3;	快速定位
G01 X20.0 F0.1;	
G00 X42.0;	
Z－14.0;	
G01 X38.0;	
X36.0 Z－15.0;	
X15.0 F0.05;	
Z－14.0;	
G00 X100.0 Z150.0 M09 M05;	回换刀点，冷却液关闭，主轴停转
M30;	程序结束并复位

5. 注意事项

（1）件 2、件 3 在一次装夹内车成，可保证两端面平行。

（2）合理选择切断刀几何角度和提高刀具刚性。

（3）采用合理的切削量提高工件表面质量。

（4）充分浇注切削液，消除切削热对尺寸精度的影响。

组合件的综合加工，是数控技能大赛常见题型，表 3－33 给出该组合件的考核评分标准以供参考。

表 3－33　评分标准

		操作时间		300min	总　分　100 分	得　分				
零件图序号	图号	项目序号	考核项目	考核内容及要求	评分标准	配分	检测结果	扣分	得分	备注
1	件 1	1	外圆	$\phi 38_{-0.033}^{0}$	超差不得分	4				
		2		$\phi 30_{-0.1}^{0}$	超差不得分	4				
		3		$\phi 20_{-0.033}^{0}$	超差不得分	4				
		4		$\phi 25$	超差不得分	1				
		5	锥度	1:5	超差不得分	4				
		6	螺纹及退刀槽	M18×1.5－6g	超差不得分	8				
		7		4×2	超差不得分	4				
		8	长度	25	超差不得分	1				
		9		24	超差不得分	1				
		10		10	超差不得分					
		11		15	超差不得分	1				
		12		79	超差不得分	1				
		13	表面粗糙度	$R_a1.6$（3 处）	降级不得分	3				
		14	加权	轮廓要素完整	不完整 1 处扣 1 分	2				
2	件 2	15	外圆	$\phi 38_{-0.033}^{0}$	超差不得分	4				
		16		$\phi 30_{-0.033}^{0}$	超差不得分	4				
		17	内孔	$\phi 20_{0}^{+0.05}$	超差不得分	4				
		18	长度	25	超差不得分	1				
		19		5	超差不得分	1				
		20		35	超差不得分	1				
		21	锥度	1:5	超差不得分	4				
		22	表面粗糙度	$R_a1.6$（2 处）	降级不得分	2				

续表

		操作时间		300min	总分	100分	得分			
零件图序号	图号	项目序号	考核项目	考核内容及要求	评分标准	配分	检测结果	扣分	得分	备注
3	件3	23	外圆	$\phi 38_{-0.033}^{0}$	超差不得分	4				
		24		$\phi 30_{-0.033}^{0}$	超差不得分	4				
		25	螺纹	M18×1.5	超差不得分	8				
		26	长度	5	超差不得分	1				
		27		15	超差不得分	1				
		28	表面粗糙度	R_a1.6（2处）	降级不得分	2				
		29	加权	内外轮廓完整	不完整1处扣1分	2				
4	配合	30	螺纹配合	螺纹配合适中	超差全扣	5				
		31	跳动	0.025	超差0.01扣2分	4				
		32	锥度配合	圆配合接触面≥70%	超差全扣	5				
		33	长度控制	80±0.2	超差不得分	1				
		34		$10_{-0.025}^{0}$	超差0.01扣2分	4				
5	其他	35	安全文明生产	1. 遵守机床安全操作规程 2. 刀具、工具、量具放置规范 3. 设备保养、场地整洁						
		36	工艺合理	1. 工件定位、夹紧及刀具选择合理 2. 加工顺序及刀具轨迹路线合理						
		37	程序编制	1. 指令正确，程序完整 2. 数值计算正确、程序编写表现出一定的技巧，简化计算和加工程序 3. 刀具补偿功能运用正确、合理 4. 切削参数、坐标系选择正确、合理						
		38	其他项目	发生重大事故（人身和设备安全事故等）、严重违反工艺原则和情节严重的野蛮操作等，由裁判长决定取消其实操竞赛资格						

注：扣分项，扣完本项分为止。

习 题

3－1 编制图 3－66 所示零件的加工程序。毛坯为 ϕ50×140 棒料，材料为 45 钢。

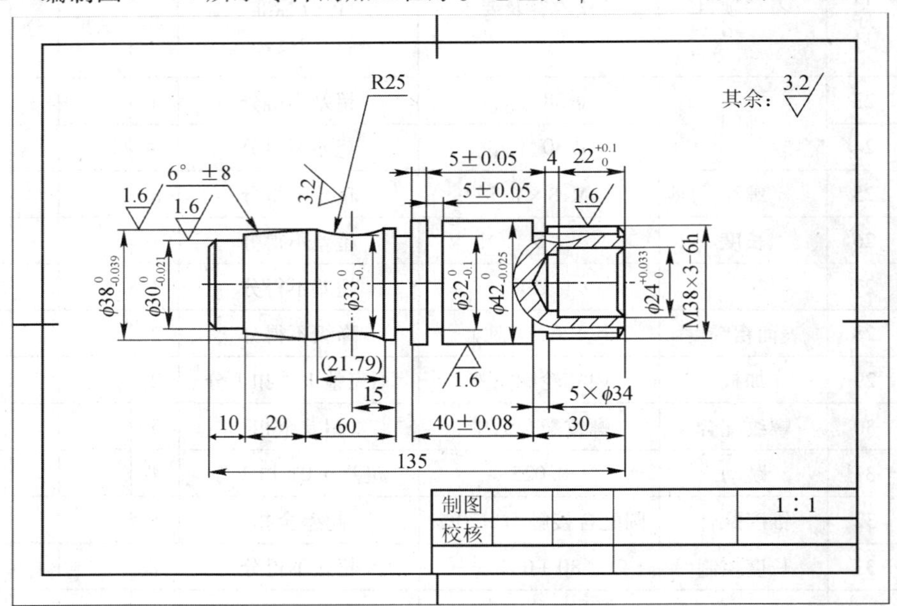

图 3－66

3－2 编制图 3－67 所示零件的加工程序，毛坯为 ϕ50×135 棒料，材料为 45 钢。

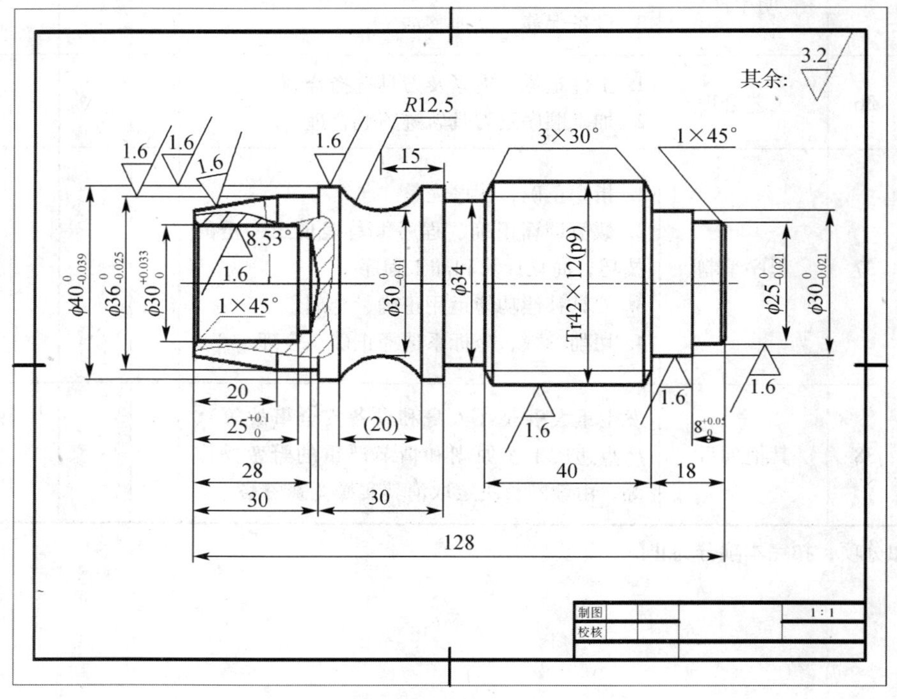

图 3－67

3－3　编制图 3－68 所示零件的加工程序，毛坯为 ϕ55×125 棒料，材料为 45 钢。

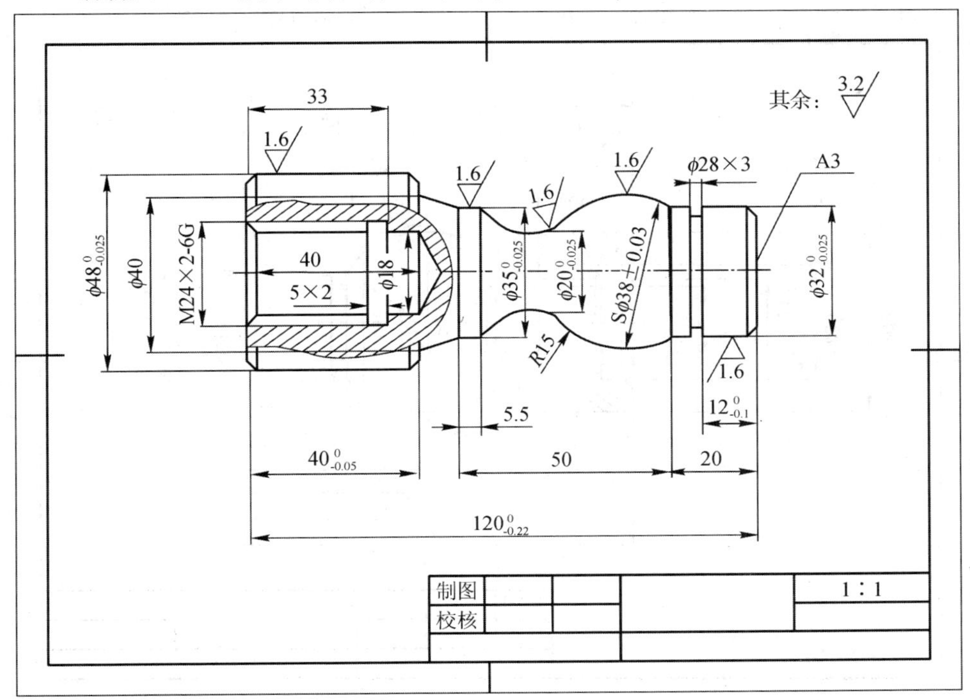

图 3－68

3－4　编制图 3－69 所示零件的加工程序，毛坯为 ϕ50×135 棒料，材料为 45 钢。

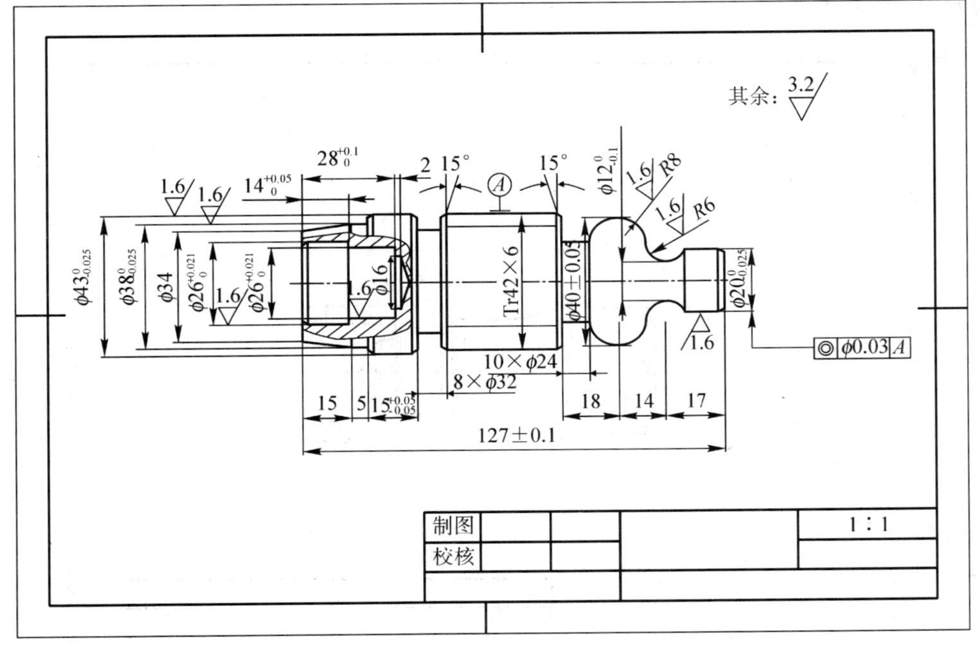

图 3－69

3－5　编制图 3－70 所示零件的加工程序，毛坯为 ϕ50×100 棒料，材料为 45 钢。

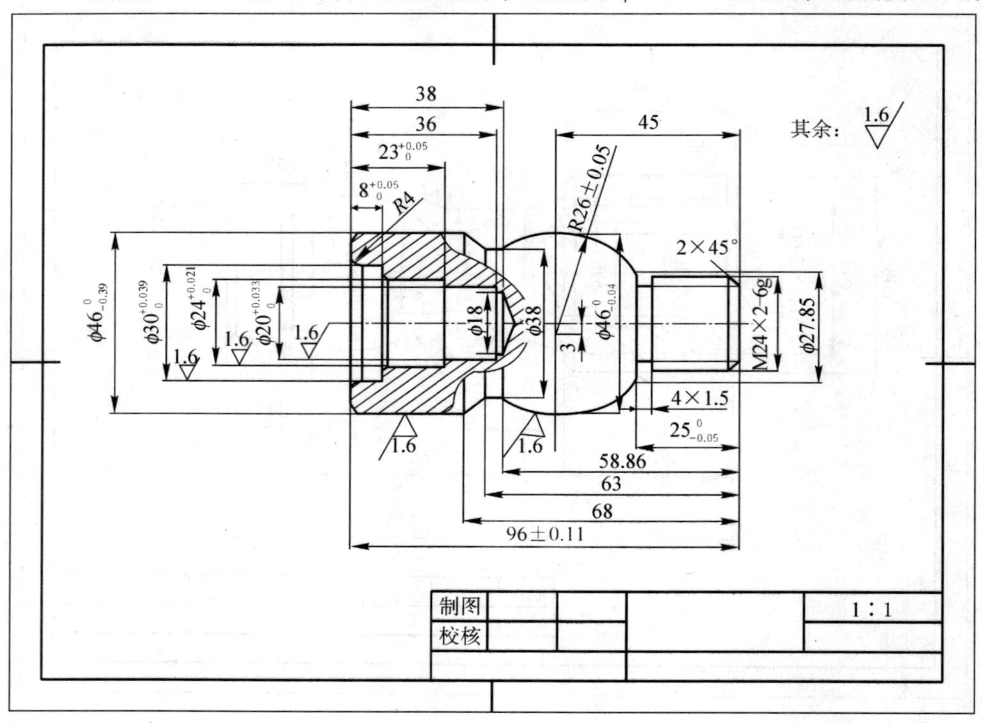

图 3－70

3－6　编制图 3－71、图 3－72、图 3－73 所示组合零件的加工程序，毛坯为 ϕ55×170 棒料，材料为 45 钢。

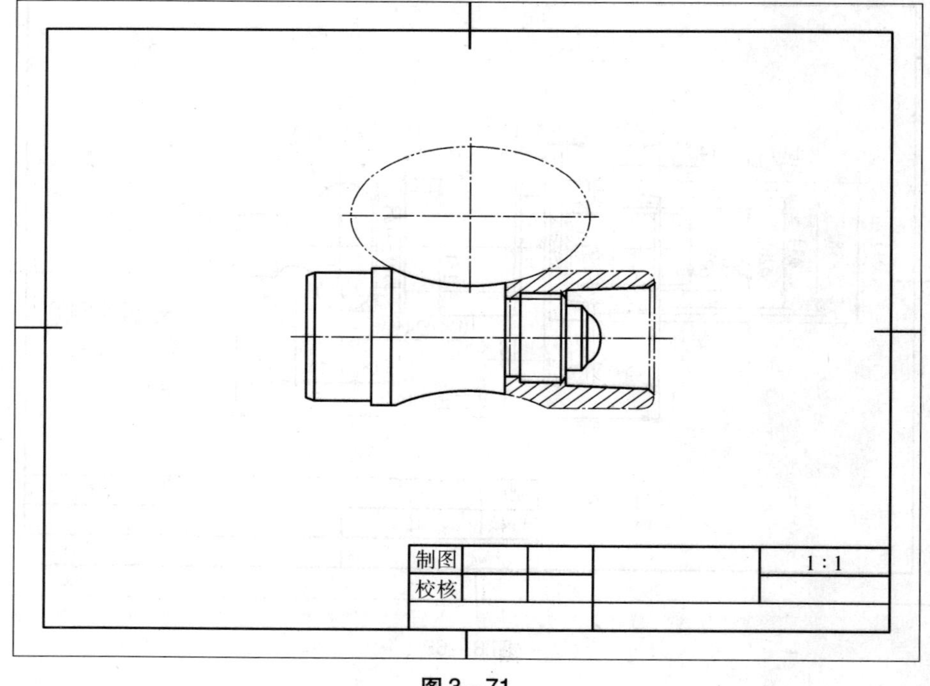

图 3－71

40
椭圆
其余：3.2
24
D 0.04
10
R25
C0.5
1.6
42
12
R10
M30×1.5-6g
ϕ23 0 -0.021
ϕ48 0 -0.016
ϕ44
ϕ24 +0.033 0
ϕ20
A
ϕ0.020 A
5×ϕ26
20
22
30
⊥ 0.03 A
20
27
5
⊥ 0.05 A
97
制图
校核
1:1

图 3－72

其余：1.6
40
椭圆
24
D 0.04
1.6
C1.5
B
12
42
ϕ36
ϕ48 0 -0.016
1∶10
M30×1.5-6H30
30 +0.05 0
⊥ 0.025 B
50±0.05
制图
核校
1∶1

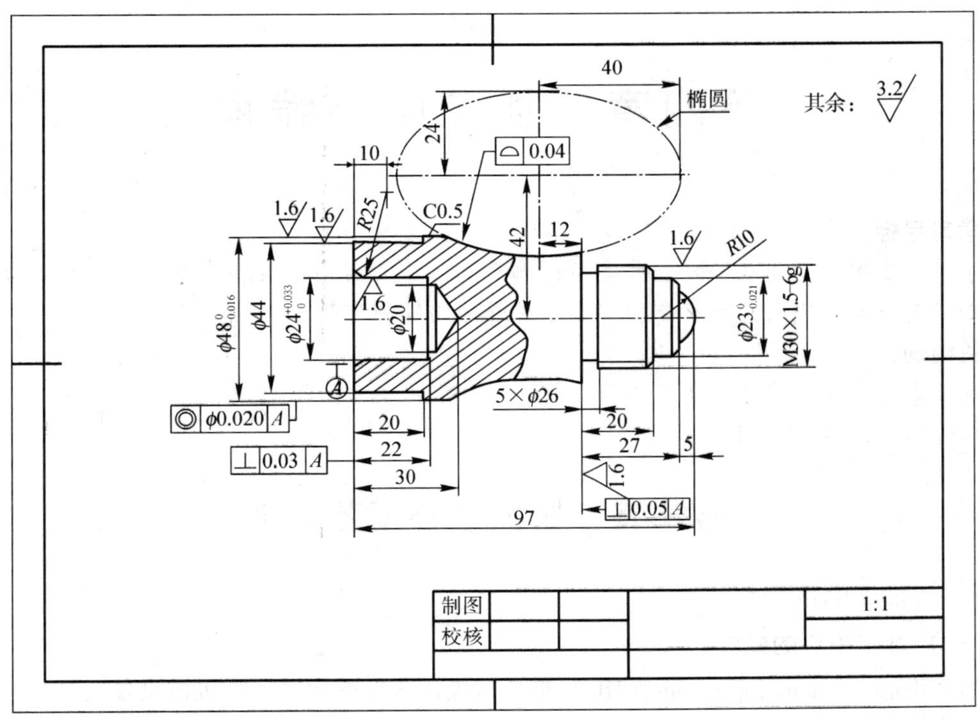

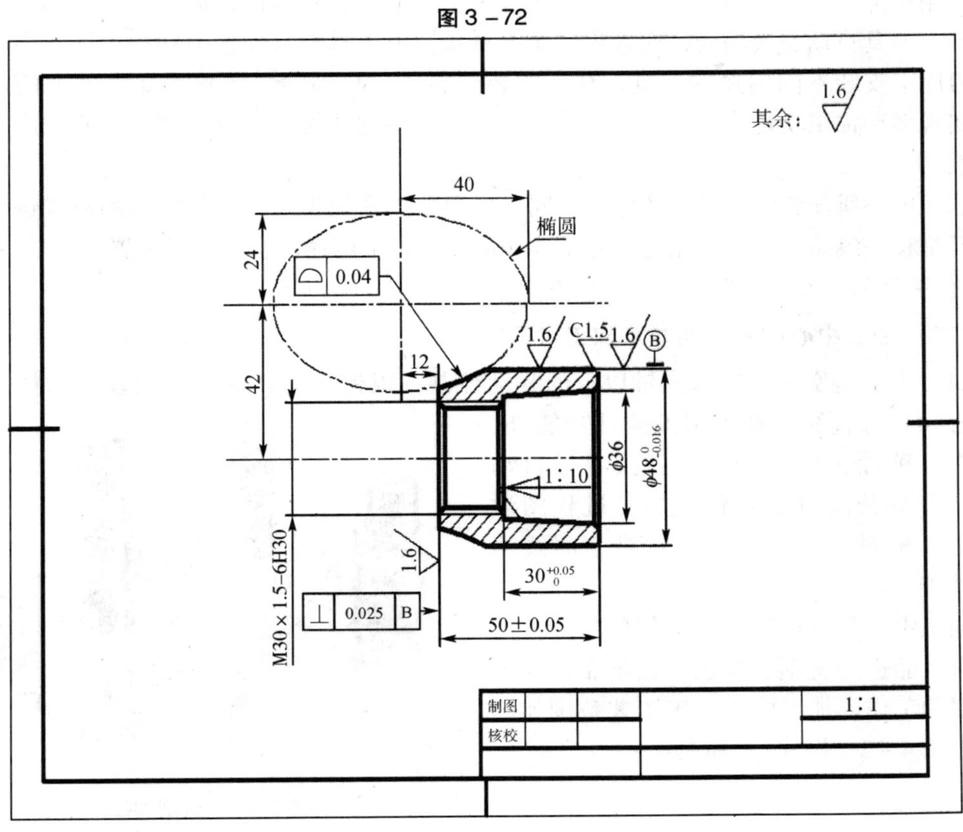

图 3－73

第四章　加工中心编程

学习目标：

了解加工中心的组成、功能和类型；熟悉加工中心常用编程指令和编程方法；掌握加工中心工艺方案的制订；熟练掌握典型零件程序的编制方法。

关键词：

加工中心　编程指令　工艺方案

第一节　加工中心工艺基础

4 一、加工中心概述

（一）加工中心的概念

加工中心（machining center，MC）是从数控铣床发展而来，由机械设备与数控系统组成的适用于加工复杂零件的高效率自动化机床。加工中心和数控铣床本质的区别在于加工中心具有刀具自动交换功能，而数控铣床不具备。由于具有自动换刀功能，加工中心可通过在刀库上安装不同用途的刀具，在一次装夹中通过自动换刀装置改变主轴上的加工刀具，实现多种加工功能。加工中心所具有的这些丰富的功能，决定了加工中心程序编制的复杂性。

加工中心所配置的数控系统各有不同，各种数控系统程序编制的内容和格式也不尽相同，但是程序编制方法和使用过程是基本相同的。以下所述内容，均以配置 FANUC－0i 数控系统的 XH714 加工中心为例展开讨论。

（二）加工中心的主要功能及加工对象

加工中心能实现三轴或三轴以上的联动控制，以保证刀具进行复杂表面的加工。加工中心除具有直线插补和圆弧插补功能外，还具有各种加工固定循环、刀具半径自动补偿、刀具长度自动补偿、加工过程图形显示、人机对话、故障自动诊断、离线编程等功能。

加工中心是一种工艺范围较广的数控加工机床，能进行铣削、镗削、钻削和螺纹加工等多项工作。加工中心加工工艺范围如图 4－1、图 4－2、图 4－3 和图 4－4。

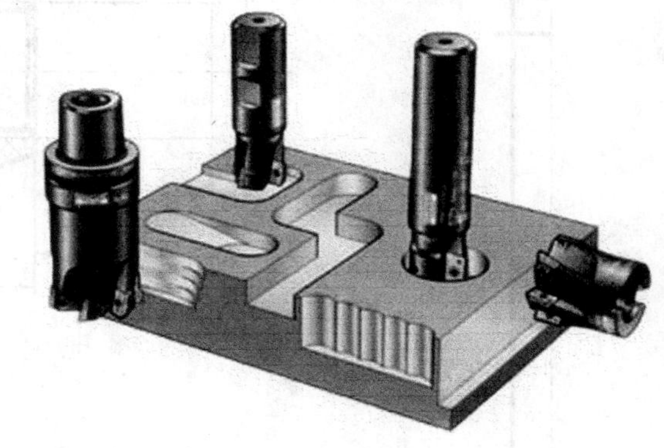

图 4－1　铣削加工

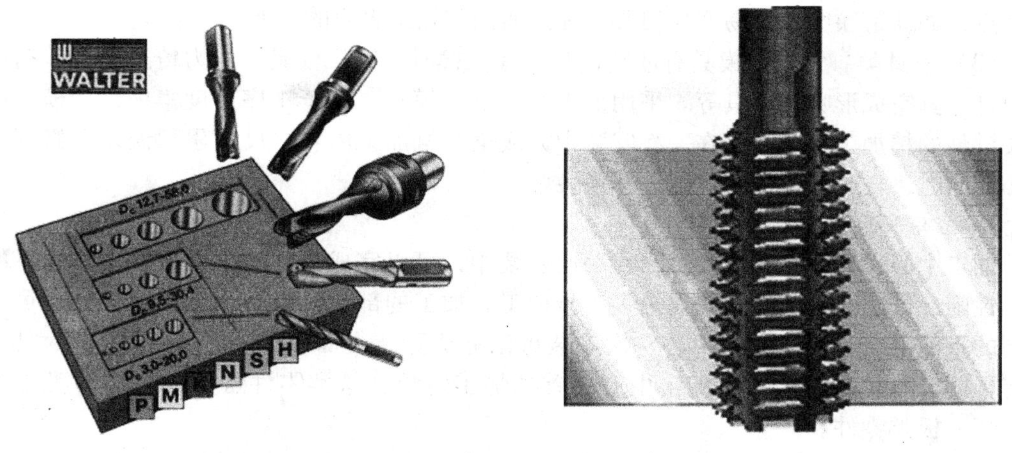

图 4－2　钻削加工　　　　图 4－3　螺纹加工

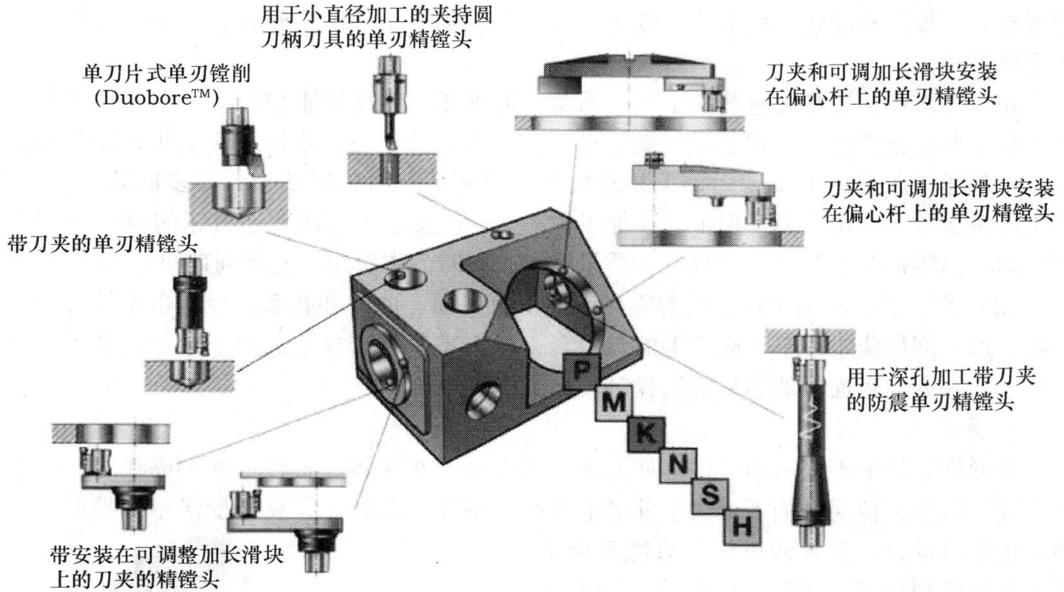

图 4－4　镗削加工

加工中心适宜于加工形状复杂、加工内容多、要求较高、需用多种类型的普通机床和众多的工艺装备，且经多次装夹和调整才能完成加工的零件。主要的加工对象有下列几种。

1. 结构形状复杂难加工的零件

主要表面是由复杂曲线、曲面组成的零件，加工时需要多坐标联动加工。常见的典型零件有以下几类。

（1）凸轮类。作为机械式信息储存与传递的基本元件，被广泛地应用于各种自动机械中，这类零件有各种曲线的盘形凸轮、圆柱凸轮、圆锥凸轮和端面凸轮等，加工时，可根据凸轮表面的复杂程度，选用三轴、四轴或五轴联动的加工中心（X、Y、Z、A、B）。

（2）整体叶轮类。整体叶轮常见于航空发动机的压气机，单螺杆空气压缩机，制氧设备的膨胀机，船舶水下推进器等，它除具有一般曲面加工的特点外，还存在许多特殊的加工难点，如通道狭窄，极易产生刀具对邻近曲面和加工表面的干涉。

(3) 模具类。常见的模具有注塑模具、橡胶模具、锻压模具、压力铸造模具、精密铸造模具、真空成形吸塑模具等。采用加工中心加工模具，由于工序高度集中，动模、静模等关键件的精加工基本上是在一次安装中完成全部机加工内容，尺寸累积误差及修配工作量小。同时，模具的可复制性强，互换性好。

2. 既有平面又有孔系的零件

加工中心带有自动换刀装置，在一次安装中，可以完成零件上平面的铣削、孔系的钻削、镗削、铰削、铣削及攻螺纹等多工步加工。加工的部位可以在一个平面上，也可以在不同的平面上。五面体加工中心一次安装可以完成除装夹面以外的五个面的加工。因此，既有平面又有孔系的零件是加工中心的首选加工对象，这类零件常见的有箱体类零件和盘、套、板类零件。

(1) 箱体类零件。箱体类零件很多，一般是指具有一个以上孔系，内部有一定型腔，在长、宽、高方向有一定比例的零件。这类零件在机械行业、汽车、飞机制造等各个行业用得较多，如汽车的发动机缸体、变速箱体，机床的床头箱、主轴箱，柴油机缸体、齿轮泵壳体等。

箱体类零件一般都要进行多工位孔系及平面加工，精度要求较高，特别是形状精度和位置精度要求较严格，通常要经过铣、钻、扩、镗、铰、锪、攻螺纹等工步，需要刀具较多，在普通机床上加工难度大，工装套数多，费用高，加工周期长，需多次装夹、找正，手工测量次数多，精度不易保证。在加工中心上一次安装可完成普通机床的60% ~95%的工序内容，零件各项精度一致性好，质量稳定，同时节省费用，生产周期短。

(2) 盘、套、板类零件。这类零件端面上有平面、曲面和孔系，径向也常分布一些径向孔。加工部位集中在单一端面上的盘、套、板类零件宜选择立式加工中心，加工部位不是位于同一方向表面上的零件宜选择卧式加工中心。

3. 异形件

异形件是外形不规则的零件，如支架、支撑架、水泵体、各种样板和靠模等，大多要点、线、面多工位混合加工。由于外形不规则，刚性一般较差，夹压变形难以控制，加工精度也难以保证，在普通机床上只能采取工序分散的原则加工，需用工装较多，周期较长。利用加工中心多工位点、线、面混合加工的特点，可以完成大部分甚至全部工序内容。

(三) 加工中心的分类

加工中心从外观上可分为立式、卧式和复合加工中心等。

立式加工中心的主轴垂直于工作台，主要适用于加工板材类、壳体类工件，也可用于模具加工，如图4－5所示。

图4－5　立式加工中心

卧式加工中心的主轴轴线与工作台台面平行，它的工作台大多为由伺服电动机控制的数控回转台，在工件一次装夹中，通过工作台旋转可实现多个加工面的加工，适用于箱体类工件加工，如图 4－6 所示。

图 4－6　卧式加工中心

复合加工中心主要是指在一台加工中心上具有立式和卧式加工中心的功能，工件一次装夹中后能实现除安装面外的所有侧面和顶面等五个面的加工，也叫五面体加工中心。常见五面体加工中心有两种：一种是主轴可 90°改变角度，既可以像立式加工中心那样工作，也可以像卧式加工中心那样工作；另一种是主轴不改变方向，而工作台可以带着工件旋转 90°完成对工件五个表面的加工，如图 4－7 所示。

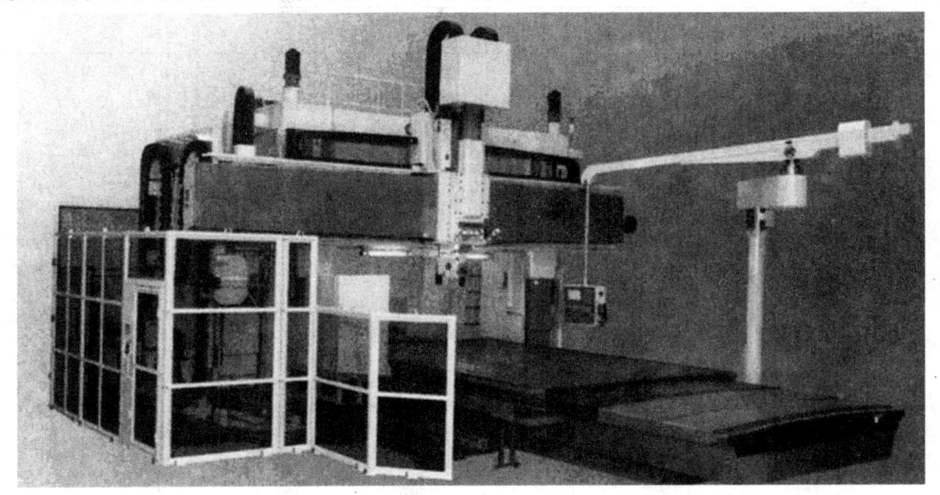

图 4－7　复合加工中心

二、加工中心工艺方案的制订

（一）零件的工艺分析

零件的工艺分析是制订加工中心加工工艺的首要工作。其任务是分析零件图的完整性、正确性和技术要求、选择加工内容、分析零件的结构工艺性和定位基准等。

1. 零件图的完整性与正确性分析

零件的视图应足够、正确及表达清楚，并符合国家标准，尺寸及有关技术要求应标注齐全，几何元素（点、线、面）之间的关系（如相切、相交、垂直、平行）应明确。

2. 零件技术要求分析

零件的技术要求主要指尺寸精度、形状精度、位置精度、表面粗糙度及热处理等。这些要求在保证零件使用性能的前提下应经济合理。过高的精度和表面粗糙度要求会使工艺过程复杂、加工困难、成本提高。

3. 零件结构的工艺性分析

从机械加工的角度考虑，在加工中心上加工的零件，其结构工艺性应具备以下几点要求。

（1）零件的切削加工量要小，以便减少加工中心的切削加工时间，降低零件的加工成本。

（2）零件上的孔（包括台阶孔）和螺纹的尺寸规格尽可能少，减少加工时钻头、铰刀及丝锥等刀具的数量，以防刀库容量不够。

（3）零件尺寸规格尽量标准化，以便采用标准刀具。

（4）零件加工表面应具有加工的方便性和可能性。

（5）零件结构应具有足够的刚性，以减少夹紧变形和切削变形。

表 4－1 为改进零件结构提高工艺性的措施。

表 4－1　改进零件结构提高工艺性

提高工艺性方法	结构		结果
	改进前	改进后	
改进内壁形状	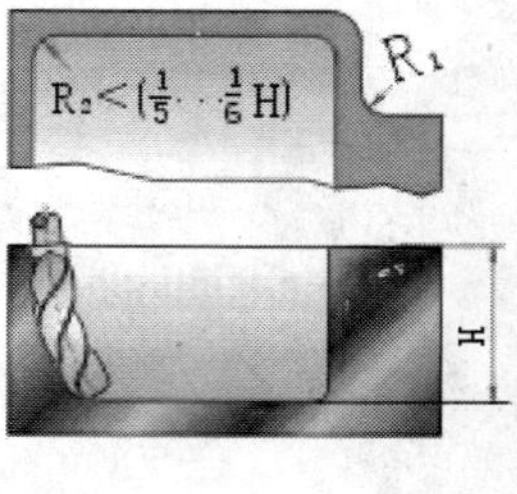 R_1　$R_2<(\frac{1}{5}\cdots\frac{1}{6}H)$　H	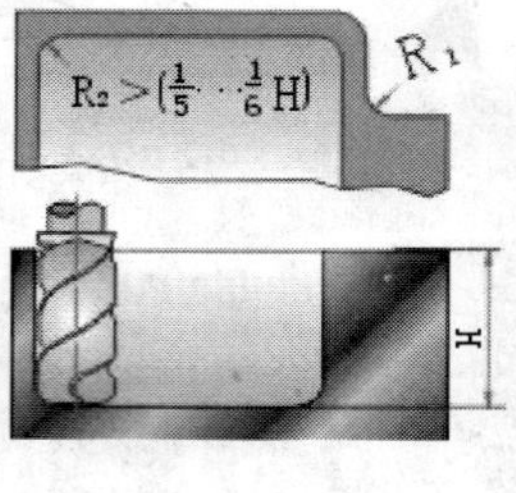 R_1　$R_2>(\frac{1}{5}\cdots\frac{1}{6}H)$　H	可采用较高刚性刀具
统一圆弧尺寸	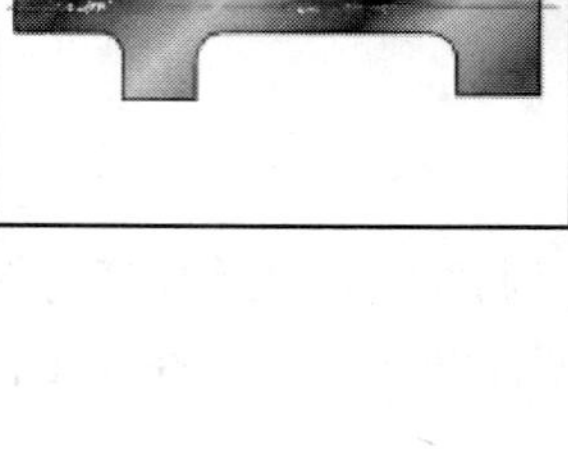 r_1　r_2　r_3　r_4	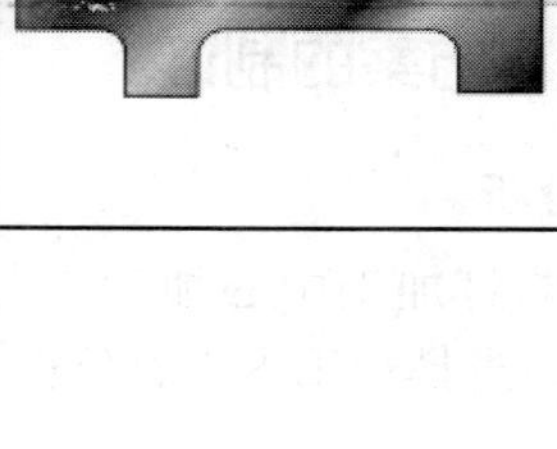 r　r　r　r	减少刀具数和更换刀具次数，减少辅助时间

续表

提高工艺性方法	结构		结果
	改进前	改进后	
选择合适的圆弧半径 *R* 和 *r*	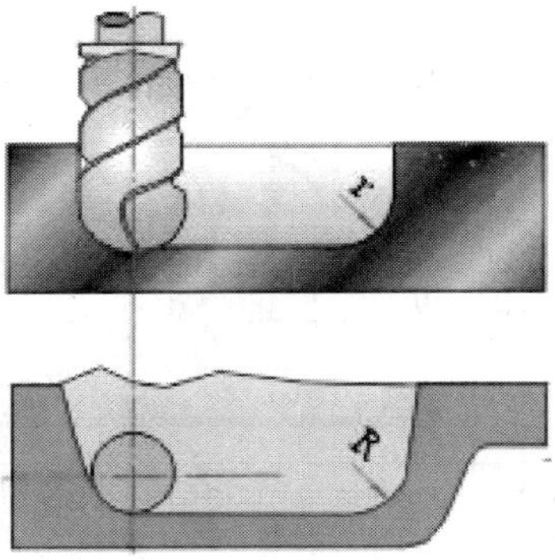 r R	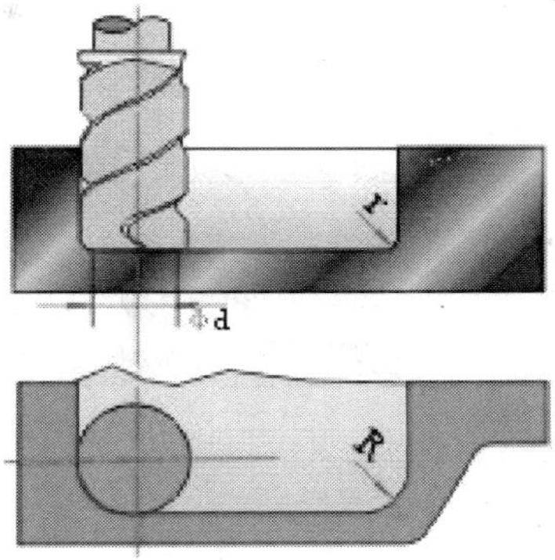 r ϕd R	提高生产效率
用两面对称结构	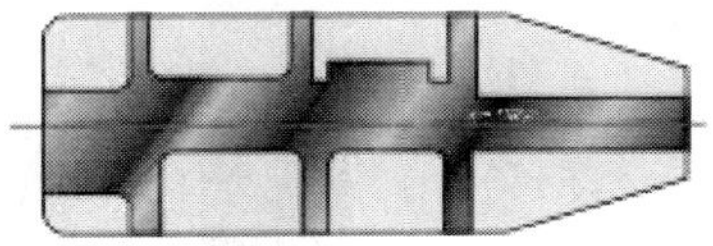	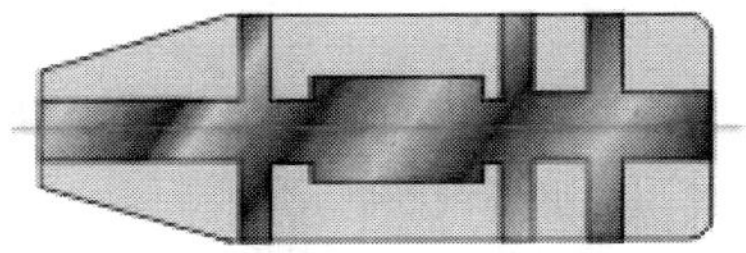	减少编程时间，简化编程
合理改进凸台分布	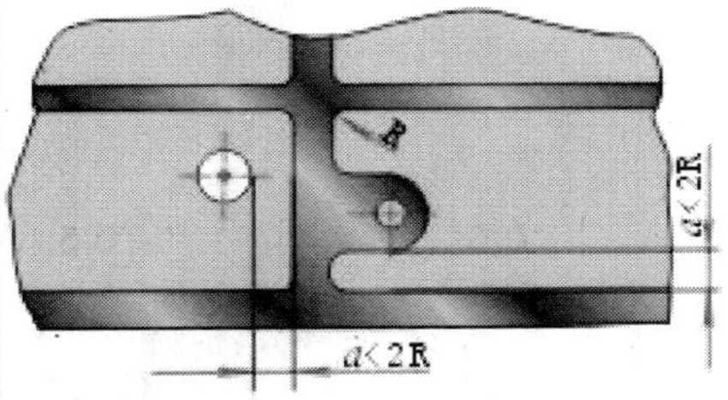 R $a<2R$ $a<2R$	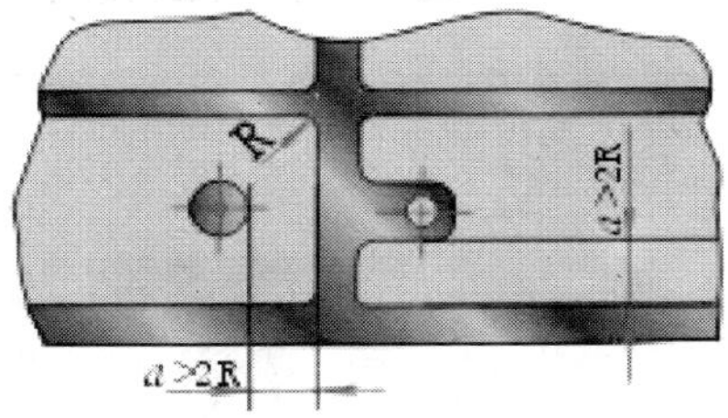 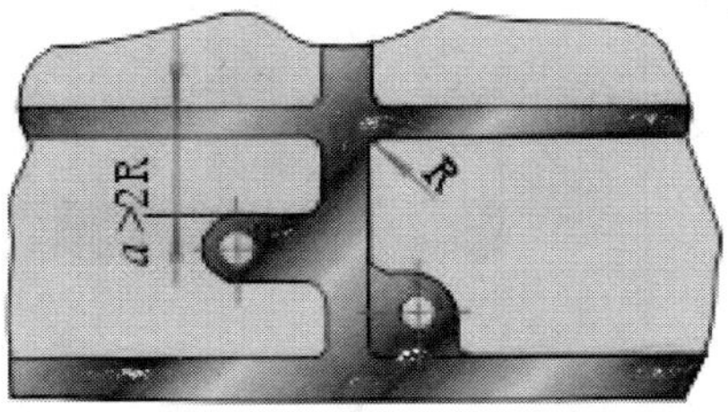 R $a>2R$ $a>2R$ R $a>2R$	减少加工劳动量
改进结构形状	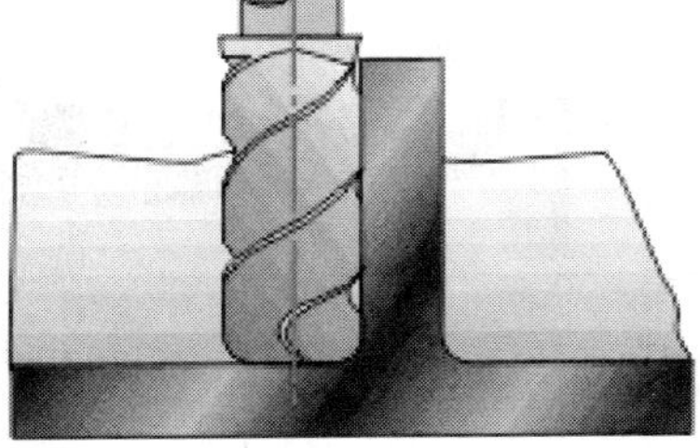	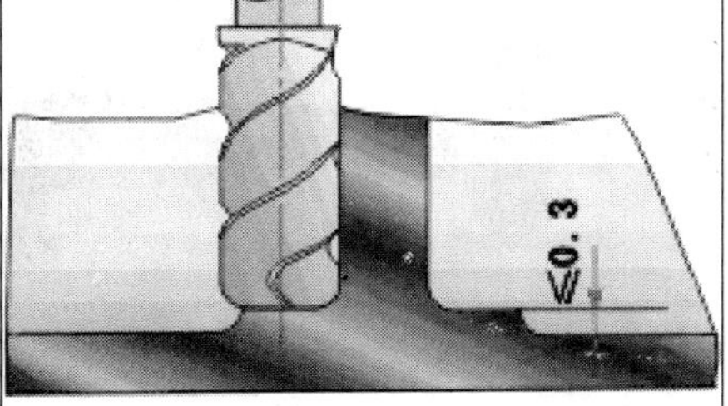 ≤0.3	减少加工劳动量

续表

提高工艺性方法	结构		结果
	改进前	改进后	
改进结构形状	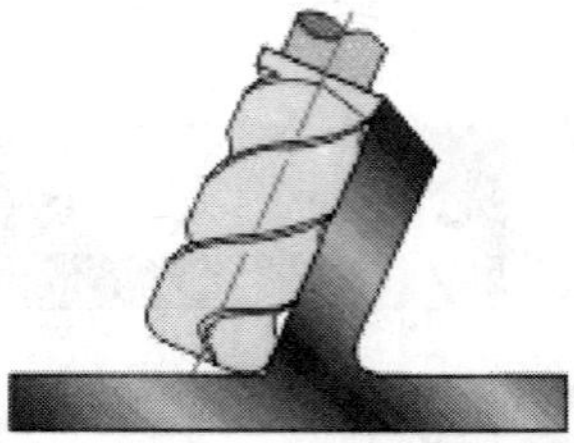	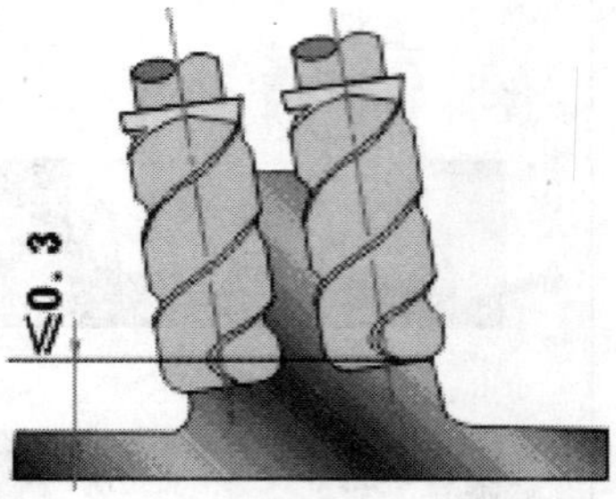 ≤0.3	减少加工劳动量
改进尺寸比例	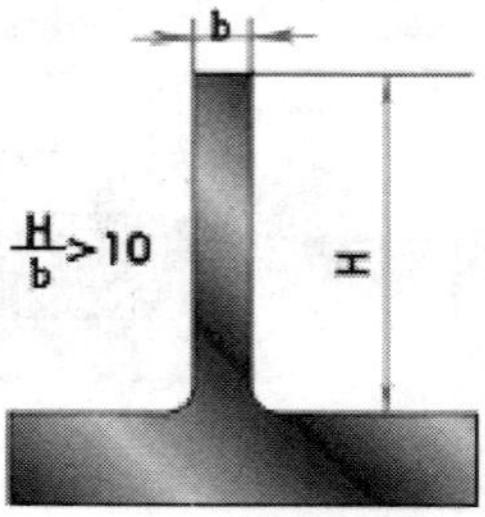 b $\frac{H}{b}>10$ H	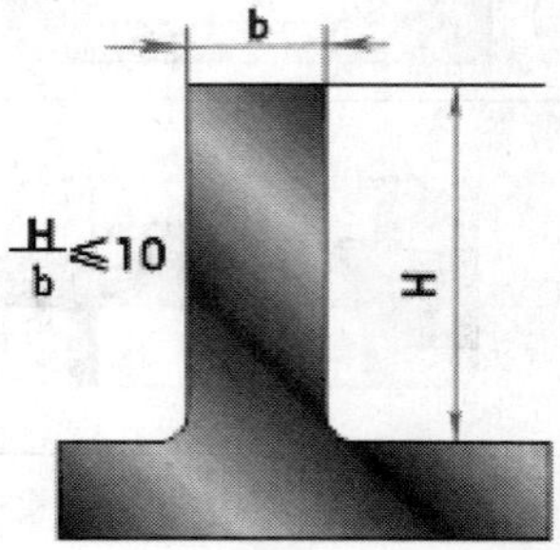 b $\frac{H}{b}\leqslant10$ H	可用较高刚度刀具加工，提高生产率
在加工和不加工表面间加入过渡	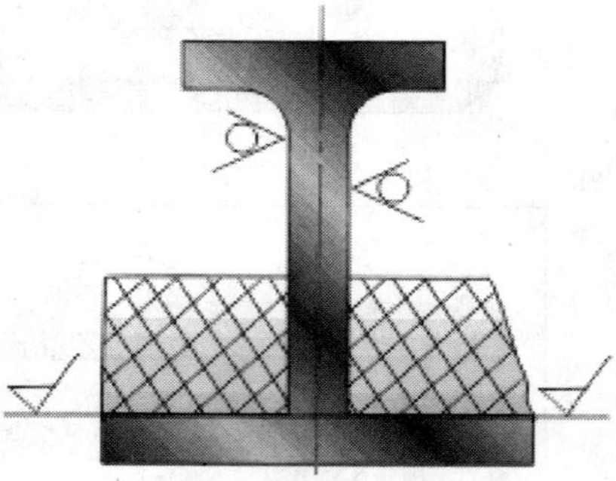	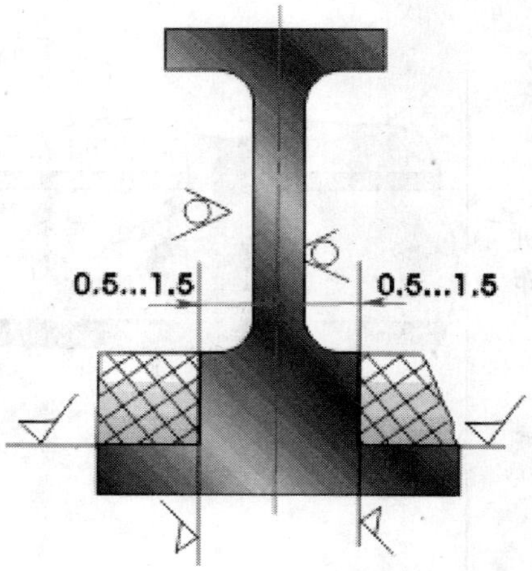 0.5…1.5　0.5…1.5	减少加工劳动量
改进零件几何形状	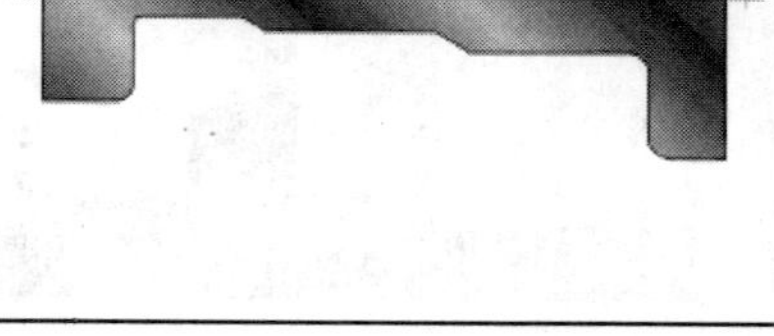		斜面筋代替阶梯筋，节约材料

（二）加工工艺路线的确定

1. 工序的划分

在确定加工内容和加工方法的基础上，根据加工部位的性质、刀具使用情况以及现有的加工条件，参照工序划分原则和方法，将这些加工内容安排在一个或几个数控铣削加工工序中。

（1）当加工中使用的刀具较多时，为了减少换刀次数，缩短辅助时间，可以将一把刀具所加工的内容安排在一个工序（或工步）中。

（2）按照工件加工表面的性质和要求，将粗加工、精加工分为依次进行的不同工序（或工步）。先进行所有表面的粗加工，然后再进行所有表面的精加工。

一般数控铣削采用工序集中的方式，这时工步的顺序就是工序分散时的工序顺序。通常按照从简单到复杂的原则，先加工平面、沟槽、孔，再加工外形、内腔，最后加工曲面；先加工精度要求低的表面，再加工精度要求高的部位等。

在确定了某个工序的加工内容后，要进行详细的工步设计，即安排这些工序内容的加工顺序，同时考虑程序编制时刀具运动轨迹的设计。一般将一个工步编制为一个加工程序，因此，工步顺序实际上也就是加工程序的执行顺序。

2. 加工路线的确定

在确定走刀路线时，除了遵循有关原则外，对于数控铣削应重点考虑以下几个方面。

（1）应能保证零件的加工精度和表面粗糙度要求。如图 4 – 8 所示，当铣削平面零件外轮廓时，一般采用立铣刀侧刃切削。刀具切入工件时，应避免沿零件外廓的法向切入，应沿外廓曲线延长线的切向切入，以避免在切入处产生刀具的刻痕而影响表面质量，保证零件外廓曲线平滑过渡。同理，在切离工件时，也应避免在工件的轮廓处直接退刀，应该沿零件轮廓延长线的切向逐渐切离工件。

铣削封闭的内轮廓表面时，若内轮廓曲线允许外延，则应沿切线方向切入切出。若内轮廓曲线不允许外延，如图 4 – 9 所示，则刀具只能沿内轮廓曲线的法向切入切出，此时刀具的切入切出点应尽量选在内轮廓曲线两几何元素的交点处。当内部几何元素相切无交点时，如图 4 – 10 所示，为了防止刀补取消时在轮廓拐角处留下凹口，如图 4 – 10（a）所示，刀具切入切出点应远离拐角，如图 4 – 10（b）所示。

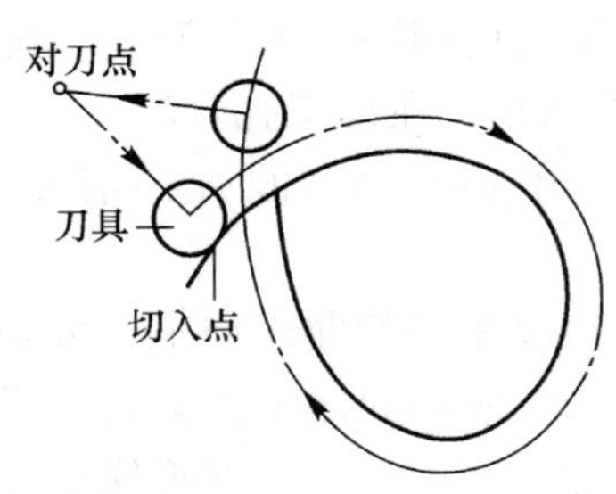

图 4 – 8　外轮廓加工刀具的切入和切出

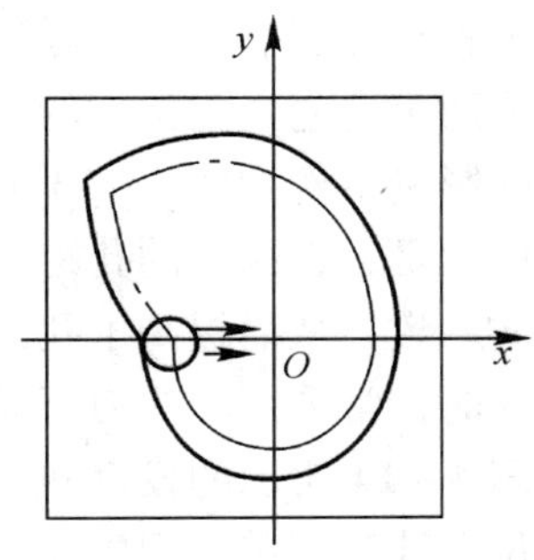

图 4 – 9　内轮廓加工刀具的切入和切出

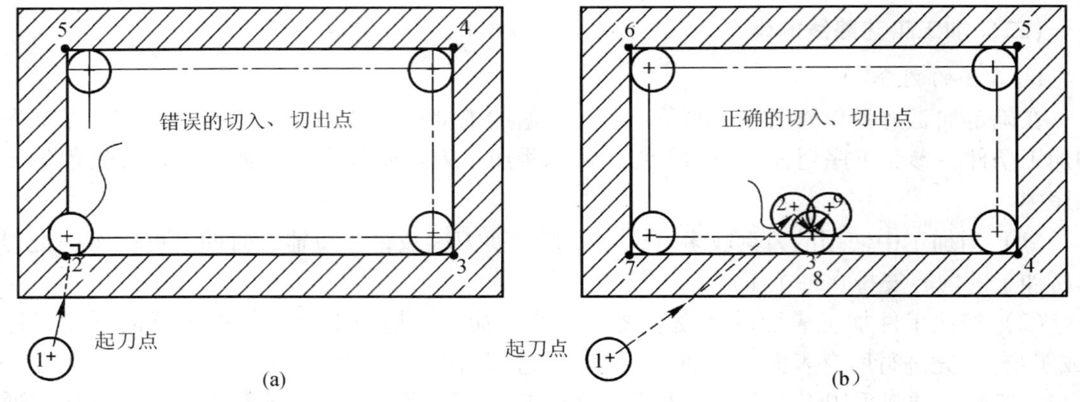

图 4－10　无交点内轮廓加工刀具的切入和切出

如图 4－11 所示为圆弧插补方式铣削外整圆时的走刀路线。当整圆加工完毕时，不要在切点处直接退刀，而应让刀具沿切线方向多运动一段距离，以免取消刀补时，刀具与工件表面相碰，造成工件报废。铣削内圆弧时也要遵循从切向切入的原则，最好安排从圆弧过渡到圆弧的加工路线，如图 4－12 所示，这样可以提高内孔表面的加工精度和加工质量。

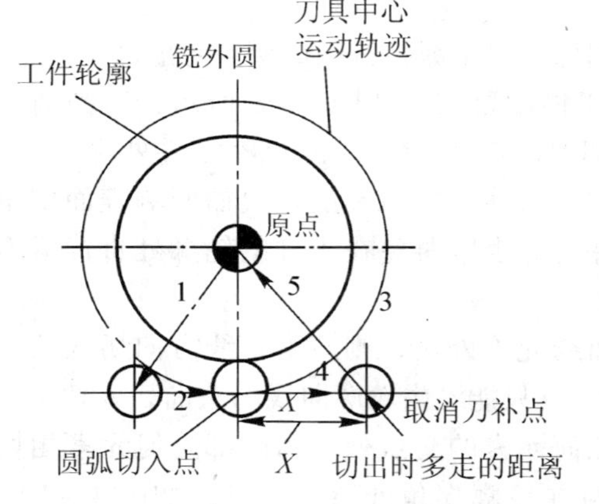

图 4－11　外圆铣削

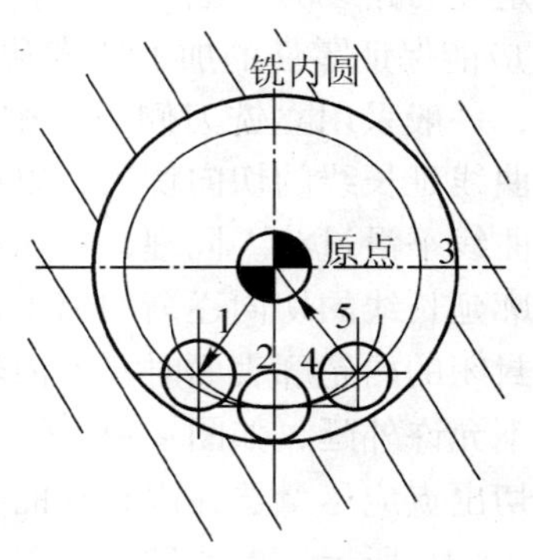

图 4－12　内圆铣削

对于孔位置精度要求较高的零件，在精镗孔系时，镗孔路线一定要注意各孔的定位方向一致，即采用单向趋近定位点的方法，以避免传动系统反向间隙误差或测量系统的误差对定位精度的影响。例如图 4－13（a）所示的孔系加工路线，在加工孔Ⅳ时，X 方向的反向间隙将会影响Ⅲ、Ⅳ两孔的孔距精度；如果改为图 4－13（b）所示的加工路线，可使各孔的定位方向一致，从而提高了孔距精度。

铣削曲面时，常采用球头刀行切法进行加工。对于边界敞开的曲面加工，可采用两种走刀路线。图 4－14 所示的发动机大叶片，当采用图（a）所示的加工方案时，每次沿直线加工，刀位点计算简单，程序少，加工过程符合直纹面的形成，可以准确保证母线的直线度；当采用图（b）所示的加工方案时，符合这类零件数据给出情况，便于加工后检验，叶形的准确度较高，但程序较多。由于曲面零件的边界是敞开的，没有其他表面限制，所以边界曲面可以延伸，球头刀应由边界外开始加工。

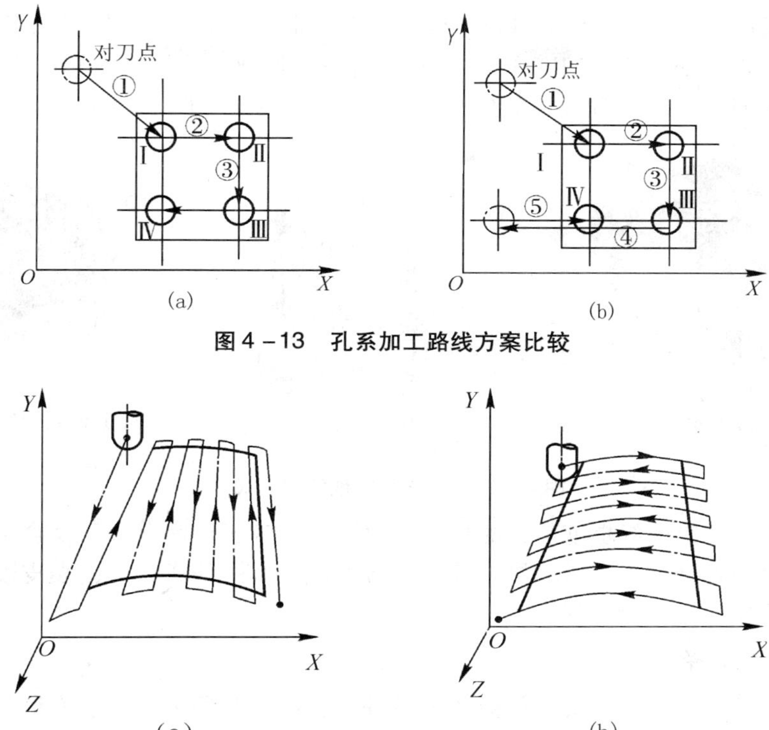

图 4 –13 孔系加工路线方案比较

图 4 –14 曲面加工的走刀路线

此外，轮廓加工中应避免进给停顿。因为加工过程中的切削力会使工艺系统产生弹性变形并处于相对平衡状态，进给停顿时，切削力突然减小，会改变系统的平衡状态，刀具会在进给停顿处的零件轮廓上留下刻痕。

为提高工件表面的精度和减小粗糙度，可以采用多次走刀的方法，精加工余量一般以 0. 2 ~0. 5mm 为宜。而且精铣时宜采用顺铣，以减小零件被加工表面粗糙度的值。

（2）应使走刀路线最短，减少刀具空行程时间，提高加工效率。图 4 –15 所示为正确选择钻孔加工路线的例子。按照一般习惯，总是先加工均布于同一圆周上的 8 个孔，再加工另一圆周上的孔，如图 4 –15（a）。但是对点位控制的数控机床而言，要求定位精度高，定位过程尽可能快，因此这类机床应按空程最短来安排走刀路线。

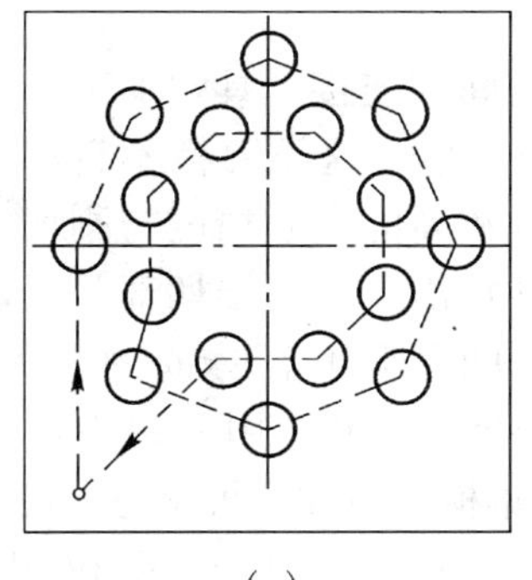

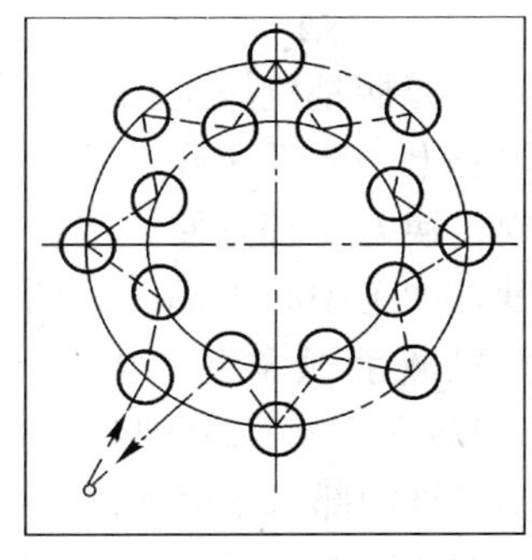

(a)　　(b)

图 4 –15 最短加工路线选择

（3）应使数值计算简单，程序段数量少，以减少编程工作量。

（4）顺铣和逆铣对加工影响。在铣削加工中，采用顺铣还是逆铣方式是影响加工表面粗糙度的重要因素之一。逆铣时切削力 F 的水平分力 F_x 的方向与进给运动 v_f 方向相反，顺铣时切削力 F 的水平分力 F_x 的方向与进给运动 v_f 的方向相同。铣削方式的选择应视零件图样的加工要求，工件材料的性质、特点以及机床、刀具等条件综合考虑。通常，由于数控机床传动采用滚珠丝杠结构，其进给传动间隙很小，顺铣的工艺性就优于逆铣。

如图 4－16（a）所示为采用顺铣切削方式精铣外轮廓，图 4－16（b）所示为采用逆铣切削方式精铣型腔轮廓，图 4－16（c）所示为顺、逆铣时的切削区域。

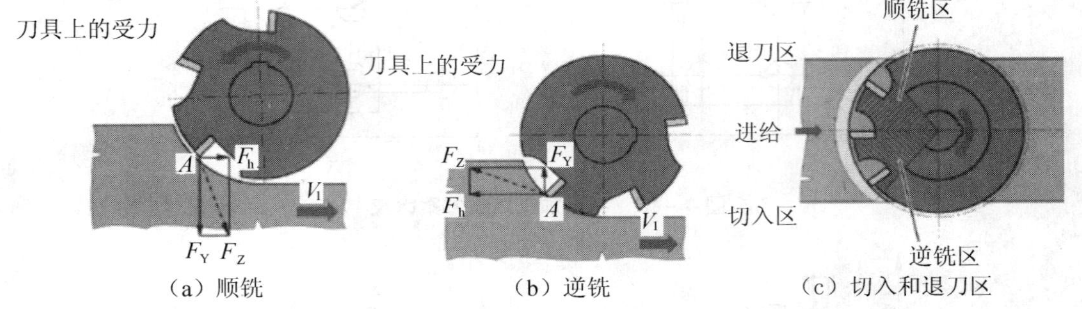

图 4－16　顺铣和逆铣切削方式

同时，为了降低表面粗糙度值，提高刀具耐用度，对于铝镁合金、钛合金和耐热合金等材料，尽量采用顺铣加工。但如果零件毛坯为黑色金属锻件或铸件，表皮硬而且余量一般较大，这时采用逆铣较为合理。

（三）刀具的选择

数控铣床上所采用的刀具要根据被加工零件的材料、几何形状、表面质量要求、热处理状态、切削性能及加工余量等，选择刚性好、耐用度高的刀具。常见刀具见图 4－17。

铣刀类型应与工件表面形状与尺寸相适应。加工较大的平面应选择面铣刀；加工凹槽、较小的台阶面及平面轮廓应选择立铣刀；加工空间曲面、模具型腔或凸模成形表面等多选用模具铣刀；加工封闭的键槽选择键槽铣刀；加工变斜角零件的变斜角面应选用鼓形铣刀；加工各种直的或圆弧形的凹槽、斜角面、特殊孔等应选用成形铣刀。

图 4－17　常见刀具

1. 刀柄

刀柄是机床主轴与刀具之间的连接工具。加工中心上一般都采用 7∶24 圆锥刀柄。这类刀柄不自锁，换刀比较方便，比直柄有较高的定心精度与刚度。加工中心刀柄已系列化和标准化，其锥柄部分和机械手抓拿部分都有相应的国际和国家标准。ISO7388/I 和 GB10944－89“自动换刀机床用 7∶24 圆锥工具柄部 40、45 和 50 号圆锥柄”对此作了统一规定。固定在刀柄尾部且与主轴内拉紧机构相适应的拉钉也已标准化，具体规定见 ISO7388 和 GB10945－89“自动换刀机床用 7∶24 圆锥工具柄部 40、45 和 50 号圆锥柄用拉钉”。柄部及拉钉的有关尺寸查阅相应标准。

2. 工具系统

由于在加工中心上要适应多种形式零件不同部位的加工，故刀具装夹部分的结构、形式、尺寸也是多种多样的。把通用性较强的几种装夹工具（例如装夹铣刀、镗刀、扩铰刀、钻头和丝锥）系列化、标准化就成为通常所说的工具系统。工具系统分为整体式结构和模块式结构两大类。整体式结构铣镗类工具系统把工具柄部和装夹刀具的工作部分连成一体。不同品种和规格的工作部分都必须带有与机床主轴相连接的柄部。其优点是使用方便、可靠。缺点是所用的刀柄规格品种数量较多。图 4－18 所示的 TSG82 工具系统就是这类系统。

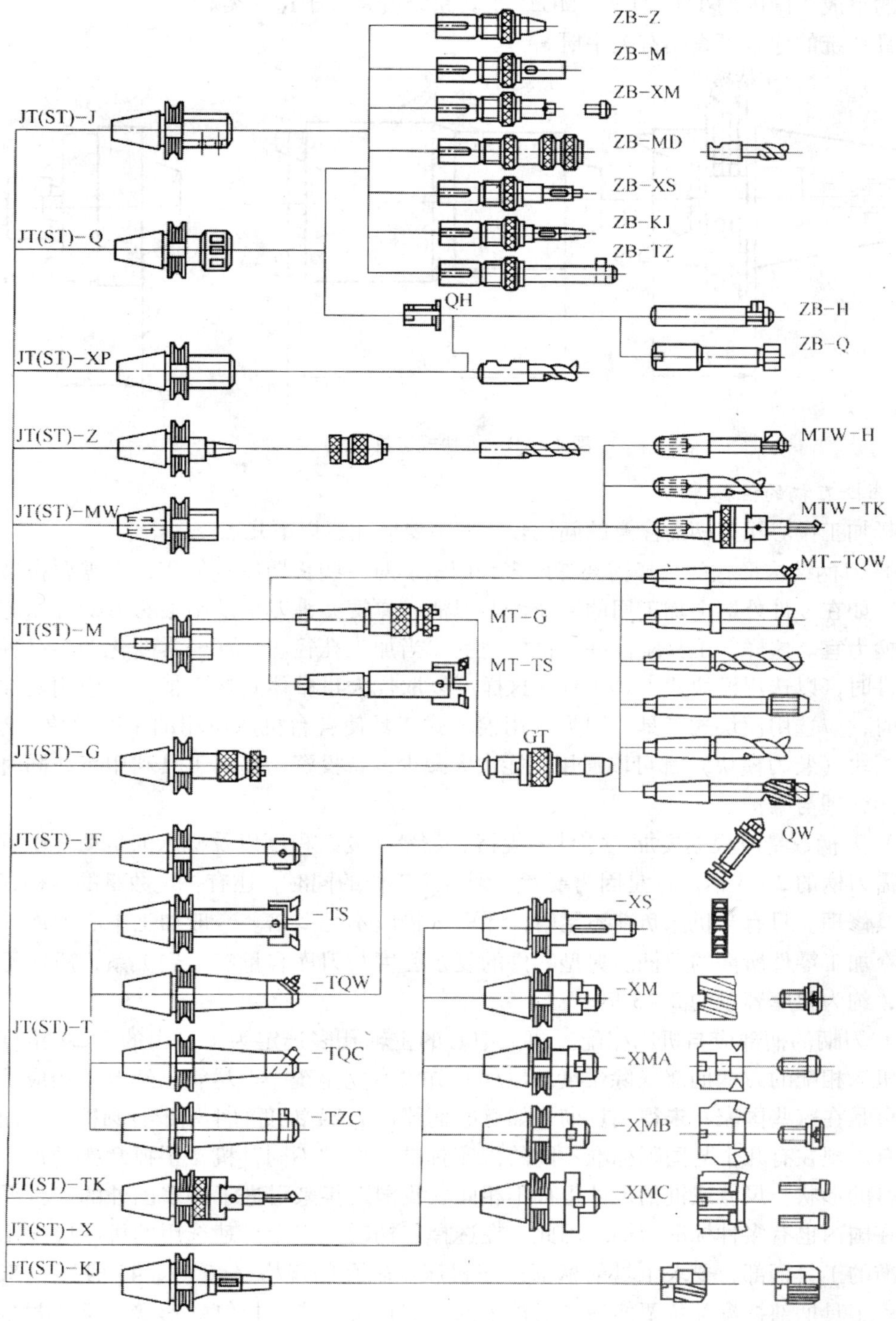

图 4－18 TSG82 工具系统

模块式结构是把工具的柄部和工作部分分开，制成系统化的主柄模块、中间模块和工作模块，然后用不同规格的中间模块，组装成不同用途、不同规格的模块式工具。这样，既方便了制造、也方便了使用和保管，大大减少了用户的工具储备。图 4－19 所示为模块式工具的组成。国内的 TMG10 和 TMG21 工具系统就是属于这一类。

工具系统的代号可查阅有关手册。

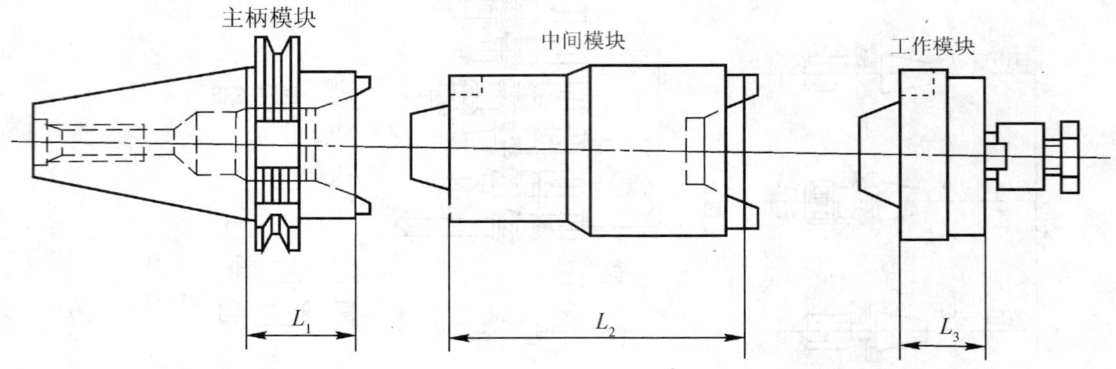

图 4－19　模块式工具组成

3. 选择刀柄的注意事项

选择加工中心用刀柄需注意的问题较多，主要应注意以下几点。

（1）刀柄结构形式的选择需要考虑多种因素。对一些长期反复使用，不需要拼装的简单刀柄，如在零件外廓上加工用的装面铣刀刀柄、弹簧夹头刀柄及钻夹头刀柄等以配备整体式刀柄为宜。这样，工具刚性好，价格便宜。当加工孔径、孔深经常变化的多品种、小批量零件时，以选用模块式工具为宜。这样可以取代大量整体式镗刀柄。当应用的加工中心较多时，应选用模块式工具。因为选用模块式工具使各台机床所用的中间模块（接杆）和工作模块（装刀模块）都可以通用，能大大减少设备投资，提高工具利用率，同时也利于工具的管理与维护。

（2）刀柄数量应根据要加工零件的规格、数量、复杂程度以及机床的负荷等配置。一般是所需刀柄的 2～3 倍。这是因为要考虑到机床工作的同时，还有一定数量的刀柄正在预调或刀具修理。只有当机床负荷不足时，才取 2 倍或不足 2 倍。一般加工中心刀库只用来装载正在加工零件所需的刀柄。典型零件的复杂程度与刀库容量有一定关系，所以配置数量也大，约为刀库容量的 2～3 倍。

（3）刀柄的柄部应与机床相配。加工中心的主轴孔多选定为不自锁的 7∶24 锥度。但是，与机床相配的刀柄柄部（除锥度角以外）并没有完全统一。尽管已经有了相应的国际标准，可是在有些国家并未得到贯彻。如有的柄部在 7∶24 锥度的小端带有圆柱头，而另一些就没有。现在有几个与国际标准不同的国家标准。标准不同，机械手抓拿槽的形状、位置、拉钉的形状、尺寸或键槽尺寸也都不相同。我国近年来引进了许多国外的工具系统技术，现在国内也有多种标准刀柄。因此，在选择刀柄时，应弄清楚选用的机床应配用符合哪个标准的工具柄部，要求工具的柄部应与机床主轴孔的规格（40 号、45 号还是 50 号）相一致；工具柄部抓拿部位要能适应机械手的形态位置要求；拉钉的形状、尺寸要与主轴里的拉紧机构相匹配。

（四）对刀及对刀点

加工开始前，首先应将刀具定位，即对刀操作。对刀的目的与车削相同，主要为确定刀位点的位置及各把刀具相对标准刀具的补偿值。

1. 确定对刀点的原则

（1）对刀点应该与工件的定位基准有一定的坐标尺寸关系，以便确定机床坐标系与工件坐标系间的相互位置关系。

如图 4－20 所示，在有机床原点的数控机床上，对刀点距工件坐标系原点 p 的距离是 x_1、y_1，据此可以设定工件坐标系（xpy 坐标系）。而对刀点距机床坐标系（XOY 坐标系）原点 O 的坐标为（x_0，y_0），这样 p 点与 O 点的位置即可确定，工件坐标系与机床坐标系之间的关系也就确定了。

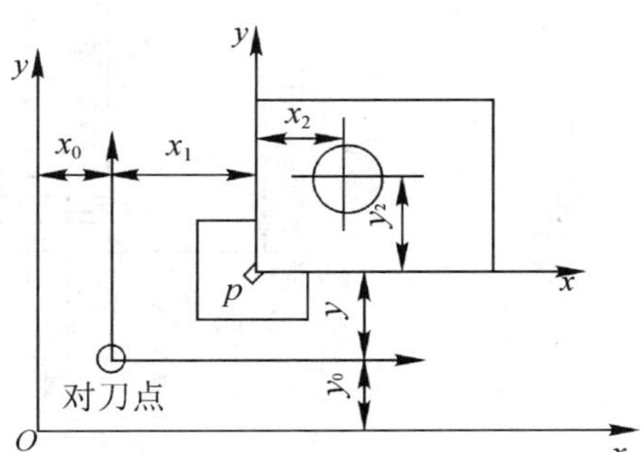

图 4－20　对刀点的设定

（2）对刀点应尽量选择在工件的设计基准或工艺基准上，以保证加工的位置精度。

（3）对刀点应尽量选择在找正容易、便于对刀且在加工中检查方便的地方。在确定工件坐标系的原点时应注意：对于对称的零件，原点可设在对称中心上；对于一般零件，工件的原点设在工件外轮廓的某一角上；Z 轴方向上的原点，一般设在工件上表面。

2. 对刀方法

对刀的准确程度将直接影响加工精度。因此，对刀操作一定要仔细，对刀方法应同零件加工精度要求相适应，生产中常使用百分表、中心规及寻边器。寻边器如图 4－21 所示。

图 4－21　寻边器

数控铣削加工常用的对刀方法如下。

（1）机内对刀。数控铣床在设定工件坐标系和设置刀具长度补偿值时可使用机内对刀。其基本原理为：先设定标准刀具，将标准刀具的 Z 向轻微接触工件上表面后坐标置零。更换其他刀具接触同一表面，通过机床的刀具参数设置功能和坐标值显示，计算并输入刀具补偿量，再根据试切加工情况修正误差。具体操作步骤与数控机床类型有关。

（2）机外对刀。由于采用机外对刀省去了在数控机床上的对刀时间，能有效地提高数控机床的使用率，尤其在数控设备台数较多的情况，利用一台对刀仪为多台数控机床对刀服务是最经济合理的，所以，随着数控机床的普及，对刀仪将会被更广泛地采用。这里对图 4－22 所示常用对刀仪的基本组成说明如下。

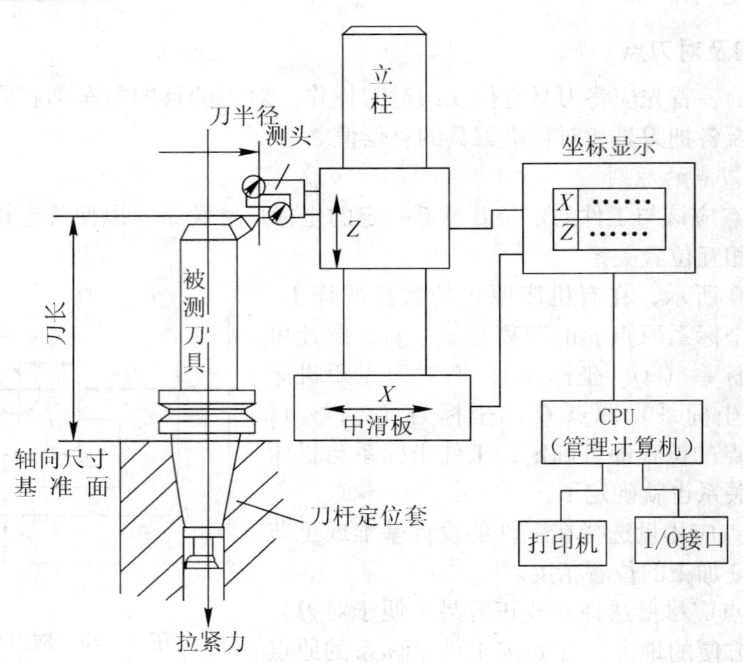

图4-22　对刀仪示意图

1）刀柄定位机构。刀柄定位基准是测量的基准，所以有很高的精度要求，一般都要和机床主轴定位基准的要求接近，这样才能使测量数据接近在机床上使用的实际情况。定位机构实质上是一个回转精度很高、与刀柄锥面接触很好、带拉紧刀柄机构的对刀仪主轴。该主轴的轴向尺寸基准面与机床主轴相同。主轴能高精度回转，便于找出刀具上刀刃的最高点。对刀仪主轴中心线对测量轴 Z 、X 有很高的平行度和垂直度要求。

2）测头部分。有接触式测量和非接触式测量。接触式测量用百分表（或扭簧仪）直接测量刀刃最高点，测量精度可达0.002～0.01mm。接触式测量比较直观，但容易损伤表头和切削刃。

非接触式测量用得较多的是投影光屏。投影物镜放大倍数有8、10、15和30倍等。由于光屏的质量、测量技巧、视觉误差等因素，其测量精度在0.005mm。非接触式测量不太直观，但可以综合检查切削刃质量。

3）Z、X 轴尺寸测量机构。通过对带测头部分的两个坐标轴的移动，测得 Z 轴和 X 轴尺寸，即为刀具的轴向尺寸和半径尺寸。两轴使用的实测元件有许多种：机械式的有游标刻线尺、精密丝杠和刻线尺加读数头；电测量的有光栅数显、感应同步器数显和磁尺数显等。

4）测量数据处理装置。由于柔性制造技术的发展，对数控机床的刀具测试数据需要进行有效管理，因此在对刀仪上再配置计算机及附属装置，用来存储、输出、打印刀具预调数据，并与上一级管理计算机（刀具管理工作站、单元控制器）联网，形成供柔性制造单元（FMC）、柔性制造系统（FMS）使用的有效刀具管理系统。

第二节 加工中心编程基础

一、加工中心编程的特点

由于加工中心的加工特点，在编写加工程序前，首先要注意换刀程序的应用。

不同的加工中心，其换刀过程是不完全一样的，通常选刀和换刀可分开进行。换刀完毕启动主轴后，方可进行下面程序段的加工内容。选刀动作可与机床的加工重合起来，即利用切削时间进行选刀。多数加工中心都规定了固定的换刀点位置，各运动部件只有移动到这个位置，才能开始换刀动作。

二、加工中心基本编程指令要点

（一）自动换刀指令

加工中心不同于数控铣床的功能之一，可以实现自动换刀。

指令格式：M06 T ___；

式中：T 表示刀号。

不同的加工中心，其换刀程序也是有所不同的，对于盘式刀库来说一般选刀和换刀同时进行，而对于链式刀库来说一般选刀和换刀分开进行，其选刀动作可以与机床加工重合起来，即利用切削时间进行选刀，这样可以缩短换刀时间，提高整个程序的加工效率，当今一些加工中心的换刀时间只需要 1.5s。

加工中心换刀时会自动将主轴准停，所以换刀完毕后必须启动主轴，方可进行下面程序段的加工内容。

绝大多数加工中心都规定了换刀点位置，即定距换刀，主轴只有移至这个位置，机床才能执行换刀动作。有些加工中心在执行 M06 换刀指令时，主轴可以自动返回换刀点；而有些机床则不可以，必须在 M06 前加程序段，指令主轴移至换刀点，如 G28 Z0 等指令。

一些加工中心在换刀过程中是不允许暂停的，否则机床会报警，甚至出现乱刀等后果，必须等换刀动作全部完成后方可暂停。

例 4－1 编程举例：

方法一（选刀和换刀同时进行）：

N10 G28 Z0；主轴回换刀点

N20 M06 T02；主轴换上 2 号刀

方法二（选刀和换刀分开进行）：

N10 G01 X10 Y10 F200 T02；在切削过程中选 2 号刀

…

N70 G28 Z0；主轴回换刀点

N80 M06；主轴换上 2 号刀

N90 M03 S2000 T03；预选 3 号刀

（二）子程序

编程时，为了简化程序的编制，当一个工件上有相同的加工内容时，常用调子程序的方法进行编程。调用子程序的程序叫做主程序，被调用的程序叫做子程序。子程序的编号与一般程序基本相同，只是程序结束字为 M99 表示子程序结束，并返回到调用子程序的主程序中。

指令格式：M98 P_ L_ ；

式中：P 表示调用的子程序号，后面跟 4 位阿拉伯数字；L 表示调用次数，后面跟 4 位阿拉伯数字，省略时为调用一次。

M99 有以下两种用法：

（1）当子程序的最后程序段只用 M99 时，子程序结束返回，返回到调用程序段后面的一个程序段，如图 4 – 23 所示。

（2）一个程序段号在 M99 后由 P 指定时，系统执行完子程序后，将返回到由 P 指定的那个程序段号上，如图 4 – 24 所示。

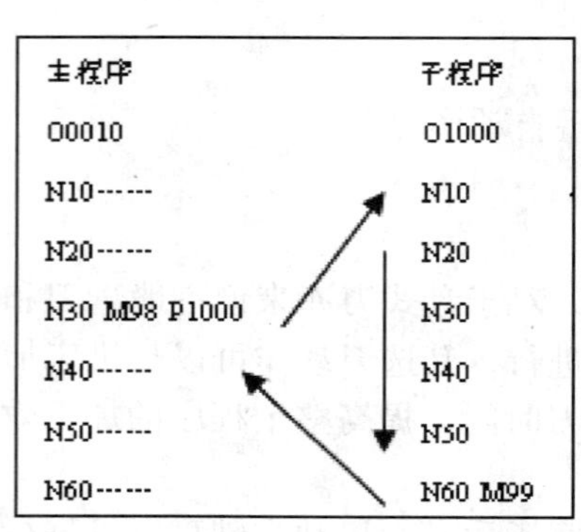

图 4 – 23　M99 用法一

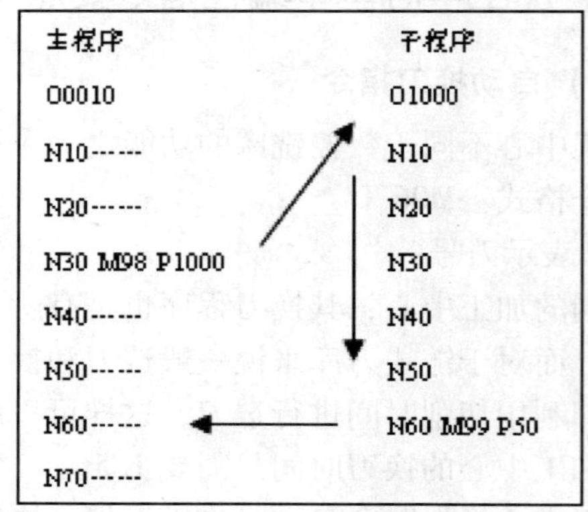

图 4 – 24　M99 用法二

例 4 – 2　如图 4 – 25 所示，在一块平板上加工 6 个边长为 10mm 的等边三角形，每边的槽深为 2mm，工件上表面为 *Z* 向零点。其程序的编制就可以采用调用子程序的方式来实现（编程时不考虑刀具补偿）。

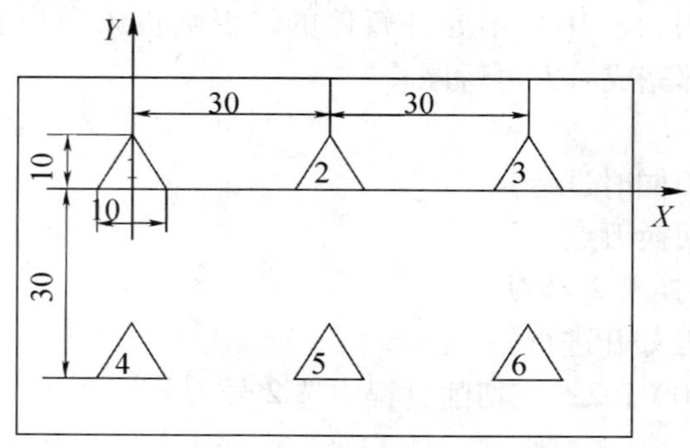

图 4 – 25　零件图样

主程序：

```
O10
N10 G54 G90 G00 Z40;              建立工件加工坐标系
N20 M03 S800;                     主轴启动
N30 G00 Z3;                       快进到工件表面上方
N40 G01 X0 Y8.66 F200;            到1#三角形上顶点
N50 M98 P20;                      调20号切削子程序切削三角形
N60 G90 G01 X30 Y8.66;            到2#三角形上顶点
N70 M98 P20;                      调20号切削子程序切削三角形
N80 G90 G01 X60 Y8.66;            到3#三角形上顶点
N90 M98 P20;                      调20号切削子程序切削三角形
N100 G90 G01 X0 Y-21.34;          到4#三角形上顶点
N110 M98 P20;                     调20号切削子程序切削三角形
N120 G90 G01 X30 Y-21.34;         到5#三角形上顶点
N130 M98 P20;                     调20号切削子程序切削三角形
N140 G90 G01 X60 Y-21.34;         到6#三角形上顶点
N150 M98 P20;                     20号切削子程序切削三角形
N160 G90 G01 Z40 F2000;           抬刀
N170 M05;                         主轴停
N180 M30;                         程序结束
```

子程序：

```
O20
N10 G91 G01 Z-2 F100;             在三角形上顶点切入（深）2mm
N20 G01 X-5 Y-8.66;               切削三角形
N30 G01 X10 Y0;                   切削三角形
N40 G01 X5 Y8.66;                 切削三角形
N50 G01 Z5 F2000;                 抬刀
N60 M99;                          子程序结束
```

（三）简化编程指令

1. 比例缩放

比例及镜向功能可使原编程尺寸按指定比例缩小或放大，也可让图形按指定规律产生镜像变换。

G51 为比例编程指令；G50 为撤销比例编程指令。G50、G51 均为模态 G 代码。

（1）各轴按相同比例编程。

指令格式：G51X_ Y_ Z_ P_ ；

G50；

式中：X、Y、Z 为比例中心坐标（绝对方式）；P 为比例系数，最小输入量为 0.001，比例系数的范围为：0.001 ~999.999。执行该指令以后，所有的移动指令从比例中心点开始，实际移动量为原数值的 P 倍。P 值对偏移量无影响。

例 4－3 在图 4－26 中，$P_1 \sim P_4$ 为原编程图形，$P_1' \sim P_4'$ 为比例编程后的图形，P_0 为比例中心。

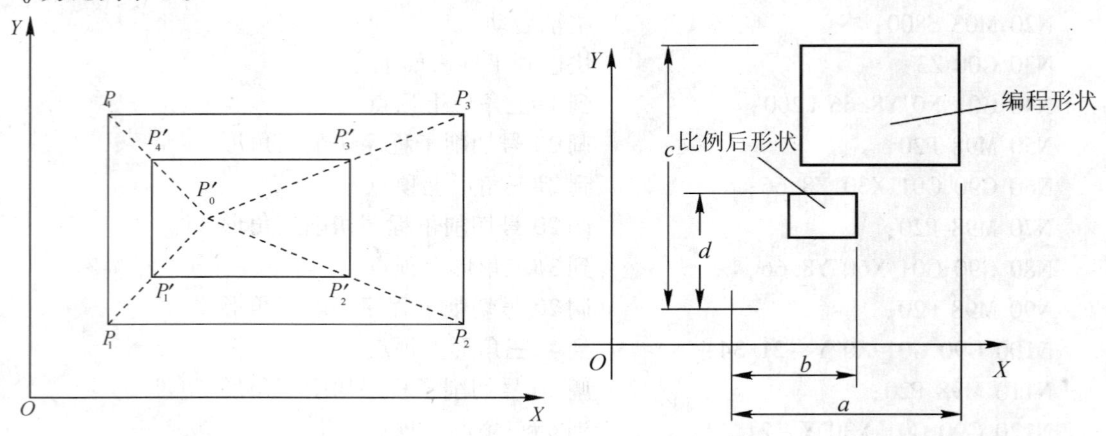

图 4－26 各轴按相同比例编程　　**图 4－27 各轴以不同比例编程**

（2）各轴以不同比例编程，各个轴可以按不同比例缩小或放大，当给定的比例系数为 －1 时，可获得镜像加工功能。

指令格式：G51 X_ Y_ Z_ I_ J_ K_ ；

G50；

式中：X、Y、Z 为比例中心坐标；I、J、K 为对应 x、y、z 轴的比例系数，在 ±0.001 ～ ±9.999 范围内。比例系数与图形的关系见图 4－27。其中：b/a：x 轴系数；d/c：y 轴系数；O：比例中心。

2. 镜向功能

当零件上存在关于某个坐标轴对称的加工内容时，可以使用镜像加工指令来编制加工程序，在一般情况下，镜像加工指令需要和子程序调用一起使用。

指令格式如下：

G51.1 X0；关于直线 X＝0 对称，即关于 Y 轴对称；

G51.1 Y0；关于直线 Y＝0 对称，即关于 X 轴对称；

G51.1 X0 Y0；关于点（0，0）对称，即关于编程原点对称；

G50.1 X0；取消关于直线 X＝0 对称，即取消关于 Y 轴对称；

G50.1 Y0；取消关于直线 Y＝0 对称，即取消关于 X 轴对称；

G50.1 X0 Y0；取消关于点（0，0）对称，即取消关于编程原点对称。

在程序关于 Y 轴对称状态下，当程序中 X 坐标为 A 时，实际刀具运动轨迹的 X 坐标为 －A，而 Y 坐标不变。

在程序关于 X 轴对称状态下，当程序中 Y 坐标为 B 时，实际刀具运动轨迹的 Y 坐标为 －B，而 X 坐标不变。

在程序关于原点对称状态下，当程序中 X 坐标为 A、Y 坐标为 B 时，实际刀具运动轨迹的 X 坐标为 －A，而 Y 坐标为 －B。

镜像加工并不一定要求关于坐标轴对称，它可以关于任意直线或任意点对称。如程序

G51.1 X5；即关于直线 X=5 对称。如程序 G51.1 X7 Y10；即关于点（7，10）对称，但在实际加工中这种情况不多。

例 4-4　编制如图 4-28 中所示的 4 个凹腔的加工程序，使用 T03 号刀，直径 12mm。

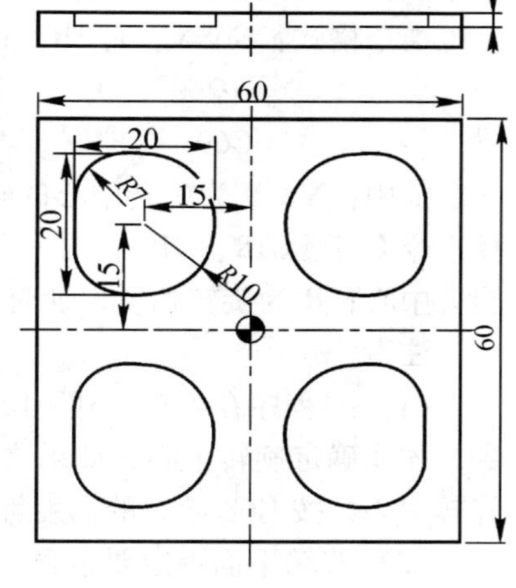

图 4-28　镜像加工零件

```
O0002;               主程序
N10 M06 T03;
N20 M03 S2500;
N30 G54 G00 X0 Y0 M08;
N40 G43 G00 Z50 H01;
N50 M98 P0003;       加工第二象限
N60 G51.1 X0;        加工第一象限
N70 M98 P0003;
N80 G51.1 Y0;        加工第四象限
N90 M98 P0003;
N100 G50.1 X0;       加工第三象限
N110 M98 P0003;
N120 G50.1 Y0;
N130 G00 Z50 M09;
N140 M05;
N150 M02
O0003;               子程序
N10 G00 X-15 Y15;
N20 G00 Z5;
N30 G01 Z-2 F100;
N40 G41 G01 X-25 D03 F300;
N50 G01 Y12;
N60 G03 X-18 Y5 R7;
N70 G01 X-15;
N80 G03 X-15 Y25 R10;
N90 G01 X-18;
N100 G03 X-25 Y18 R7;
N110 G01 Y15;
N120 G40 G01 X-15;
N130 G00 Z50;
N140 M99.
```

参数设置：D03=6。

注意：由于使用了镜像功能，刀具的行走方向会随之变化，在例 4-4 中，加工第二象限内的凹腔时用的是左补偿（顺铣），而加工第一象限内的凹腔时则变成了右补偿（逆铣），加工第四象限内的凹腔时用的是左补偿（顺铣），加工第三象限内的凹腔时用的是右补偿（逆铣）。由于切削方向的不同，会带来加工表面质量的不同，因此在加工表面质量要求高的零件时，要慎用镜像功能。

3. 坐标系旋转功能

该指令可使编程图形按照指定旋转中心及旋转方向旋转一定的角度。

指令格式：G68X_ Y_ R_ ；

…

G69

式中：X、Y 为旋转中心的坐标值（可以是 *X*、*Y*、*Z* 中的任意两个，它们由当前平面选择指令 G17、G18、G19 中的一个确定）。当 X、Y 省略时，G68 指令认为当前的位置即为旋转中心；R 为旋转角度，逆时针旋转定义为正方向，顺时针旋转定义为负方向。

注意：

（1）当程序在绝对方式下时，G68 程序段后的第一个程序段必须使用绝对方式移动指令，才能确定旋转中心。如果这一程序段为增量方式移动指令，那么系统将以当前位置为旋转中心，按 G68 给定的角度旋转坐标。

（2）旋转平面一定要包含在刀具半径补偿平面内。

（3）在比例模式时，如再执行坐标旋转指令，旋转中心坐标也执行比例操作，但旋转角度不受影响，这时，各指令的排列顺序如下：

G51

G68

G41/G42

G40

G69

G50

例 4－5 编制如图 4－29 所示的凸台。

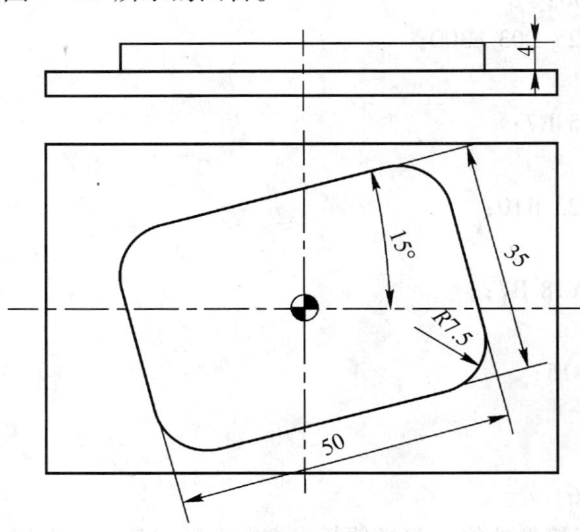

图 4－29 旋转指令加工零件

```
O0001;
N10 M06 T01;
N20 M03 S1200;
N25 G68 X0 Y0 R15;            开始坐标旋转
N30 G54 G00 X0 Y-45 M08;
N40 G43 G00 Z50 H01;
N50 G00 Z5;
N60 G01 Z-4 F500;
N70 G41 G01 X0 Y-17.5 D01 F230;
N80 G01 X-25, R7.5;           倒圆角
N90 G01 Y17.5, R7.5;
N100 G01 X25, R7.5;
N110 G01 Y-17.5, R7.5;
N120 G01 X0;
N130 G40 G01 X0 Y-45 F500;
N140 G00 Z50 M09;
N150 G69;                     结束坐标旋转
N160 M05;
N170 M02。
```

（四）孔加工固定循环指令

在前面介绍的常用加工指令中，每一个 G 指令一般都对应机床的一个动作，它需要用一个程序段来实现。为了进一步提高编程工作效率，FANUC－0i 系统设计有固定循环功能，它规定对于一些典型孔加工中的固定、连续的动作，用一个 G 指令表达，即用固定循环指令来选择孔加工方式。

常用的固定循环指令能完成的工作有：钻孔、攻螺纹和镗孔等。这些循环通常包括下列六个基本操作动作：①在 XY 平面定位；②快速移动到 R 平面；③孔的切削加工；④孔底动作；⑤返回到 R 平面；⑥返回到起始点。

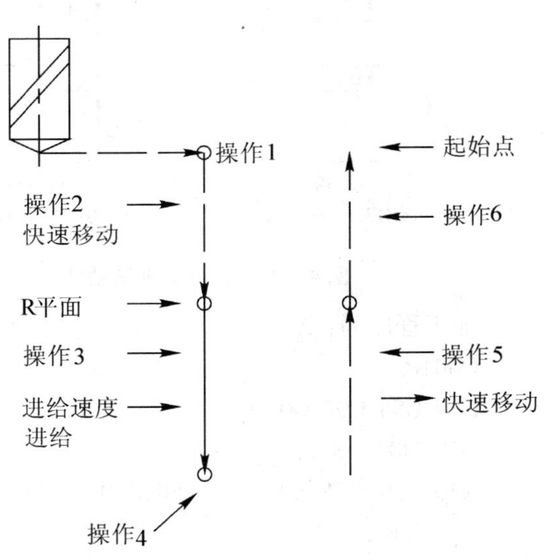

图 4－30　固定循环的基本动作

如图 4－30 中实线表示切削进给，虚线表示快速运动。R 平面为在孔口时，快速运动与进给运动的转换位置。

常用的固定循环有高速深孔钻循环、螺纹切削循环、精镗循环等。

指令格式：G90/G91G98/G99G73～G89X_ Y_ Z_ R_ Q_ P_ F_ K_

式中：G90/G91——绝对坐标编程或增量坐标编程。

G98——返回起始点。

G99——返回 R 平面。

G73 ~ G89——孔加工方式，如钻孔加工、高速深孔钻加工、镗孔加工等。

X、Y——孔的位置坐标。

Z——孔底坐标。

R——安全面（R 面）的坐标。增量方式时，为起始点到 R 面的增量距离；在绝对方式时，为 R 面的绝对坐标。

Q——每次切削深度。

P——孔底的暂停时间。

F——切削进给速度。

K——规定重复加工次数。

固定循环由 G80 或 01 组 G 代码撤销。

1. 高速深孔钻循环指令 G73

G73 用于深孔钻削，在钻孔时采取间断进给，有利于断屑和排屑，适合深孔加工。图 4 - 31 所示为高速深孔钻加工的工作过程。其中 Q 为增量值，指定每次切削深度，d 为排屑退刀量，由系统参数设定。

例 4 - 6 对图 4 - 32 所示的 5 - ϕ8mm 深为 50mm 的孔进行加工。显然，这属于深孔加工。

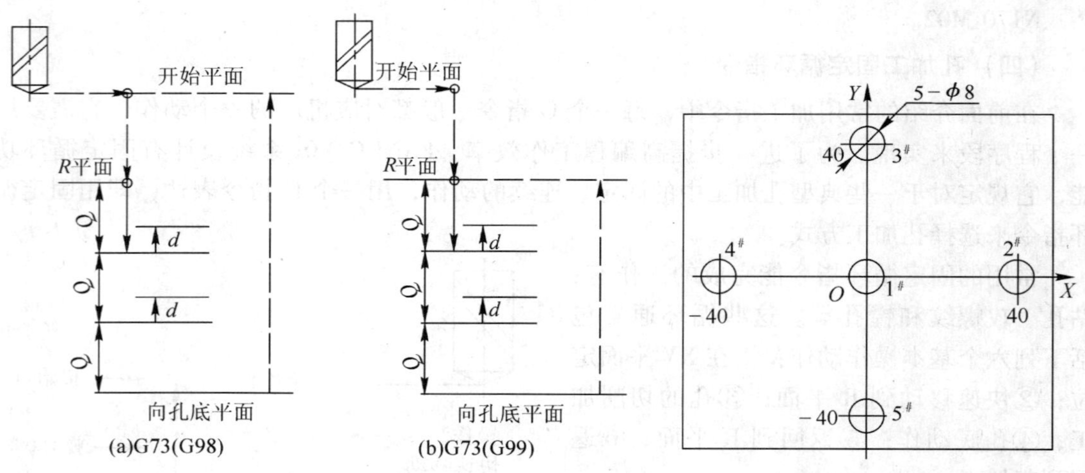

图 4 - 31 高速深孔钻循环 **图 4 - 32 应用举例**

加工程序为：

O0010	
N10 G54 G90 G0 Z60;	建立加工坐标系，到 Z 向起始点
N20 M03 S600;	主轴启动
N30 G99 G73 X0 Y0 Z - 50 R10 Q5 F50;	选择高速深孔钻方式加工 1 号孔
N40 X40;	选择高速深孔钻方式加工 2 号孔
N50 X0 Y40;	选择高速深孔钻方式加工 3 号孔
N60 X - 40 Y0;	选择高速深孔钻方式加工 4 号孔

N70 G98 X0 Y－40；　　　　　　　　　　选择高速深孔钻方式加工 5 号孔
N80 M05；　　　　　　　　　　　　　　主轴停
N90 M30；　　　　　　　　　　　　　　程序结束并返回起点

上述程序中，选择高速深孔钻加工方式进行孔加工，并以 G99 确定每一孔加工完后，回到 R 平面。设定孔口表面的 Z 向坐标为 0，R 平面的坐标为 10，每次切深量 Q 为 5，系统设定退刀排屑量 d 为 2。

2. 螺纹加工循环指令（攻螺纹加工）

（1）G84（右旋螺纹加工循环指令）。

G84 指令用于切削右旋螺纹。向下切削时主轴正转，孔底动作是变正转为反转，再退出。F 表示导程，在 G84 切削螺纹期间速率修正无效，移动将不会中途停顿，直到循环结束。G84 右旋螺纹加工循环工作过程见图 4－33。

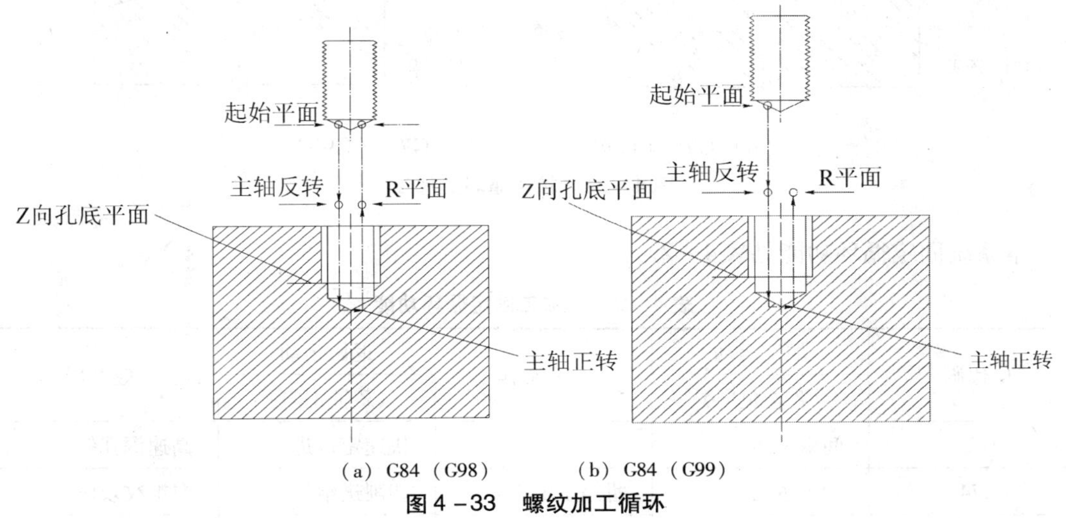

图 4－33　螺纹加工循环

（2）G74（左旋螺纹加工循环指令）。

G74 指令用于切削左旋螺纹。主轴反转进刀，正转退刀，正好与 G84 指令中的主轴转向相反，其他运动均与 G84 指令相同。

3. 精镗循环指令 G76

G76 指令用于精镗孔加工。镗削至孔底时，主轴停止在定向位置上，即准停，再使刀尖偏移离开加工表面，然后再退刀。这样可以高精度、高效率地完成孔加工而不损伤工件已加工表面。

程序格式中，Q 表示刀尖的偏移量，一般为正数，移动方向由机床参数设定。

G76 精镗循环的加工过程包括以下几个步骤。

（1）在 X、Y 平面内快速定位。

（2）快速运动到 R 平面。

（3）向下按指定的进给速度精镗孔。

（4）孔底主轴准停。

（5）镗刀偏移。

（6）从孔内快速退刀。

图 4－34 为 G76 精镗循环的工作过程示意图。

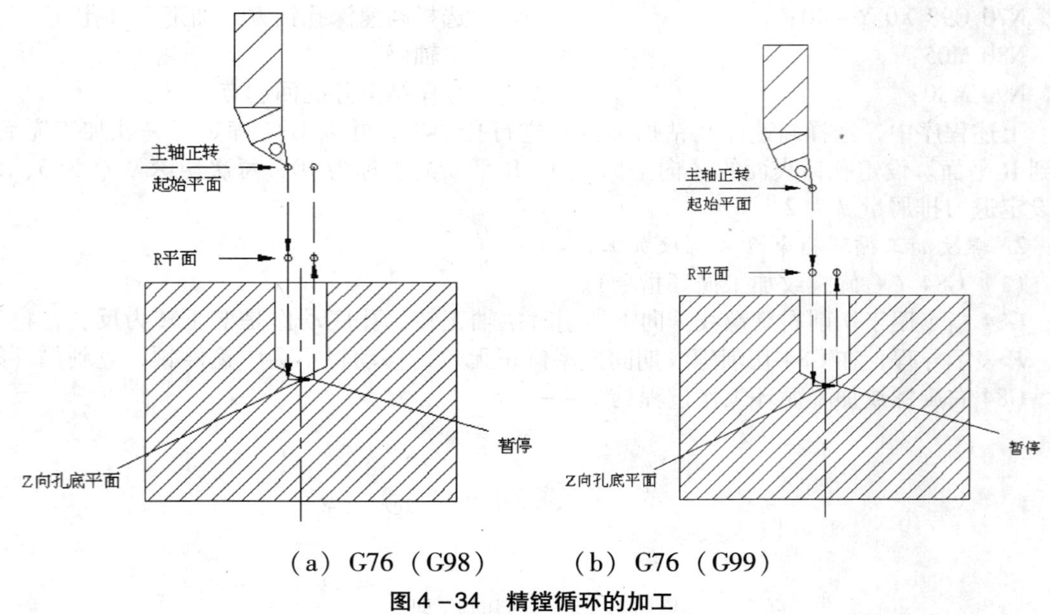

（a）G76（G98）　　（b）G76（G99）

图 4－34　精镗循环的加工

本系统固定循环功能见表 4－2。

表 4－2　孔加工固定循环功能

G 代码	加工运动（Z 轴负向）	孔底动作	返回运动（Z 轴正向）	应　用
G73	间歇进给		快速定位进给	高速深孔钻削
G74	切削进给	暂停主轴正转	切削进给	左螺纹攻丝
G76	切削进给	主轴定向，让刀	快速定位进给	精镗循环
G80				取消固定循环
G81	切削进给		快速定位进给	普通钻削循环
G82	切削进给	暂停	快速定位进给	钻削或粗镗削
G83	间歇进给		快速定位进给	深孔钻削循环
G84	切削进给	暂停—主轴反转	切削进给	右螺纹攻丝
G85	切削进给		切削进给	镗削循环
G86	切削进给	主轴停止	快速定位进给	镗削循环
G87	切削进给	主轴正转	快速定位进给	反镗削循环
G88	切削进给	暂停主轴停	手动	镗削循环
G89	切削进给	暂停	切削进给	镗削循环

三、宏程序

用户宏功能是提高数控机床性能的一种特殊功能。使用中，通常把能完成某一功能的一系列指令像子程序一样存入存储器，然后用一个总指令代表它们，使用时只需给出这个总指令就能执行其功能。

用户宏功能主体是一系列指令，相当于子程序体。既可以由机床生产厂提供，也可以由机床用户自己编制。

宏指令是代表一系列指令的总指令，相当于子程序调用指令。

用户宏功能的最大特点是，可以对变量进行运算，使程序应用更加灵活、方便。

FANUC 系统用户宏功能有 A、B 两类。

（一）A 类宏功能应用

1. 变量

在常规的主程序和子程序内，总是将一个具体的数值赋给一个地址。为了使程序更具通用性、更加灵活，在宏程序中设置了变量，即将变量赋给一个地址。

（1）变量的表示。变量可以用“#”号和跟随其后的变量序号来表示：#i(i = 1,2,3,…)。例:#5,#109,#501。

（2）变量的引用。将跟随在一个地址后的数值用一个变量来代替，即引入了变量。

例：对于 F#103，若#103 =50 时，则为 F50；

对于 Z－#110，若#110 =100 时，则 Z 为－100；

对于 G#130，若#130 =3 时，则为 G03。

（3）变量的类型。变量分为公共变量和系统变量两类。

1）公共变量：公共变量是在主程序和主程序调用的各用户宏程序内公用的变量。也就是说，在一个宏指令中的#i 与在另一个宏指令中的#i 是相同的。

公共变量的序号为：#100 ~ #131；#500 ~ #531。其中#100 ~ #131 公共变量在电源断电后即清零，重新开机时被设置为 0；#500 ~ #531 公共变量即使断电后，它们的值也保持不变，因此也称为保持型变量。

2）系统变量：系统变量定义为有固定用途的变量，它的值决定系统的状态。系统变量包括刀具偏置变量，接口的输入/输出信号变量，位置信息变量等。

系统变量的序号与系统的某种状态有严格的对应关系。例如，刀具偏置变量序号为#01 ~ #99，这些值可以用变量替换的方法加以改变，在序号 1 ~ 99 中，不用作刀偏量的变量可用作保持型公共变量#500 ~ #531。

接口输入信号#1000 ~ #1015，#1032。通过阅读这些系统变量，可以知道各输入口的情况。当变量值为“1”时，说明接点闭合；当变量值为“0”时，表明接点断开。这些变量的数值不能被替换。阅读变量#1032，所有输入信号一次读入。

2. 宏指令 G65

宏指令 G65 可以实现丰富的宏功能，包括算术运算、逻辑运算等处理功能。

一般形式：G65 *Hm P#i Q#j R#k*

式中：*m*——宏程序功能，数值范围 01 ~ 99。

#i——运算结果存放处的变量名。

#j——被操作的第一个变量，也可以是一个常数。

#k——被操作的第二个变量，也可以是一个常数。

例如，当程序功能为加法运算时：

程序 P#100 Q#101 R#102… 含义为 #100 = #101 + #102

程序 P#100 Q - #101 R#102… 含义为 #100 = - #101 + #102

程序 P#100 Q#101 R15… 含义为 #100 = #101 + 15

3. 宏功能指令

(1) 算术运算指令见表 4-3。

表 4-3 算术运算指令

G 码	H 码	功 能	定 义
G65	H01	定义，替换	#i = #j
G65	H02	加	#i = #j + #k
G65	H03	减	#i = #j - #k
G65	H04	乘	#i = #j × #k
G65	H05	除	#i = #j/#k
G65	H21	平方根	$\#i = \sqrt{\#j}$
G65	H22	绝对值	#i = | #j |
G65	H23	求余	#i = #j · trunc (#j/#k) · #k Trunc;丢弃小于 1 的分数部分
G65	H24	BCD 码→二进制码	#i = BIN (#j)
G65	H25	二进制码→BCD 码	#i = BCD (#j)
G65	H26	复合乘/除	#i = (#i2#j) ÷ #k
G65	H27	复合平方根 1	$\#i = \sqrt{\#j^2 + \#k^2}$
G65	H28	复合平方根 2	$\#i = \sqrt{\#j^2 - \#k^2}$

1) 变量的定义和替换：#i = #j

编程格式：G65 H01 P #i Q#j

例：G65 H01 P#101 Q1005；(#101 =1005)

G65 H01 P#101 Q - #112；(#101 = - #112)

2) 加法：#i = #j + #k

编程格式：G65 H02 P #i Q #j R #k

例：G65 H02 P#101 Q#102 R#103；(#101 = #102 + #103)

3) 减法：#i = #j - #k

编程格式：G65 H03 P #i Q #j R #k

例：G65 H03 P#101 Q#102 R#103；(#101 = #102 - #103)

4) 乘法：#i = #j × #k

编程格式：G65 H04 P #i Q #j R #k

例：G65 H04 P#101 Q#102 R#103；(#101 = #102 × #103)

5) 除法：#i = #j/#k

编程格式：G65 H05 P #i Q #j R#k

例：G65H05P#101Q#102R#103；（#101 = #102/#103）

6）平方根：$\#i = \sqrt{\#j}$

编程格式：G65 H21 P #i Q #j

例：G65 H21 P #101 Q#102；（$\#101 = \sqrt{\#102}$）

7）绝对值：$\#i = |\#j|$

编程格式：G65 H22 P #i Q#j

例：G65 H22 P#101 Q#102；（#101 = ｜#102｜）

8）复合平方根 1：$\#i = \sqrt{\#j^2 + \#k^2}$）

编程格式：G65 H27 P #i Q #j R#k

例：G65 H27 P#101 Q#102 R#103；（$\#101 = \sqrt{\#102^2 + \#103^2}$

9）复合平方根 2：$\#i = \sqrt{\#j^2 - \#k^2}$

编程格式：G65 H28 P #i Q #j R #k

例：G65 H28 P#101 Q#102 R#103（$\#101 = \sqrt{\#102^2 - \#103^2}$

（2）逻辑运算指令见表 4－4。

表 4－4　逻辑运算指令

G 码	H 码	功　能	定　义
G65	H11	逻辑“或”	#i = #j · OR · #k
G65	H12	逻辑“与”	#i = #j · AND · #k
G65	H13	异或	#i = #j · XOR · #k

1）逻辑或：#i = #j OR #k

编程格式：G65 H11 P #i Q #j R #k

例：G65 H11 P#101 Q#102 R#103；（#101 = #102 OR #103）

2）逻辑与：#i = #j AND #k

编程格式：G65 H12 P #i Q #j R #k

例：G65 H12 P#101 Q#102 R#103；（#101 = #102 AND #103）

（3）三角函数指令见表 4－5。

表 4－5　三角函数指令

G 码	H 码	功　能	定　义
G65	H31	正弦	#i = #j · SIN（#k）
G65	H32	余弦	#i = #j · COS（#k）
G65	H33	正切	#i = #j · TAN（#k）
G65	H34	反正切	#i = ATAN（#j/#k）

1）正弦函数：#i = #j × SIN（#k）

编程格式：G65 H31 P #i Q #j R #k（单位：度）

例：G65 H31 P#101 Q#102 R#103；（#101 = #102 × SIN（#103））

2）余弦函数：#i = #j × COS（#k）

编程格式：G65 H32P #i Q #j R #k（单位：度）

例：G65 H32 P#101 Q#102 R#103；（#101 = #102 × COS （#103））

3）正切函数：#i = #j × TAN #k

编程格式：G65 H33 P #i Q #j R #k（单位：度）

例：G65 H33 P#101 Q#102 R#103；（#101 = #102 × TAN （#103））

4）反正切：#i = ATAN（#j/#k）

编程格式：G65 H34 P #i Q #j R #k（单位：度，0°≤#j≤360°）

例：G65 H34 P#101 Q#102 R#103；（#101 = ATAN （#102/#103））

（4）控制类指令见表4－6。

表4－6 控制类指令

G码	H码	功 能	定 义
G65	H80	无条件转移	GOTO n
G65	H81	条件转移1	IF #j = #k，GOTO n
G65	H82	条件转移2	IF #j ≠ #k，GOTO n
G65	H83	条件转移3	IF #j > #k，GOTO n
G65	H84	条件转移4	IF #j < #k，GOTO n
G65	H85	条件转移5	IF #j ≥ #k，GOTO n
G65	H86	条件转移6	IF #j ≤ #k，GOTO n
G65	H99	产生PS报警	PS报警号500 + n出现

1）无条件转移。

编程格式：G65 H80 Pn（ ;n 为程序段号）

例：G65 H80 P120；（转移到N120）

2）条件转移1：#j EQ #k（ = ）

编程格式：G65 H81 Pn Q #j R #k（n为程序段号）

例：G65 H81 P1000 Q#101 R#102

当#101 = #102，转移到N1000程序段；若#101≠#102，执行下一程序段。

3）条件转移2：#jNE #k（≠）

编程格式：G65 H82Pn Q #j R #k（n为程序段号）

例：G65 H82 P1000 Q#101 R#102

当#101≠#102，转移到N1000程序段；若#101 = #102，执行下一程序段。

4）条件转移3：#j GT #k（ > ）

编程格式：G65 H83 Pn Q #j R#k （n为程序段号）

例：G65 H83 P1000 Q#101 R#102

当#101 > #102，转移到N1000程序段；若#101≤#102，执行下一程序段。

5）条件转移4：#j LT #k （ < ）

编程格式：G65 H84 Pn Q #j R #k（ n为程序段号）

例：G65 H84 P1000 Q#101 R#102

当#101 < #102，转移到 N1000；若#101 ≥ #102，执行下一程序段。

6）条件转移 5：#j GE #k（≥）

编程格式：G65 H85 Pn Q #j R #k（n 为程序段号）

例：G65 H85 P1000 Q#101R#102

当#101 ≥ #102，转移到 N1000；若#101 < #102，执行下一程序段。

7）条件转移 6：#j LE #k（≤）

编程格式：G65 H86 Pn Q #j Q #k（n 为程序段号）

例：G65 H86 P1000 Q#101R#102

当#101 ≤ #102，转移到 N1000；若#101 > #102，执行下一程序段。

4. 使用注意事项

为了保证宏程序的正常运行，在使用用户宏程序的过程中，应注意以下几点；

（1）由 G65 规定的 H 码不影响偏移量的任何选择。

（2）如果用于各算术运算的 Q 或 R 未被指定，则作为 0 处理。

（3）在分支转移目标地址中，如果序号为正值，则检索过程是先向大程序号查找，如果序号为负值，则检索过程是先向小程序号查找。

（4）转移目标序号可以是变量。

例 4－7　用宏程序和子程序功能顺序加工圆周等分孔。设圆心在 O 点，它在机床坐标系中的坐标为（x_0，y_0），在半径为 r 的圆周上均匀地钻几个等分孔，起始角度为 α，孔数为 n。以零件上表面为 Z 向零点。如图 4－35 所示。

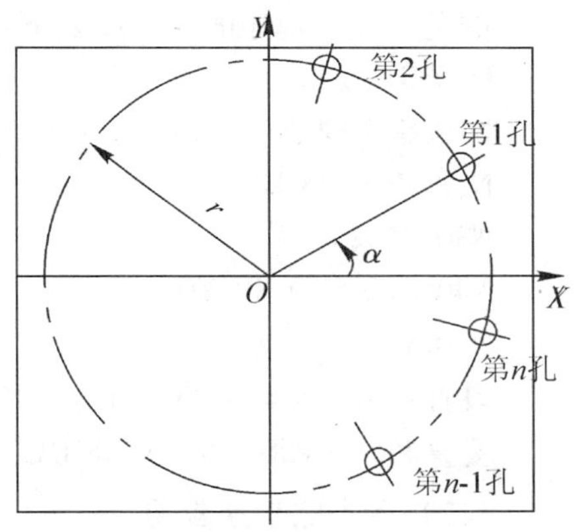

图 4－35　等分孔计算方法

使用以下保持型变量：

#502：半径 r；

#503：起始角度 α；

#504：孔数 n，当 n > 0 时，按逆时针方向加工，当 n < 0 时，按顺时针方向加工；

#505：孔底 Z 坐标值；

#506：R 平面 Z 坐标值；

#507：F 进给量。

使用以下变量进行操作运算：

#100：表示第 i 步钻第 i 孔的记数器；

#101：记数器的最终值（为 n 的绝对值）；

#102：第 i 个孔的角度位置 θ_i 的值；

#103：第 i 个孔的 X 坐标值；

#104：第 i 个孔的 Y 坐标值；

用用户宏程序编制的钻孔子程序如下：

```
O9010
N110 G65 H01 P#100 Q0;              #100 = 0
N120 G65 H22 P#101 Q#504;           #101 = | #504 |
```

N130 G65H04 P#102 Q#100 R360；　　#102 = #100 × 360°

N140 G65H05 P#102 Q#102 R#504；　　#102 = #102/#504

N150 G65H02 P#102 Q#503 R#102；　　#102 = #503 + #102 当前孔角度位置 $\theta_i = \alpha +（360° \times i）/n$

N160 G65 H32 P#103 Q#502 R#102；　　#103 = #502 × COS（#102）当前孔的 X 坐标

N170 G65 H31 P#104 Q#502 R#102；　　#104 = #502 × SIN（#102）当前孔的 Y 坐标

N180 G90 G00 X#103 Y#104；　　定位到当前孔（返回开始平面）

N190 G00 Z#506；　　快速进到 R 平面

N200 G01 Z#505 F#507；　　加工当前孔

N210 G00 Z#506；　　快速退到 R 平面

N220 G65 H02 P#100 Q#100R1；　　#100 = #100 + 1 孔计数

N230 G65 H84 P－130 Q#100 R#101；　　#100 < #101 时，向上返回到 130 程序段

N240M99；子程序结束

调用上述子程序的主程序如下：

O0010

N10 G54 G90 G00 X0 Y0 Z20；　　进入加工坐标系

N20 M98 P9010；　　调用钻孔子程序，加工圆周等分孔

N30 Z20；　　抬刀

N40 G00 G90 X0 Y0；　　返回加工坐标系零点

N50 M30；　　程序结束

设置 G54：X = －400，Y = －100，Z = －50。

变量#500 ~ #507 可在程序中赋值，也可由 MDI 方式设定。

（二）B 类宏程序应用

1. 基本指令

（1）宏程序的简单调用格式。

宏程序的简单调用是指在主程序中，宏程序可以被单个程序段单次调用。

调用指令格式：　G65　P（宏程序号）　L（重复次数）（变量分配）

其中：G65——宏程序调用指令

P（宏程序号）——被调用的宏程序代号；

L（重复次数）——宏程序重复运行的次数，重复次数为 1 时，可省略不写；（变量分配）——为宏程序中使用的变量赋值。

宏程序与子程序相同的一点是，一个宏程序可被另一个宏程序调用，最多可调用 4 种。

2. 宏程序的编写格式

宏程序的编写格式与子程序相同。其格式为：

0 ~（0001 ~ 8999 为宏程序号）　　程序名

N10…　　指令

N ~ M99　　宏程序结束

上述宏程序内容中，除通常使用的编程指令外，还可使用变量、算术运算指令及其他控制指令。变量值在宏程序调用指令中赋给。

3. 变量

（1）变量的分配类型。

这类变量中的文字变量与数字序号变量之间有如表 4 –7 确定的关系。

表 4 –7 文字变量与数字序号变量之间的关系

A #1	I #4	T #20
B #2	J #5	U #21
C #3	K #6	V #22
D #7	M #13	W #23
E #8	Q #17	X #24
F #9	R #18	Y #25
H #11	S #19	Z #26

上表中，文字变量为除 G、L、N、O、P 以外的英文字母，一般可不按字母顺序排列，但 I、J、K 例外；#1 ~ #26 为数字序号变量。

例：G65 P1000 A1.0 B2.0 I3.0

则上述程序段为宏程序的简单调用格式，其含义为：调用宏程序号为1000 的宏程序运行一次，并为宏程序中的变量赋值，其中：#1 为 1.0，#2 为 2.0，#4 为 3.0。

（2）变量的级别。

1）本级变量#1 ~ #33。作用于宏程序某一级中的变量称为本级变量，即这一变量在同一程序级中调用时含义相同，若在另一级程序（如子程序）中使用，则意义不同。本级变量主要用于变量间的相互传递，初始状态下未赋值的本级变量即为空白变量。

2）通用变量#100 ~ #144，#500 ~ #531。可在各级宏程序中被共同使用的变量称为通用变量，即这一变量在不同程序级中调用时含义相同。因此，一个宏程序中经计算得到的一个通用变量的数值，可以被另一个宏程序应用。

4. 算术运算指令

变量之间进行运算的通常表达形式是：

#i = （表达式）

（1）变量的定义和替换：

#i = #j

（2）加减运算：

#i = #j + #k

#i = #j – #k

（3）乘除运算：

#i = #j ╳ #k

#i = #j ／#k

（4）函数运算：

#i = SIN [#j] 正弦函数（单位为度）

#i = COS [#j] 余弦函数（单位为度）

#i = TANN [#j] 正切函数（单位为度）

#i = ATANN [#j] ／#k 反正切函数（单位为度）

#i = SQRT [#j] 平方根

#i = ABS [#j] 取绝对值

（5）运算的组合。以上算术运算和函数运算可以结合在一起使用，运算的先后顺序是：函数运算、乘除运算、加减运算。

（6）括号的应用。表达式中括号的运算将优先进行。连同函数中使用的括号在内，括号在表达式中最多可用5层。

5. 控制指令

（1）条件转移。

编程格式：IF [条件表达式] GOTO n

以上程序段含义为：

1）如果条件表达式的条件得以满足，则转而执行程序中程序号为n的相应操作，程序段号 n 可以由变量或表达式替代。

2）如果表达式中条件未满足，则顺序执行下一段程序。

3）如果程序作无条件转移，则条件部分可以被省略。

4）表达式可按如下书写：

#j EQ #k 表示“=”

#j NE #k 表示“≠”

#j GT #k 表示“>”

#j LT #k 表示“<”

#j GE #k 表示“≥”

#j LE #k 表示“≤”

（2）重复执行。

编程格式：WHILE [条件表达式] DOm（m=1，2，3）

ENDm

上述“WHILE…ENDm”程序含义为：

1）条件表达式满足时，程序段DOm至ENDm即重复执行。

2）条件表达式不满足时，程序转到ENDm后处执行。

3）如果WHILE [条件表达式] 部分被省略，则程序段DOm至ENDm之间的部分将一直重复执行。

注意：① WHILE DOm和ENDm必须成对使用；② DO语句允许有3层嵌套，即：

```
DO  1
DO  2
DO  3
END  3
END  2
```

END　1

③ DO 语句范围不允许交叉，即如下语句是错误的：

DO　1

DO　2

END　1

END　2

以上仅介绍了 B 类宏程序应用的基本问题，有关应用详细说明，请查阅 FANUC－0i 系统说明书。

例 4－8　如图 4－35 所示的圆环点阵孔群中各孔的加工，这里再试用 B 类宏程序方法来解决问题：

宏程序中将用到下列变量：

#1——第一个孔的起始角度 A，在主程序中用对应的文字变量 A 赋值；

#3——孔加工固定循环中 R 平面值 C，在主程序中用对应的文字变量 C 赋值；

#9——孔加工的进给量值 F，在主程序中用对应的文字变量 F 赋值；

#11——要加工孔的孔数 H，在主程序中用对应的文字变量 H 赋值；

#18——加工孔所处的圆环半径值 R，在主程序中用对应的文字变量 R 赋值；

#26——孔深坐标值 Z，在主程序中用对应的文字变量 Z 赋值；

#30——基准点，即圆环形中心的 X 坐标值 X_0；

#31——基准点，即圆环形中心的 Y 坐标值 Y_0；

#32——当前加工孔的序号 i；

#33——当前加工第 i 孔的角度；

#100——已加工孔的数量；

#101——当前加工孔的 X 坐标值，初值设置为圆环形中心的 X 坐标值 X_0；

#102——当前加工孔的 Y 坐标值，初值设置为圆环形中心的 Y 坐标值 Y_0。

用户宏程序编写如下：

```
O8000
N10 #30 = #101                                  基准点保存
N20 #31 = #102                                  基准点保存
N30 #32 = 1                                     计数值置 1
N40 WHILE [#32 LE ABS [#11]] DO1                进入孔加工循环体
N50 #33 = #1 + 360 × [#32 - 1] /#11             计算第 i 孔的角度
N60 #101 = #30 + #18 × COS [#33]                计算第 i 孔的 X 坐标值
N70 #102 = #31 + #18 × SIN [#33]                计算第 i 孔的 Y 坐标值
N80 G90 G81 G98 X#101 Y#102 Z#26 R#3 F#9        钻削第 i 孔
N90 #32 = #32 + 1                               计数器对孔序号 i 计数累加
N100 #100 = #100 + 1                            计算已加工孔数
N110 END1                                       孔加工循环体结束
N120 #101 = #30                                 返回 X 坐标初值 X0
N130 #102 = #31                                 返回 Y 坐标初值 Y0
```

N140 M99　　　　　　　　　　　　宏程序结束

在主程序中调用上述宏程序的调用格式为：

G65 P8000A ~ C ~ F ~ H ~ R ~ Z ~

上述程序段中各文字变量后的值均应按零件图样中给定值来赋值。

第三节　加工中心加工技术

项目一　加工中心的基本操作

项目任务　加工中心操作面板介绍（FANUC 0 *i*）

加工中心手动操作

对刀及工件坐标系的设定

项目实施

（一）加工中心操作面板介绍（FANUC 0 *i*）

1. FANUC 0 *i* 数控系统操作

系统操作键盘在视窗的右上角，其左侧为显示屏，如图 4－36 所示。系统操作面板功能键作用见表 4－8。

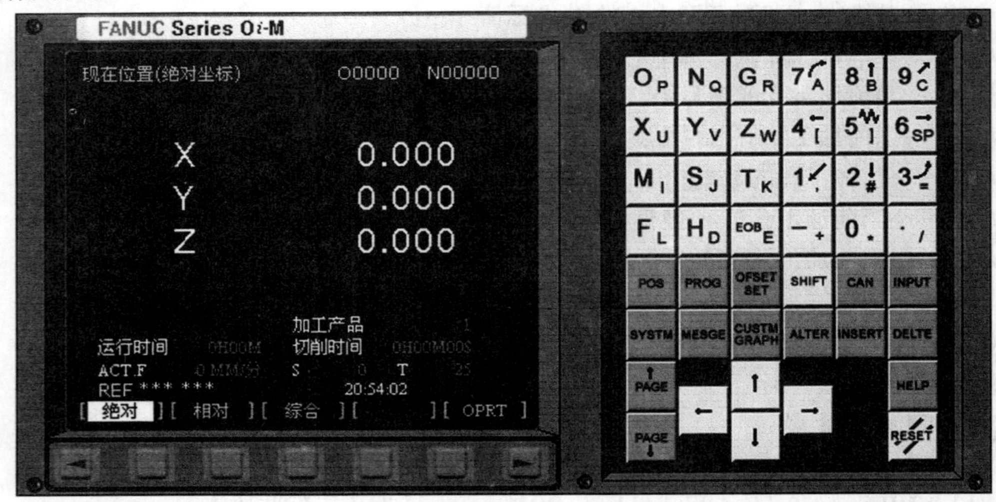

图 4－36　FANUC 0 系统操作面板

表 4－8　系统操作面板功能键的主要作用

按　键	名　称	按键功能
ALTER	替代键	用输入的数据替代光标所在的数据
DELTE	删除键	删除光标后的数据；或删除一个数控程序或删除全部数控程序

续表

按 键	名 称	按键功能
INSERT	插入键	把输入区域中的数据插入到当前光标之后的位置
CAN	修改键	消除输入区域内的数据
EOB/E	换行键	结束一行程序的输入并且换行
SHIFT	上挡键	按住此键，再按双字符键，则系统输入按键右下角的字符
PROG	程序键	数控程序显示与编辑页面
POS	位置显示键	位置显示页面。位置显示有三种方式，用翻页键按钮选择
OFSET SET	参数输入页面	按第一次进入坐标系设置页面，按第二次进入刀具补偿参数页面。进入不同的页面以后，用翻页按钮键切换
HELP	帮助键	显示系统帮助页面
CUSTM GRAPH	图像显示键	图形参数设置页面或图形模拟页面
MESOE		显示信息页面，如“报警”
SYSTM		系统参数页面
RESET	复位键	在自动方式下，按此键中止当前的加工程序
PAGE↑ PAGE↓	翻页键	向上翻页/向下翻页
↑ ↓ ← →	光标移动键	向上/向下/向左/向右移动光标
INPUT	输入键	把输入区内的数据输入参数页面或输入一个外部数控程序

2. 机床操作面板

机床操作面板位于窗口的右下侧，如图 4－37 所示，主要用于控制机床运行状态，由模式选择按钮、运行控制开关等多个部分组成，各功能键的作用见表 4－9。

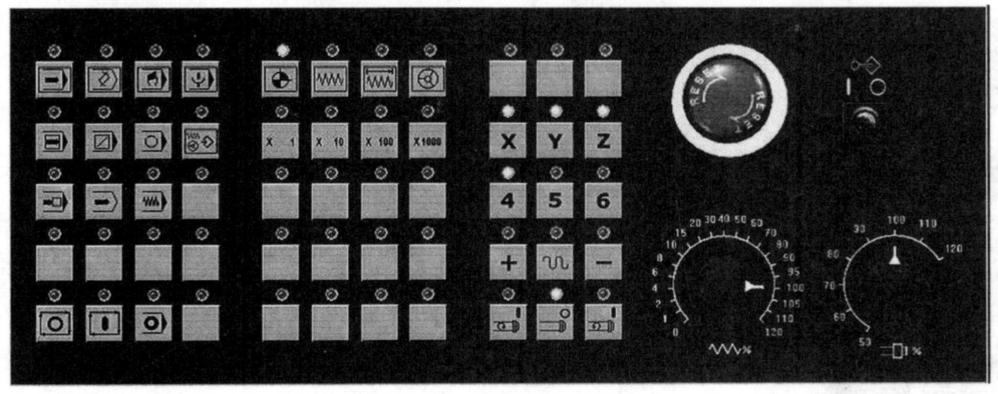

图 4－37 FANUC 0 机床控制面板

表 4-9　机床控制面板各键的功能

名称	功能说明
AUTO：	自动加工模式
EDIT：	编辑模式
MDI：	手动数据输入
DNC：	用 RS232 电缆线连接 PC 机和数控机床，实现在线加工
REF：	回参考点
JOG：	手动模式，手动连续移动机床
INC：	增量进给
HND：	手轮模式移动机床
	程序运行停止。在程序运行中，按下此按钮停止程序运行
	程序运行开始。模式选择旋钮在 AUTO 和 MDI 位置时按下有效，其余时间按下无效
	手动主轴正转
	手动主轴反转
	手动停止主轴
X　Y　Z　+　−	手动移动机床各轴按钮
X 1　X 10　X 100　X1000	增量进给倍率选择按钮；选择移动机床进给轴时，每一步的距离：×1 为 0.001mm，×10 为 0.01mm，×100 为 0.1mm，×1000 为 1mm
0 1 2 4 6 8 10 15 20 30 40 50 60 70 80 90 95 100 105 110 120 %	进给率（F）调节旋钮 调节程序运行中的进给速度，调节范围：0～120%

续表

名称	功能说明
	主轴转速倍率调节旋钮调节主轴转速，调节范围：0 ~120%
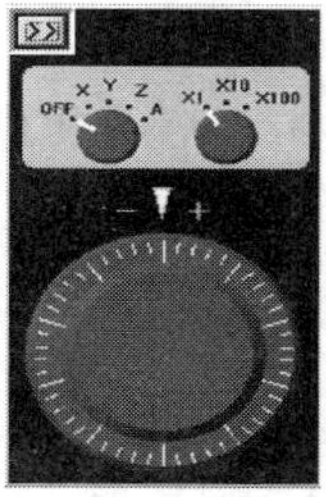	手轮，小旋钮为选择进给轴和移动步距，手轮顺时针转，相应轴往正方向移动，手轮逆时针转，相应轴往负方向移动
	程序单步执行开关。每按一次程序启动执行一条程序指令
	程序段跳读。自动方式按下此键，跳过程序段开头带有“/”程序
	程序停，自动方式下，遇有 M00 程序停止
	按下此键，各轴以固定的速度运动
	手动示教
 COOL	冷却液开关。按下此键，冷却液开启；再按一下，冷却液关闭
 TOOL	在刀库中选刀。按下此键，刀库中选刀
	程序编辑锁定开关，置于“ ”位置，可编辑或修改程序
	程序重新启动。由于刀具破损等原因自动停止后，程序可以从指定的程序段重新启动
	机床锁定开关。按下此键，机床各轴被锁住，只能程序运行
	程序运行中，M00 停止
	紧急停止旋钮

（二）加工中心手动操作

1. 开机

接通总电源，启动系统电源，松开急停开关，转换至回参考点模式进行机床回参考点操作。

2. 回参考点

（1）先检查各轴是否在参考点的内侧，如不在，则应手动回到参考点的内侧，以避免回参考点时产生超程。

（2）按功能键区的“回零”功能按键。

（3）分别按 $+X$、$+Y$、$+Z$ 轴移动方向按键，使各轴返回参考点，回参考点后，相应的指示灯将点亮。

3. 手动操作

（1）按功能键区的“手动”或“增量”功能按键。

（2）“增量”时按倍率选择键 ×1、×10、×100、×1000 选择增量进给的倍率大小。

（3）按机床操作面板上的方向键，进行移动操作。

（4）按住某轴的“+”或“-”键的同时，按住“快移”键即可实现快速移动。

（三）对刀及工件坐标系的设定

1. 对刀方法

可采用机外对刀法和机内对刀法。机外对刀法是利用对刀仪直接测出刀具的实际值，机内对刀法是利用机床自有坐标系测出刀具值，可以贴纸和试切对刀。输入参数可以选择直接计算输入法与预测量自动计算确认法。

2. 工件坐标系设定

采用 G54 ~ G59 法设定工件坐标，如图 4-38、图 4-39 所示，工件毛坯左下角为 X、Y 零点，上表面为 Z 零点，用直径为 $\phi 10$ 的标准测量棒、0.1 或 0.2 塞尺对刀设定。

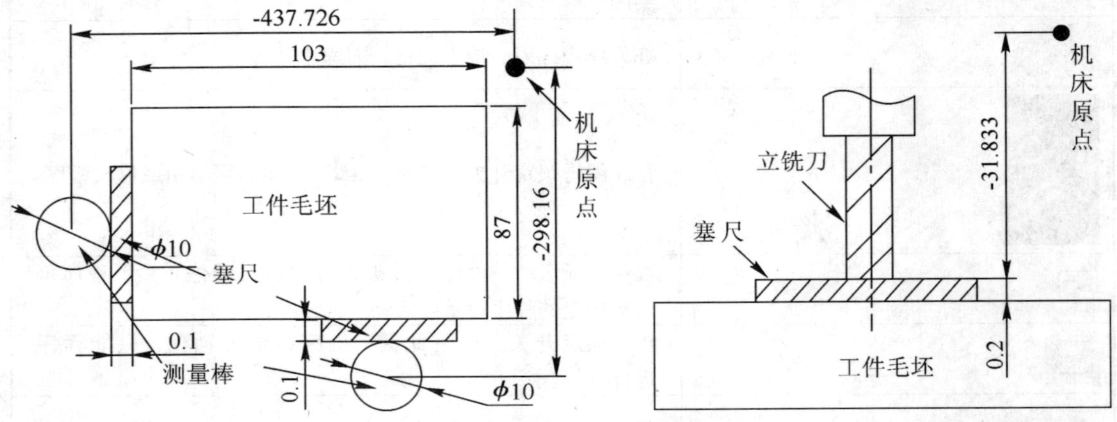

图 4-38　X、Y 向对刀

图 4-39　Z 向对刀方法

计算工件零点设定值为：$X=-437.726+5+0.1=-432.626$mm（5mm 为测量棒半径值；0.1mm 为塞尺厚度）；Y 工件坐标零点设定值：$Y=-298.160+5+0.1=-293.06$mm（5mm 为测量棒半径值；0.1mm 为塞尺厚度）；Z 工件坐标零点设定值：$Z=-31.833-0.2=-32.033$mm（0.2 为塞尺厚度）。

在 MDI 方式下，进入加工坐标系设定页面。输入数据为：$X = -392.626$，$Y = -246.460$，$Z = -32.033$。表示工件坐标零点设置在机床坐标系的 $X = -392.626$，$Y = -246.460$，$Z = -32.033$ 的位置上。

项目二　平面轮廓加工

项目任务　外轮廓加工
内轮廓加工

项目实施

（一）外轮廓的加工

1. 零件加工概述

如图 4－40 所示图形为凸台轮廓曲线，每个尺寸均有各自的尺寸基准。整个坐标的原点为 O，为避免尺寸换算，在编制 4 个局部加工轮廓的程序时，分别将坐标原点偏置到 01、02、03、04 点。

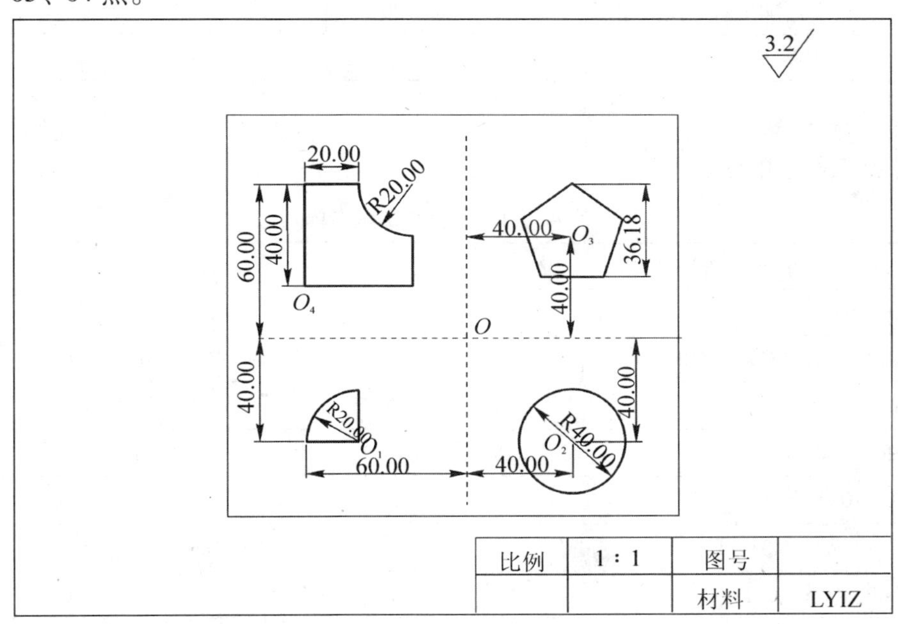

图 4－40　外轮廓加工

2. 零件图样工艺分析

毛坯为 110mm×100mm 的铝料，加工各部分轮廓后形成凸台。加工精度不高，按图示尺寸编程，一次铣削完成。采用平口虎钳进行装夹。综合分析工件材料和硬度，加工精度要求和刀具耐用度等各方面考虑，主轴转速设在 900r/min，切削用量 F 设为 50mm/min。

3. 制订加工工艺

（1）工件坐标系的确定分别用 G54，G55，G56 与 G57 四个原点偏置寄存器存放 01，02，03，04 四个相对于机床参考坐标系的坐标，先记录坐标原点 O 相对于机床参考坐标系的坐标（X_0，Y_0），再将 01 相对于 O 的坐标与（X_0,Y_0）相加后得出的坐标存入 G54，其余 3 个坐标相对于机床参考系的坐标与其类似。

（2）数控加工工艺卡见表4－10。

表4－10 数控加工工艺卡

零件图号	4－40	数控加工工序卡片		机床型号		FANUC－0 i	
零件名称	外轮廓铣削			机床编号			
刀具表		量具表		夹具表			
T01	ϕ10 直柄铣刀	1		1	平口虎钳		
序号	工艺内容			切削用量			备注
				主轴转速（r/min）	进给速度（mm/min）	背吃刀量（mm）	
1	加工左下角的图形			900	50		
2	加工右下角的图形			900	50		
3	加工右上角的图形			900	50		
4	加工左上角的图形			900	50		

4. 零件加工程序单

零件加工程序单见表4－11。

表4－11 零件加工程序单

加工程序	程序注释
O0001	
G54 G90 G00 Z100	将工件坐标系原点从0偏置到01
T01 M06	换刀
S900 M03	
X－10. Y－10	
G01 Z3 M08 F50	下刀至工件表面3mm，切削液开启
G42 X0. Y0 D01	建立刀具补偿
G01 Z－3 F50	铣削深度3mm
X－20. F100	
G02 X0. Y20. R10	
G01 Y0	第一个图形加工完毕
Z2	
G40X－10. Y－10.	取消刀具补偿
G00 Z10	抬刀至10mm
G55 X30. Y30	将工件坐标系原点偏置到02

续表

加工程序	程序注释
Z3	
G01 Z -3 F50	
G42 X20. Y0. D01	
G02 X20. Y0. I -20. J0 F100	
G01 Z3.	
G40 X30. Y30.	
G00 Z10	
G56 X20. Y20.	将工件坐标系原点偏置到 03
G00 Z3	
G01 Z -3. F50	
G42 X0. Y20. D01	
X -19. 021 Y6. 180.	
X -11. 756 Y -16. 180.	
X11. 756 Y -16. 180.	
X19. 021 Y6. 180.	
X0. Y20.	
Z3.	
G40 X20. Y20.	
G00 Z100	
G57 X -5. Y -5.	将工件坐标系原点偏置到 04
G42 X0. Y0. D01	
G00 Z3	
G01 Z -3. F50	
G01 X40.	
Y20	
G02 X20 Y40 R20	
G01 X0	
Y0	
G01 Z3	
G40 X -5 Y -5	
G01　Z100	
M02	程序结束

（二）外轮廓的加工

1. 零件加工概述

如图 4－41 所示加工零件，毛坯为 120mm×120mm×20mm 的铝料。

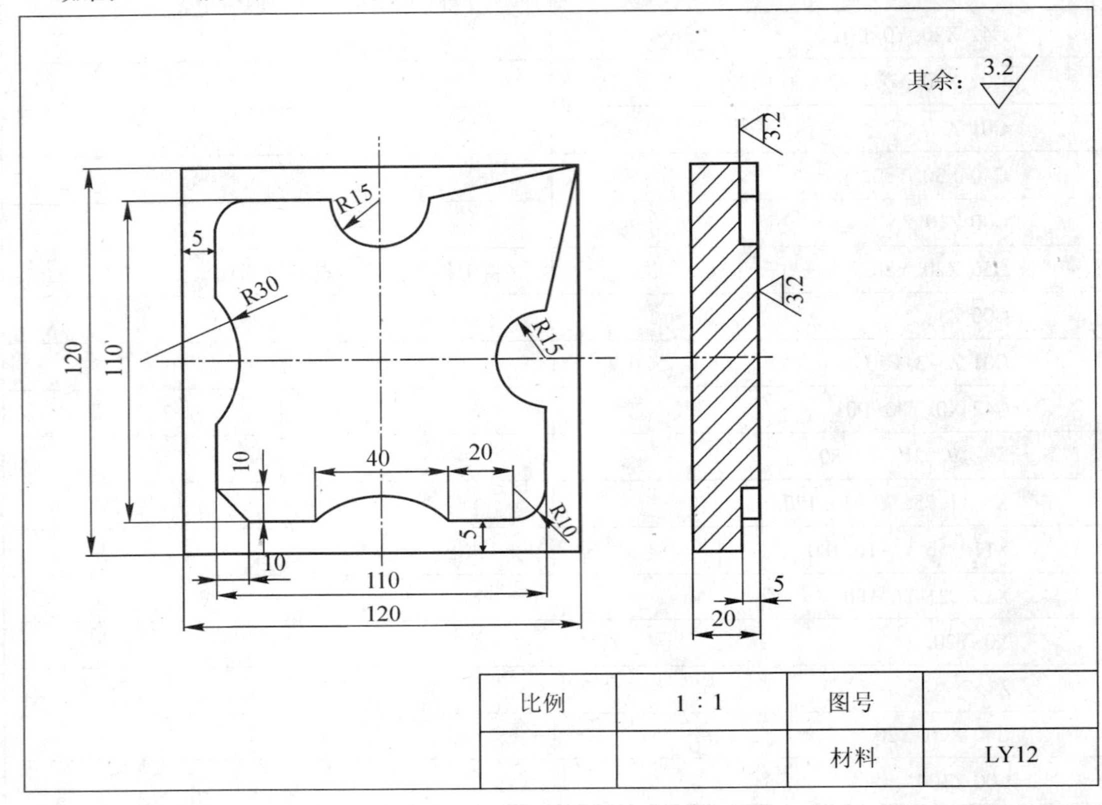

图 4－41　外轮廓加工

2. 零件图样工艺分析

该零件形状轨迹较复杂，尺寸标注齐全，尺寸精度要求不高。根据零件结构的特点，可以用底面、外轮廓定位，采用平口钳机构夹紧。编程原点选择在工件的中心，刀具起始点定位在工件坐标中 Z100、X－70、Y－70 处。

各基点坐标如图 4－42、表 4－12 所示。

表 4－12　基点坐标

P1	－70，－70	P7	－15，55	P13	45，－55
P2	－55，－58	P8	15，55	P14	20，－55
P3	－55，－20	P9	60，60	P15	－20，－55
P4	－55，20	P10	55，15	P16	－45，－55
P5	－55，45	P11	55，－15	P17	－55，－45
P6	－45，55	P12	55，－45	P18	－70，－45

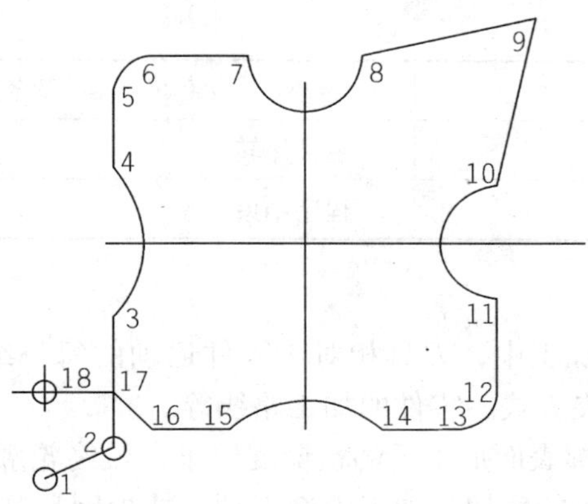

图 4－42 基点坐标

3. 零件加工程序单

零件加工程序单见表 4－13。

表 4－13 零件加工程序单

加工程序	程序注释
T1 M6	调用 1 号刀具
G54 G90 G0 X－70 Y－70 Z20 M3 S800	建立工件坐标系，主轴正转转速 800r/min
G1Z－5F200	在 1 点处 Z 轴下刀至－5mm 处
G41 G1 X－55 Y－58 D1	建立刀具半径左补偿，P1－P2
G1 Y－20	P2－P3
G3 X－55 Y20 R30	P3－P4
G1 Y55 R10	P4－P6，倒圆角 R10
G1 X－15	P6－P7
G3 X15 Y55 R15	P7－P8
G1 X60 Y60	P8－P9
X55 Y15	P9－P10
G3 X55 Y－15 R15	P10－P11
G1 Y－55 R10	P11－P13，倒圆角 R10
G1 X20	P13－P14
G3 X－20 Y－55 R30	P14－P15
G1 X－45	P15－P16
G1 X－55 Y－45	P16－P17
G40 G0 X－70 Y－45	取消刀具半径补偿，P17－P18
G0 Z50	抬刀

续表

加工程序	程序注释
M5	主轴停转
M02	程序结束

4. 注意事项

(1) 在平面轮廓铣削加工中，刀具相对于零件运动的每一细节都应该在编程时确定。如零件轮廓、对刀点、装夹方式、零件的加工路线等。

(2) 为了保证工件轮廓表面加工后的粗糙度要求，最终轮廓应安排在最后一次走刀中连续加工出来；应尽量避免轮廓切削加工中途停顿，减少因切削力突然变化造成弹性变形而留下刀痕。

(3) 平面外轮廓加工中，通常采用由外向内逐渐接近工件轮廓铣削的方式进行加工。

(4) 铣削平面外轮廓时尽量采用顺铣方式加工，以提高表面粗糙度。

(三) 内轮廓的加工

1. 零件加工概述

如图 4－43 所示加工零件，毛坯为 120mm×120mm×20mm 的铝料。

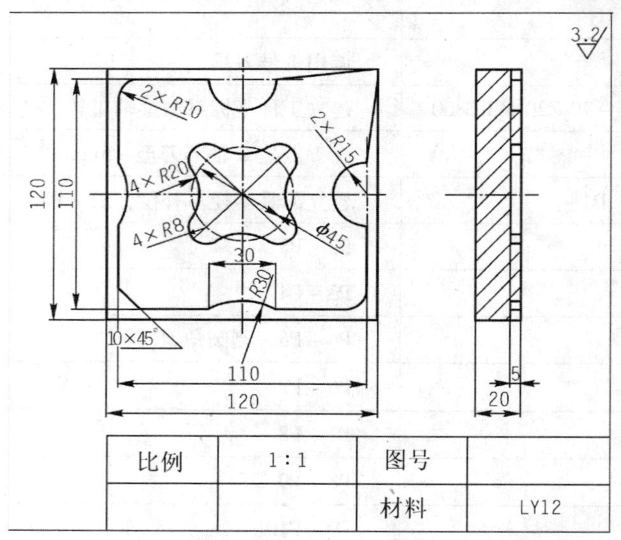

图 4－43 内轮廓加工

2. 零件图样工艺分析

该零件形状轨迹较简单，尺寸标注齐全，尺寸精度要求不高，图形相对于正方体的水平中心线对称，根据零件结构的特点，可以用底面、外轮廓定位，采用平口钳夹紧，编程原点设在工件中心上表面，加工时采用螺旋下刀，切向进刀，顺铣方向加工。

3. 零件加工程序单

零件加工程序单见表 4－14。

表 4-14 零件加工程序单

加工程序	程序注释
T1 M6	调用 1 号刀具
G54 G90 G0 X0 Y0 Z100	建立工件坐标系
Z10	
G1 Z0 F200 M3 S600	主轴正转，转速 600r/min
G1 G41 G1 X18.951 Y0 D1 F200	建立刀具半径左补偿
G3 X18.951 Y0I-18.951J0Z-2	螺旋下刀
G3 X18.951 Y0I-18.951J0Z-4	
G3 X18.951 Y0I-18.951J0Z-5	
G3 X18.951 Y0I-18.951J0	
G2 X22.49 Y11.34 R20	铣内轮廓
G3 X11.34 Y22.49 R8	
G2 X-11.34 Y22.49 R20	
G3 X-22.49 Y11.34 R8	
G2 X-22.49 Y-11.34 R20	
G3 X-11.34 Y-22.49 R8	
G2 X11.34 Y-22.49 R20	
G3 X22.49 Y-11.34 R8	
G2 X18.951 Y0 R20	
G4 0 G1 X0 Y0	取消刀具半径补偿
G0 Z250	抬刀
M30	程序结束，主轴停转

4. 注意事项

(1) 平面内轮廓加工中，通常采用由内向外逐渐接近工件轮廓铣削的方式进行加工。

(2) 铣削平面内轮廓时尽量采用顺铣方式加工，以提高表面粗糙度。

项目三 沟槽加工

项目任务 内槽加工

深槽加工

飞轮加工

项目实施

(一) 内槽加工

1. 零件加工概述

如图 4-44 所示槽型零件，材料：45 号钢，槽深 5mm。

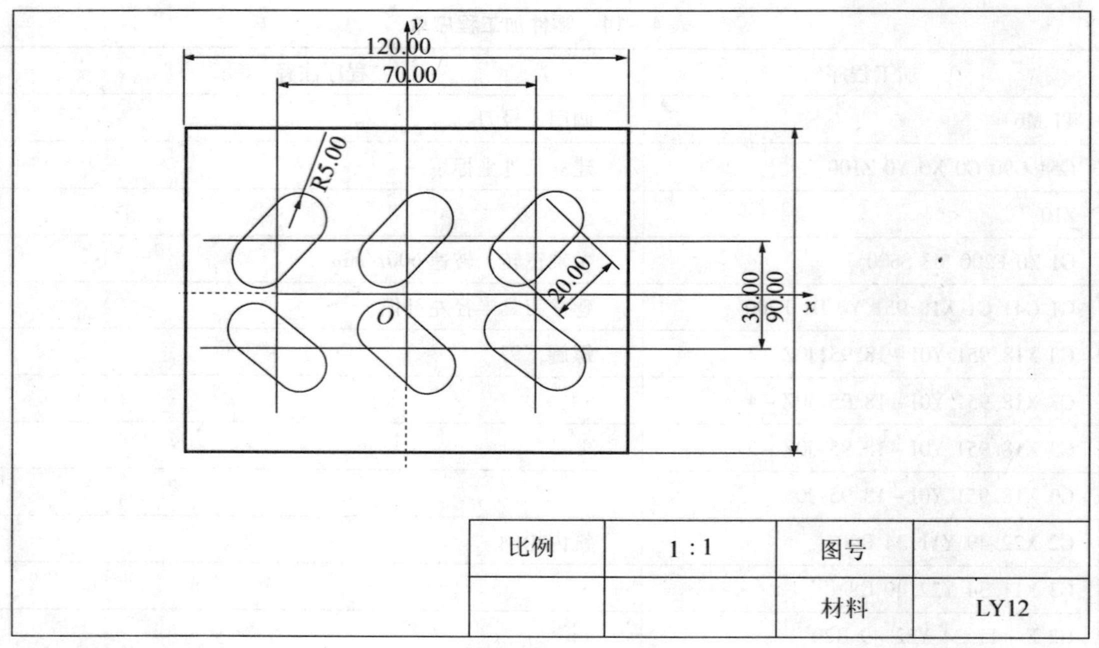

图 4－44　槽型零件

2. 零件图样工艺分析

要加工的槽一共有 6 个，且尺寸完全一样。对于这种有规律的对称图形，可以通过编制子程序，然后用坐标系选择和循环来进行加工，这样不但可以减少程序段，还能提高加工效率。采用平口虎钳装夹，刀具选择 $\phi8$ 直柄键槽铣刀。

3. 零件加工程序单

零件加工程序单见表 4－15。

表 4－15　零件加工程序单

加工程序	程序注释
O0001	主程序
N10 G54 G00 Z100	建立工件坐标系
N20 S800 M03	
N30 G01 X－35 Y15 F40	定位到左上方槽的中心
N40 G01 Z2	
N50 G68 R45	坐标系旋转 45°
N60 M98 P0002 L1	调用子程序 1 次
N70 G69 G01 X0 F100	取消坐标系旋转，并定位到第 2 槽中心
N80 G68 R45	坐标系旋转 45°
N90 M98 P0002 L1	调用子程序 1 次

续表

加工程序	程序注释
N100 G69 G01 X35 F100	取消坐标系旋转，并定位到第 3 槽中心
N110 G68 R45	坐标系旋转 45°
N120 M98 P0002 L1	调用子程序 1 次
N130 G69 G01 X－35 Y－15 F40	取消坐标系旋转，并定位到第 4 槽中心
N140 G68 R－45	坐标系旋转－45°
N150 M98 P0002 L1	调用子程序 1 次
N160 G69 G01 X0 F100	取消坐标系旋转，并定位到第 5 槽中心
N170 G68 R－45	坐标系旋转－45°
N180 M98 P0002 L1	调用子程序 1 次
N190 G69 G01 X35 F100	取消坐标系旋转，并定位到第 6 槽中心
N200 G68 R－45	坐标系旋转－45°
N210 M98 P0002 L1	调用子程序 1 次
N220 G69 G01 Z100	取消坐标系旋转
N230 M05	
N240 M30	程序结束
O0002	子程序
N10 G91 G01 Z－7 F40	到达槽的底部，深度为－5mm
N20 G01 G41 X－10 Y7.5 D01	建立刀具补偿
N30 G03 X－5 Y－5 R5	加工环形槽
N40 G01 Y－5	
N50 G03 X5Y－ 5 R5	
N60 G01 X20	
N70 G03 X5 Y－5 R5	
N80 G01 Y5	
N90 G03 X－5 Y5 R5	
N100 G01 X－20	
N110 G40 X10 Y－7.5	切槽结束，取消刀补并返回矩形中心
N120 Z7	抬刀
N130 G90	
N140 M99	返回主程序

（二）深槽加工

1. 零件加工概述

如图 4－45 所示零件。

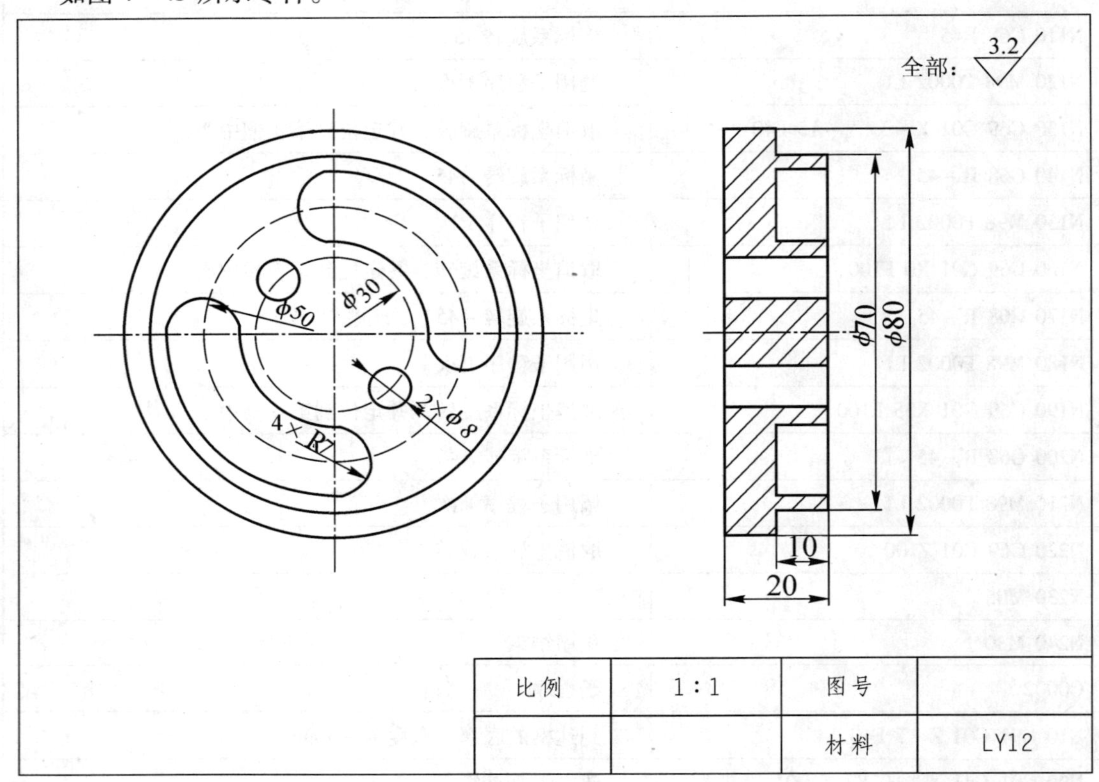

图 4－45　槽加工

2. 零件图样工艺分析

从零件图样上分析，该零件主要由 2 个腰形槽和 2 个通孔组成。腰形槽第一种加工方案是用 $\phi14$ 的键槽铣刀分层加工，第二种加工方案是先钻下刀孔，然后用小于 $\phi14$ 的立铣刀采用半径补偿的方法加工成形。为了保证腰形槽的表面粗糙度、形状位置精度以及较好的尺寸精度，采用第二种方案进行。编程坐标零点在圆心处。

3. 制定加工工艺

数控加工工艺卡片见表 4－16 所示。

表 4－16　数控加工工艺卡片

零件图号	4－45	数控加工工序卡片		机床型号	VMC850
零件名称	槽			机床编号	
刀具表		量具表		夹具表	
T01	ϕ100 盘铣刀	1		1	三爪
T02	ϕ20 立铣刀	2		2	

续表

<table>
<tr><td>零件图号</td><td>4－45</td><td rowspan="2">数控加工工序卡片</td><td colspan="2">机床型号</td><td colspan="2">VMC850</td></tr>
<tr><td>零件名称</td><td>槽</td><td colspan="2">机床编号</td><td colspan="2"></td></tr>
<tr><td colspan="2">T03</td><td>A3 中心钻</td><td colspan="4"></td></tr>
<tr><td colspan="2">T02</td><td>ϕ8 麻花钻</td><td colspan="4"></td></tr>
<tr><td colspan="2">T02</td><td>ϕ10 立铣刀</td><td colspan="4"></td></tr>
<tr><td rowspan="2">序号</td><td colspan="2" rowspan="2">工艺内容</td><td colspan="3">切削用量</td><td>备注</td></tr>
<tr><td>主轴转速（r/min）</td><td>进给速度（mm/min）</td><td>背吃刀量（mm）</td><td></td></tr>
<tr><td>1</td><td colspan="2">铣上平面，保证零件厚度 20mm</td><td>2000</td><td>200</td><td>1</td><td></td></tr>
<tr><td>2</td><td colspan="2">铣外圆 ϕ70 至图纸尺寸</td><td>800</td><td>50</td><td>5</td><td></td></tr>
<tr><td>3</td><td colspan="2">钻 2×ϕ8 孔的中心孔及 2 个腰形槽下刀孔的中心孔
钻 2×ϕ8 通孔及 2 个腰形槽下刀孔</td><td>2000</td><td>300</td><td>1</td><td></td></tr>
<tr><td>4</td><td colspan="2">粗、精铣 2 个腰形槽</td><td>700</td><td>40</td><td></td><td></td></tr>
</table>

4. 零件加工程序单

零件加工程序单见表 4－17。

表 4－17 零件加工程序单

加工程序	程序注释
T1 M6	调用 1 号刀具
G54 G90 G00 X－100 Y0 Z100 M3 S2000	建立工件坐标系，主轴正转转速 2000r/min
T4 M6	调用 4 号刀具
G43 H04 Z5	建立刀具长度补偿
G98 G81 X－25 Y0 Z－10 F50	钻 2 处腰形槽下刀孔
X25	
G80 M05	取消钻削循环
T5 M6	调用 5 号刀具
G54 G0 G90 X－25 Y0 M3 S700	快速移动刀至下刀点，主轴正转，转速 700r/min
G43 H05 Z5	建立刀具长度补偿
G1 Z－10 F40	*Z* 轴下刀至距上平面 －10mm 处
G03 X0 Y－25 R25	粗铣左侧槽

续表

加工程序	程序注释
G1 G41 D5 Y－32	精铣左侧槽
G3 Y－18 R7	
G2 X－18 Y0 R18	
G3 X－32 R7	
X0 Y－32 R32	
G1 G40 X0 Y－25	取消刀补
G0 Z50	抬刀
X25 Y0	快速移动到右侧槽下刀处
Z5	
G1 Z－10 F40	*Z* 轴下刀至距上平面－10mm 处
G03 X0 Y25 R25	粗铣右侧槽
G1 G41 D5 Y32	精铣右侧槽
G3 Y18 R7	
G2 X18 Y0 R18	
G3 X32 R7	
X0 Y32 R32	
G1 G40 X0 Y25	
G0 Z50	
G0 Z200	抬刀
M30	程序结束

5. 注意事项

（1）工件零点选择在圆心，手工编程可以使编程简单。

（2）铣深槽时要分层铣削，注意最后一次槽要留有余量，消除了接刀对工件尺寸精度和形状精度的影响。

（3）采用合理的切削用量，提高工件表面质量。

（4）充分浇注切削液，消除切削热对尺寸精度的影响。

（三）飞轮加工

1. 零件加工概述

如图 4－46 所示零件。

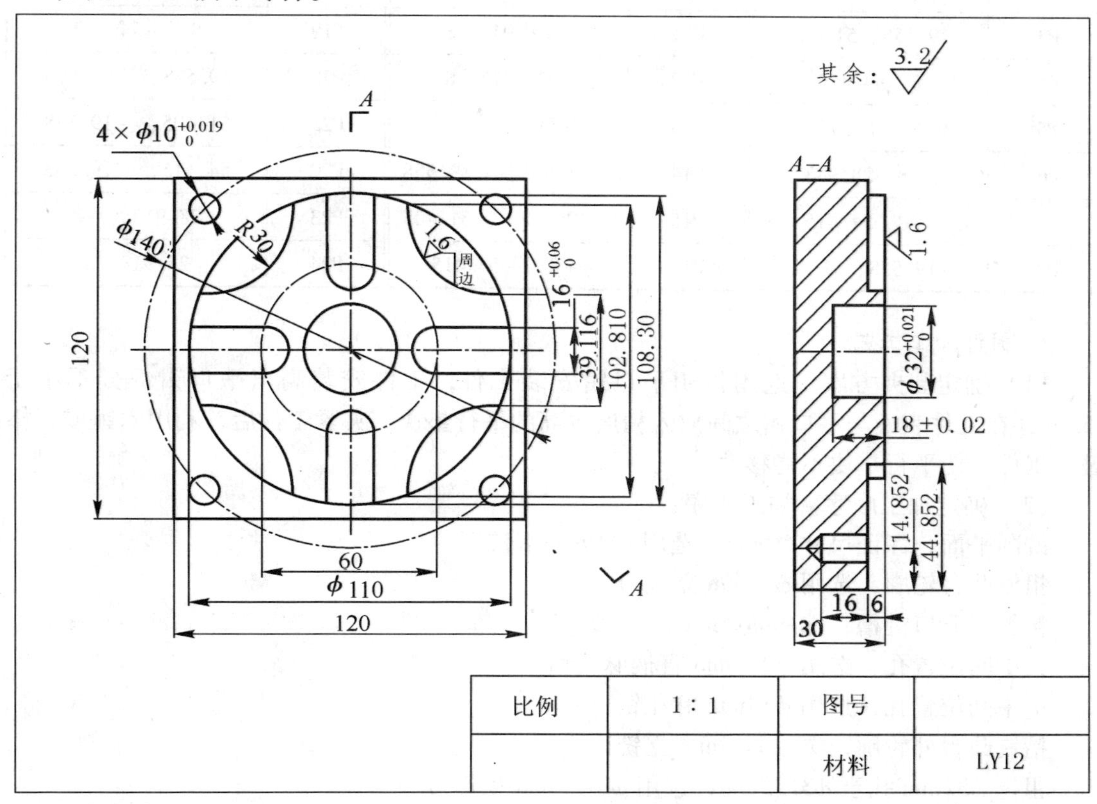

比例	1∶1	图号	
		材料	LY12

图 4－46　飞轮

2. 零件图样工艺分析

该零件形状外形规则，被加工部分的 ϕ32mm、ϕ10mm、16mm、6mm、50mm 尺寸精度、表面粗糙度值等要求较高，4 个 ϕ10mm 孔有位置精度要求。零件复杂程度一般，包含了平面、空间圆柱面、内外轮廓面、键槽、钻孔、扩孔铰孔等的加工。

图形相对于正方体的水平中心线对称，根据零件结构的特点，可以用底面、外轮廓定位，采用平口钳机构夹紧。编程零点在工件上表面 ϕ32mm 孔的中心位置。

各基点坐标如图 4－47 和表 4－18 所示。

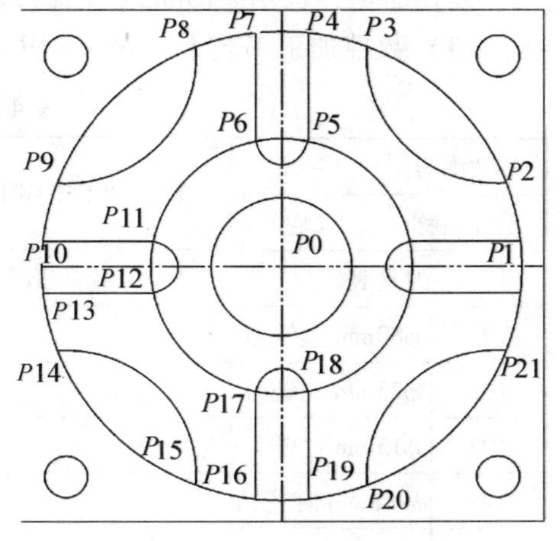

图 4－47　基点坐标

表 4-18　基点坐标

P1	54.415，8	P9	-51.405，19.558	P17	-8，-54.415
P2	51.405，19.558	P10	-54.415，8	P18	8，-28.913
P3	19.558，51.405	P11	-28.913，8	P19	8，-54.415
P4	8，54.415	P12	-28.913，8	P20	19.558，-51.405
P5	8，28.913	P13	-54.415，-8	P21	51.405，-19.558
P6	-8，28.983	P14	-51.405，-19.558	P22	54.415，-19.558
P7	-8，54.415	P15	-19.558，-51.405	P23	28.913，-8
P8	-19.558，51.405	P16	-8，-54.415	P24	28.913，8

3. 制订加工工艺

（1）确定装夹方案。选用机用平口钳安装工件，工件安装高出平口钳部分不小于15mm，在工件表面与平口钳之间放入精度较高的平行垫块，夹紧工件后，利用木锤或铜棒敲击工件，使平行垫块不能移动。

（2）确定加工顺序。加工顺序：

铣削平面，保证尺寸 50mm，选用 ϕ80mm 端铣刀

粗铣凸台轮廓，选用 ϕ25mm 立铣刀

粗加工开口键槽，选用 ϕ15mm 立铣刀

钻中间位置孔，选用 ϕ9.8mm 直柄麻花钻

扩中间位置孔，选用 ϕ30mm 麻花钻

精铣凸台外轮廓，选用 ϕ15mm 立铣刀

粗镗 ϕ32mm 孔至 ϕ31.5mm，选用 ϕ31.5mm 粗镗刀

精镗 ϕ32mm 孔，选用 ϕ32mm 精镗刀

钻 4 个 ϕ10mm 的定位中心孔，选用 A3 中心钻

钻孔加工，选用 ϕ9.8mm 直柄麻花钻

铰孔加工，选用 ϕ10mm 机用铰刀

（3）数控加工工艺卡见表 4-19。

表 4-19　数控加工工艺卡

零件图号	4-46	数控加工工序卡片		机床型号	VMC850
零件名称	飞轮			机床编号	
刀具表		量具表		夹具表	
T01	ϕ80mm 盘铣刀	1		1	
T02	ϕ25mm 立铣刀	2		2	
T03	ϕ15mm 立铣刀				
T04	ϕ9.8mm 麻花钻				
T05	ϕ30mm 麻花钻				

续表

<table>
<tr><td colspan="2">零件图号</td><td>4 - 46</td><td colspan="2" rowspan="2">数控加工工序卡片</td><td colspan="3">机床型号</td><td colspan="2">VMC850</td></tr>
<tr><td colspan="2">零件名称</td><td>飞轮</td><td colspan="3">机床编号</td><td colspan="2"></td></tr>
<tr><td colspan="3">刀具表</td><td colspan="2">量具表</td><td colspan="5">夹具表</td></tr>
<tr><td></td><td colspan="3"></td><td></td><td></td><td colspan="4"></td></tr>
<tr><td>T06</td><td colspan="3">ϕ31.5mm 粗镗刀</td><td></td><td></td><td colspan="4"></td></tr>
<tr><td>T07</td><td colspan="3">ϕ32mm 精镗刀</td><td></td><td></td><td colspan="4"></td></tr>
<tr><td>T08</td><td colspan="3">A3 中心钻</td><td></td><td></td><td colspan="4"></td></tr>
<tr><td>T09</td><td colspan="3">ϕ10mm 机用铰刀</td><td></td><td></td><td colspan="4"></td></tr>
<tr><td rowspan="2">序号</td><td colspan="4" rowspan="2">工艺内容</td><td colspan="4">切削用量</td><td>备注</td></tr>
<tr><td colspan="2">主轴转速
(r/min)</td><td>进给速度
(mm/min)</td><td>背吃刀量
(mm)</td><td></td></tr>
<tr><td>1</td><td colspan="4">铣削平面，保证尺寸 50mm</td><td colspan="2"></td><td></td><td></td><td></td></tr>
<tr><td>2</td><td colspan="4">粗铣凸台轮廓</td><td colspan="2"></td><td></td><td></td><td></td></tr>
<tr><td>3</td><td colspan="4">粗加工开口键槽</td><td colspan="2"></td><td></td><td></td><td></td></tr>
<tr><td>4</td><td colspan="4">钻中间位置孔</td><td colspan="2"></td><td></td><td></td><td></td></tr>
<tr><td>5</td><td colspan="4">扩中间位置孔</td><td colspan="2"></td><td></td><td></td><td></td></tr>
<tr><td>6</td><td colspan="4">精铣凸台外轮廓</td><td colspan="2"></td><td></td><td></td><td></td></tr>
<tr><td>7</td><td colspan="4">粗镗 ϕ32mm 孔至 ϕ31.5mm</td><td colspan="2"></td><td></td><td></td><td></td></tr>
<tr><td>8</td><td colspan="4">精镗 ϕ32mm 孔</td><td colspan="2"></td><td></td><td></td><td></td></tr>
<tr><td>9</td><td colspan="4">钻 4 × ϕ10mm 的定位中心孔</td><td colspan="2"></td><td></td><td></td><td></td></tr>
<tr><td>10</td><td colspan="4">钻 ϕ9.8mm 孔</td><td colspan="2"></td><td></td><td></td><td></td></tr>
<tr><td>11</td><td colspan="4">铰 ϕ10mm 孔</td><td colspan="2"></td><td></td><td></td><td></td></tr>
</table>

零件加工程序略。

项目四 孔加工

项目任务 钻孔、镗孔、铰孔、攻丝

项目实施

1. 零件加工概述

如图 4 - 48 所示零件。

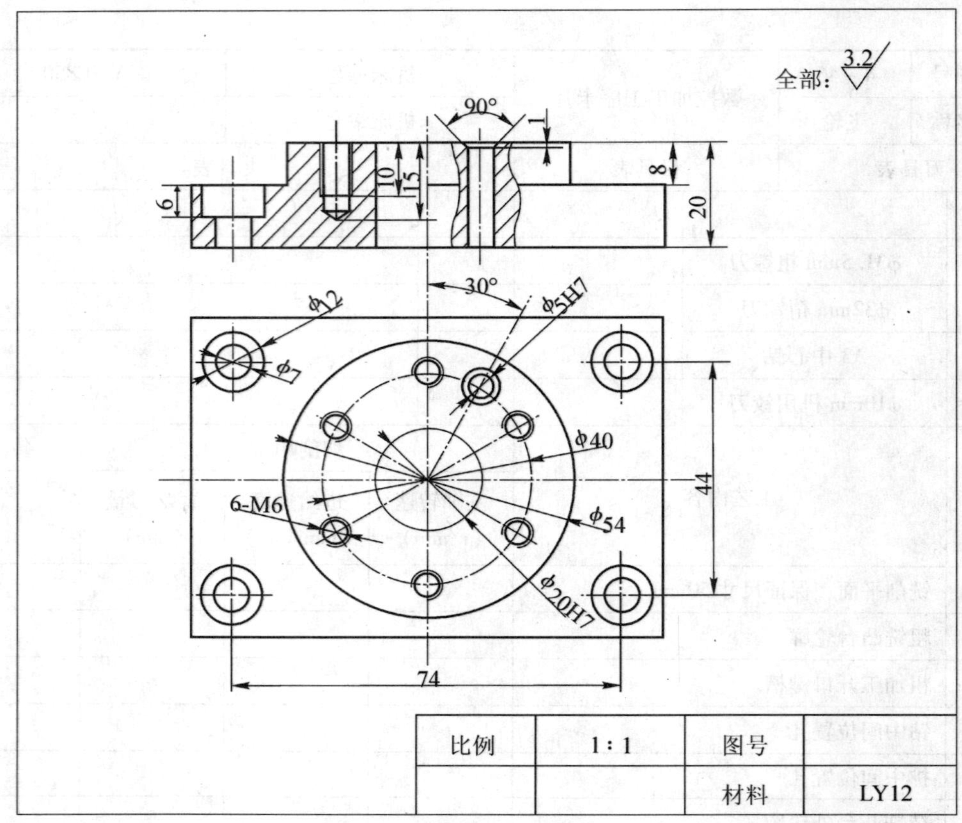

图 4－48　孔加工

2. 零件图样工艺分析

孔加工工序步骤见表 4－20。

表 4－20　孔加工工序步骤

零件号		零件名称	底板	材料	45 钢
程序号		产品型号		夹具	平口钳
工序内容	工步号	刀具号	刀具型号	主轴转速（r/min）	进给速度（mm/min）
钻中心孔	1	T01	D5 中心钻	2000	100
钻孔 4－ϕ7	2	T02	D7 麻花钻	1200	120
钻孔 4－ϕ12	3	T03	D12 平底锪钻	600	60
钻螺纹底孔（6－M6）	4	T04	D5 麻花钻	1400	140
钻孔至 ϕ18（ϕ20H7）	5	T05	D18 麻花钻	400	40
扩孔至 ϕ19.4（ϕ20H7）	6	T06	D19.4 麻花钻	300	30
钻孔 ϕ4.8（ϕ5H7）	7	TO7	D4.8 麻花钻	1500	150
铰孔 ϕ5H7	8	T08	D5 铰刀	100	100

续表

零件号		零件名称	底板	材料	45 钢	
程序号		产品型号		夹具	平口钳	
工序内容	工步号	刀具号	刀具型号		主轴转速（r/min）	进给速度（mm/min）
倒角	9	T09	倒角刀		1000	200
攻螺纹 6 - M6	10	T10	M6 丝锥		1000	1000
镗孔 ϕ20H7	11	T11	镗刀		500	50

3. 零件加工程序单

零件加工程序单见表 4 - 21。

表 4 - 21　零件加工程序单

加工程序	程序注释
N010 M06 T01;	D5 中心钻
N020 G90 G54 G00 X - 37 Y - 22 M03 S1000;	
N030 G43 G00 Z20 H01 M08;	
N040 G98 G81 X - 37 Y - 22 Z - 10 R - 5 F100;	钻中心孔
N050 X37;	
N060 Y22;	
N070 X - 37;	
N080 G99 X0 Y20 Z - 2 R3;	
N090 X - 17.32 Y10;	
N100 Y - 10;	
N110 X0 Y - 20;	
N120 X17.32 Y - 10;	
N130 Y10;	
N140 X10 Y17.32;	
N150 G98 X0 Y0;	
N160 G80 M05;	
N170 M06 T02;	D7 麻花钻
N180 G90 G54 G00 X - 37 Y - 22 M03 S1200;	
N190 G43 G00 Z20 H02 M08;	
N200 G98 G81 X - 37 Y - 22 Z - 25 R - 5 F120;	钻通孔
N210 X37;	
N220 Y22;	

续表

加工程序	程序注释
N230 X－37；	
N240 G80 M05；	
N250 M06 T03；	D12 键槽铣刀
N260 G90 G54 G00 X－37 Y－22 M03 S600；	
N270 G43 G00 Z20 H03 M0B；	
N280 G98 G82 X－37 Y－22 Z－14 P100 R－5 F60；	钻沉孔 ϕ12
N290 X37；	
N300 Y22；	
N310 X－373	
N320 G80 M05；	
N330 M06 T04；	D5 麻花钻
N340 G90 G54 G00 X0 Y 20 M03 S1400；	
N350 G43 G00 Z20 H04 M08；	
N360 G99 G73 X0 Y20 Z－15 R3 Q3 F140；	钻螺纹底孔
N370 X－17.32 Y10；	
N380 Y－10；	
N390 X0 Y－20；	
N400 X17.32 Y－10；	
N410 G98 Y10；	
N420 G80 M05；	
N430 M06 T05；	D18 麻花钻
N440 G54 G00 X0 Y0 M03 S400；	
N450 G43 G00 Z20 H05 M08；	
N460 G73 X0 Y0 Z－28 R3 Q3 F40；	钻孔 ϕ18
N470 G80 M05；	
N480 M06 T06；	D19.4 麻花钻
N490 G54 G00 X0 Y0 M03 S300；	
N500 G43 G00 Z20 H06 M08；	
N510 G81 X0 Y0 Z－28 R3 F30；	扩孔 ϕ19.4
N520 G80 M05；	
N620 G80 M05；	
N530 M06 T07；	D4.8 麻花钻
N540 G54 G00 X10 Y17.32 M03 S1500；	
N550 G43 G00 Z20 H07 M08；	
N560 G73 X10 Y17.32 Z－25 R3 Q3 F150；	钻孔 ϕ4.8
N570 G80 M05；	
N580 M06 T08；	D5 铰刀
N590 G54 G00 X10 Y17.32 M03 S100；	

续表

加工程序	程序注释
N600 G43G00 Z20 H08 M08； N610 G85 X10 Yl7. 32 Z－28 R3 F100； N620 G80 M05	 铰孔 ϕ5H7
N630 M06 T09； N640 G54 G00 X10 Y17. 32 M03 S1000； N650 G43 G00 Z20 H09 M08； N660 G82 X10 Y17. 32 Z－3. 5 R3 Pl00 F200； N670 G 80 M05；	倒角刀 倒角
N680 M06 T10； N690 G90 G54 G00 X0 Y2 0M 03 S1000； N700 G43 G00 Z20 H10 M08； N710 G99 G84 X0 Y20 Z－10 R5 F1000； N720 X－17. 32 Y10； N730 Y－10； N740 X0 Y－20； N750 X17. 32 Y－10； N760 G98 Yl0； N770 G80 M05；	M6 丝锥 攻螺纹 M6
N780 M06T11； N790 G54 G00 X0 Y0 M03 S500； N800 G43 G00 Z20 H11 M08； N810 G76 X0 Y0 Z－21 R3 Q0. 3 F50； N820 G80 M09； N830 G00 Z200 M05； N840 M02；	镗刀 镗孔

项目五　子程序、宏程序

项目任务　子程序应用
　　　　　　宏程序应用

项目实施

（一）子程序应用

1. 零件加工概述

如图 4－46 所示零件。

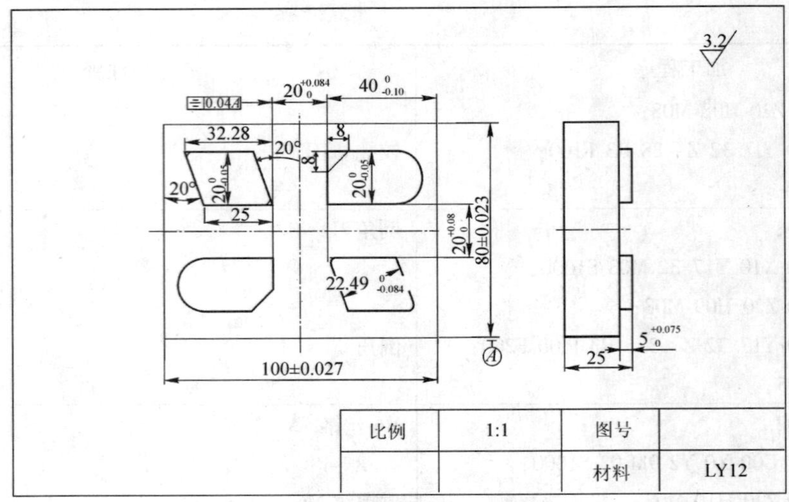

图 4－49　子程序应用

2. 零件图样工艺分析

该零件形状轨迹较简单，尺寸标注齐全，尺寸精度要求不高。图形可通过旋转 180°得到，在加工中，可利用子程序结合坐标旋转指令，以减少程序量。根据零件结构的特点，可以用底面，外轮廓定位，采用平口钳机构夹紧，刀具为 ϕ12 立铣刀。编程零点在工件中心表面处。

3. 零件加工程序单

零件加工程序单见表 4－22，表 4－23。

表 4－22　零件加工程序单

加工程序	程序注释
N1 T1 M06	调用 1 号刀换刀
N2 G54 G90 G00 G40 Z100	设置零点偏置
N3 G0 X0 Y0 M3 S500	主轴正转转速 500r/min
N4 Z50	
N5 X60	
N6 Z5	
N7 G01 Z－2. 5 F200	下刀至－2. 5mm 处
N8 G01 G42 X45 Y－30 D1 F100	采用刀具半径右补偿
N9 Y30	
N10 X－45	
N11 Y－30	
N12 X45	

续表

加工程序	程序注释
N13 Z5	Z 向抬刀至 5mm
N14 G00 G40 X60	取消刀具半径补偿
N15 G01 Z-5 F200	Z 向下刀至 -5mm 处
N16 G01 G42 X45 Y-30 D1 F100	采用刀具半径右补偿
N17 Y30	
N18 X-45	
N19 Y-30	
N20 X45	
N21 Z5	Z 向抬刀至 5mm
N22 G00 G40 X60 Y10	取消刀具半径补偿
N23 G01 Z-2. 5 F200	下刀至 -2. 5mm 处
N24 M98 P0600	调用子程序 O0600 一次
N25 G01 Z-5 F200	下刀至 -5mm 处
N26 M98 P0600	调用子程序 O0600 一次
N27 G00 X-60 Y-40	
N28 G51. 1 X0 Y0	以工件零点进行镜像
N29 G01 Z-2. 5 F200	下刀至 -2. 5mm
N30 M98 P0600	调用子程序 O0600 一次
N40 G01 Z-5 F100	下刀至 -5mm 处
N50 M98 P0600	调用子程序 O0600 一次
N60 G00 X-60 Y10	
N70 G50. 1	镜像取消
N80 G00 X-60 Y40	
N90 G01 Z-2. 5 F100	下刀至 -2. 5mm
N100 M98 P0610	调用子程序 O0610 一次
N110 G01 Z-5 F100	下刀至 -2. 5mm
N120 M98 P0610	调用子程序 O0610 一次
N130 G00 X60 Y-10	
N140G51. 1 X0 Y0	以工件零点进行镜像

续表

加工程序	程序注释
N150 G01 Z－2.5 F100	下刀至－2.5mm
N160 M98 P0610	调用子程序 O0610 一次
N170 G01 Z－5 F100	下刀至－5mm 处
N180 M98 P0610	调用子程序 O0610 一次
N190 G50.1	镜像取消
N200 G0 Z100	抬刀至 *Z* 100mm
M05	主轴停止
N220 M30	程序结束，返回程序的开始

表 4－23　零件加工程序单

加工程序	程序注释
O0600	铣圆形凸台
N10 G01 G41 X35 Y10 D1 F100	采用刀具半径左补偿
N20 X10	
N30 Y22	
N40 X18 Y30	
N50 X35	
N60 G02 X35 Y10 R10	
N70 G01 Z1 F300	抬刀至 Z 1mm 处
N80 G40 G00 X60	取消刀具半径补偿
N90 M99	子程序结束
O0610	铣菱形凸台子程序
N10 G01 G41 X－33.93 Y10 D1 F100	调用刀具半径左补偿
N20 X－12.86	
N30 G02 X－10.98 Y12.68 R2	
N40 G1 X－17.28 Y30	
N50 X－38.36	
N60 G02 X－40.24 Y27.32 R2	
N70 G01 X－33.93 Y10	
N80 G01 Z1 F300	抬刀至 Z 1mm 处
N90 G40 G00 X50	取消刀具半径补偿
N100 M99	子程序结束

4. 注意事项

（1）旋转子程序的结尾 z 向是否抬刀，具体根据主程序来定。

（2）在首次测试运行程序之前，须将进给修调设置为零，然后通过显示屏观察余动量，如果与期望值相同则继续执行，否则检查程序。

（二）宏程序应用

1. 零件加工概述

如图 4－50 所示零件。

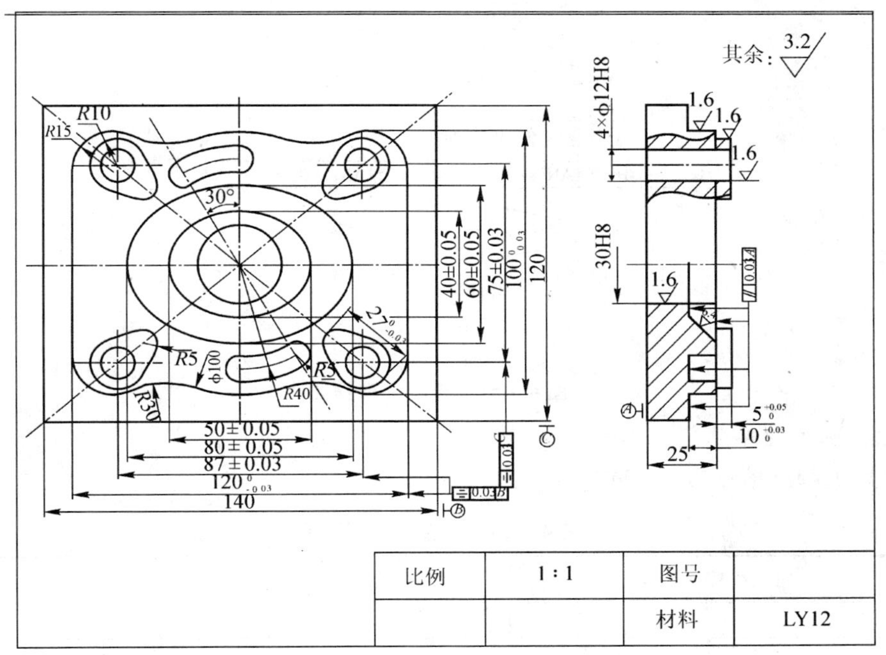

图 4－50 宏程序应用

2. 零件图样工艺分析

该零件的加工表面有外轮廓、桃形凸台、椭圆形腔、两个腰形键槽、ϕ30mm 中心通孔、4－ϕ12mm 的孔。这里只讨论椭圆形腔拔摸加工。

（1）分析图形特征，型腔为椭圆锥台，用垂直于 Z 轴的平面与之相截则每一个截面都是椭圆，只是每层椭圆的长、短轴不一样。

（2）建立数学模型，椭圆的参数方程为 $x = a\cos\theta$，$y = b\sin\theta$，每个截面上椭圆的长、短轴，呈线性变化，因此可在椭圆 z 方向每次上升 0.1mm。

（3）确定程序变量和程序出口，设层高 z 为自变量，在每一个层高均完成一个椭圆的加工，当 z 到达 0 时跳出循环；椭圆加工设极角 θ 为自变量，$0° \leqslant \theta \leqslant 360°$，当 $\theta = 360°$时跳出循环。

（4）宏程序流程图如图 4－51 所示。

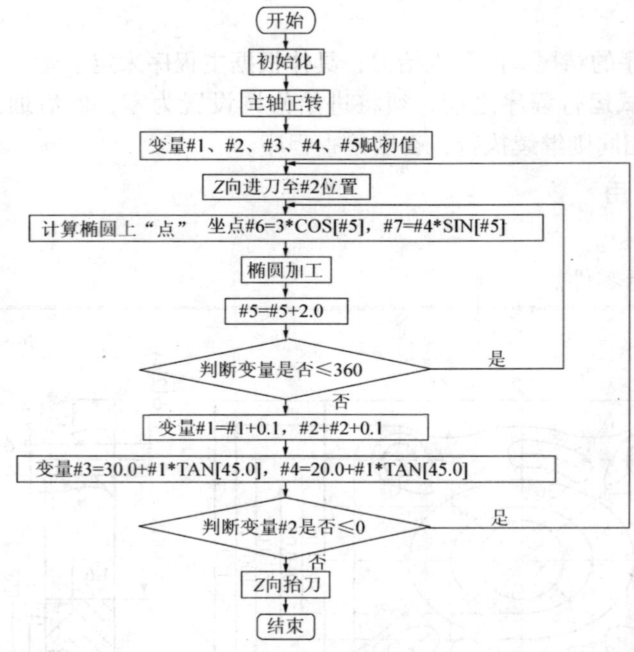

图 4－51　宏程序流程图

3. 零件加工程序单

零件加工程序单见表 4－24。

表 4－24　零件加工程序单

加工程序	程序注释
O0013	
…	
N60 G00 X0 Y0	快速定位
N70 Z5. 0	
N80 #1 = 0	定义抬刀高度
N90 #2 = －10. 0	定义加工深度
N100 #3 = 30. 0	定义椭圆长半轴
N110 #4 = 20. 0	定义椭圆短半轴
N120 #5 = 0	定义椭圆切削起点
N130 G01Z ［#2］ F80	进刀到所需深度
N140 #6 = #3 * COS ［#5］	计算椭圆 x 坐标
N150 #7 = #4 * SIN ［#5］	计算椭圆 Y 坐标
N160 G41 G01 X ［#3］ Y0 D01	
N165 G01 X ［#6］ Y ［#7］	加工椭圆
N170 #5 = #5 + 2. 0	角度递增赋值

续表

加工程序	程序注释
N180 IF ［#5LE360］ GOTO 165	判断角度值
N190 G40 G01 X0 Y0	取消刀补
N200 #1 = #1 + 0. 1	计算抬刀高度
N210 #2 = #2 + 0. 1	计算加工深度
N220 #3 = 30. 0 + #1 * TAN ［45. 0］	计算椭圆长半轴
N230 #4 = 20. 0 + #1 * TAN ［45. 0］	计算椭圆短半轴
N240I F ［#2LE0］ GOTO 120	判断加工深度
N250 G00 Z20	取消刀具半径补偿
N260 M30	
	程序结束

项目六　综合加工实例

项目任务　组合体零件加工
综合零件加工

项目实施

（一）组合体零件加工

1. 零件加工概述

如图 4 – 52 所示零件。

2. 零件图样工艺分析

该零件是铣削加工中常见的典型零件，加工表面有平面、凸台、圆弧、内孔、内轮廓、外轮廓、凹槽等，尺寸标注完整，轮廓描述清楚。其中内孔直径尺寸精度和表面粗糙度要求较高。该类零件通常需经铣平面、钻孔、扩孔、镗孔或铰孔及铣内外轮廓等工步才能完成。

3. 制订加工工艺

（1）选择加工方法。底平面表面粗糙度 Ra 为 3. 2μm，采用粗铣—精铣方案。

上平面表面粗糙度为 Ra1. 6μm，并保证与下平面的平行度，采用粗铣—精铣方案，粗铣给精铣时留的加工余量不能太多，切削参数也要合适。

其余各加工表面选择的加工方案如下：

ϕ8H11（$^{+0.09}_{0}$），Ra3. 2μm 孔：钻中心孔—钻孔（或铰孔、粗镗）（参考）；

2 × ϕ10H8（$^{+0.0022}_{0}$），Ra1. 6μm 孔：钻中心孔—钻孔—粗镗—精镗；

ϕ45h8（$^{0}_{-0.039}$）外圆：粗铣—精铣；

ϕ75mm 的内孔所组成的环形槽：粗铣—精铣。

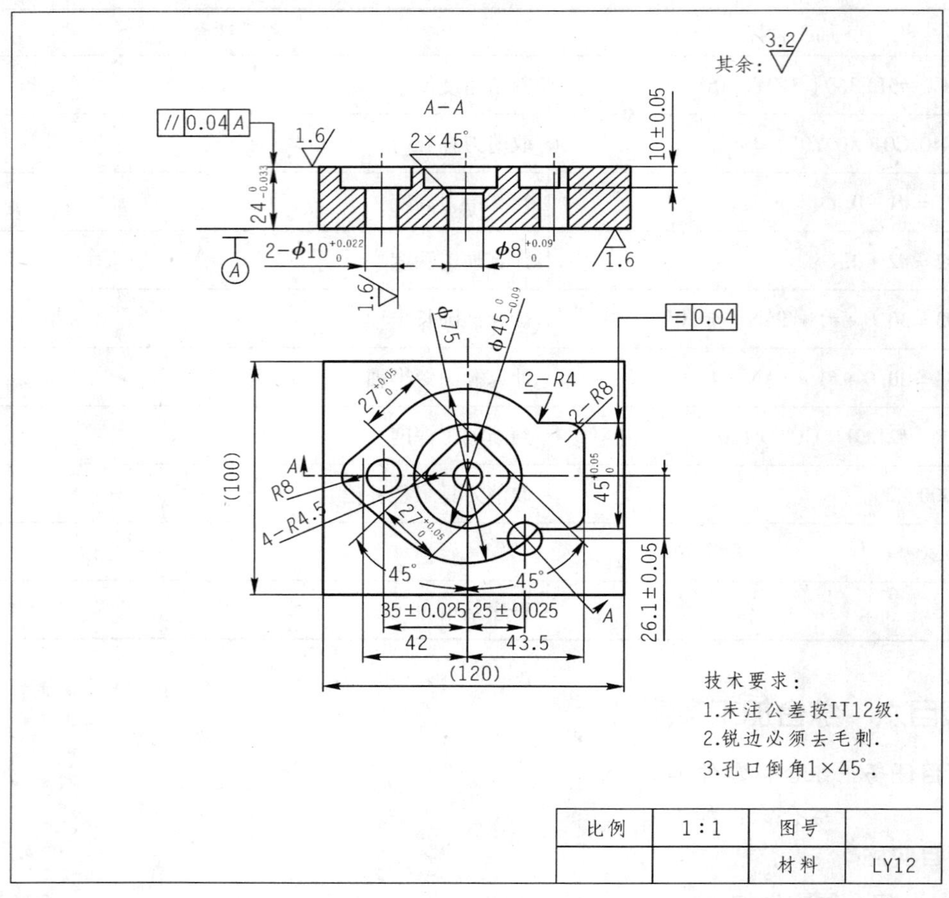

图 4－52　组合体零件

（2）确定加工顺序。按照先加工基准面、先面后孔、先粗后精、先内后外的原则确定。详见表 4－25 数控加工工序卡。

表 4－25　数控加工工序卡

<table>
<tr><td colspan="2" rowspan="2">零件名称</td><td rowspan="2">组合体</td><td colspan="2" rowspan="2">数控加工工序卡片</td><td colspan="3">图号</td><td colspan="2">材料</td></tr>
<tr><td colspan="3"></td><td colspan="2">2Cr13</td></tr>
<tr><td colspan="2">工序号</td><td>程序编号</td><td>夹具名称</td><td>产品名称或代号</td><td colspan="3">设备</td><td colspan="2">共 1 页</td></tr>
<tr><td colspan="2">25</td><td></td><td>虎钳</td><td></td><td colspan="3">VMC750</td><td colspan="2">第 1 页</td></tr>
<tr><td>工步号</td><td colspan="3">工步内容</td><td>刀具号</td><td>刀具规格（mm）</td><td>主轴转速（r/min）</td><td>进给速度（mm/min）</td><td>背吃刀量（mm）</td><td>备注</td></tr>
<tr><td>5</td><td colspan="3">粗铣底平面，保证厚度尺寸为 25.5mm</td><td>T1</td><td>ϕ150</td><td>1200</td><td>80</td><td></td><td></td></tr>
<tr><td>10</td><td colspan="3">精铣底平面，保证厚度尺寸为 25，Ra1.6μm；底平面和侧面的垂直度不大于 0.05</td><td>T2</td><td>ϕ150</td><td>1500</td><td>110</td><td></td><td></td></tr>
</table>

续表

<table>
<tr><td colspan="2" rowspan="2">零件名称</td><td rowspan="2">组合体</td><td colspan="2" rowspan="2">数控加工工序卡片</td><td colspan="2">图号</td><td colspan="2">材料</td></tr>
<tr><td colspan="2"></td><td colspan="2">2Cr13</td></tr>
<tr><td colspan="2">工序号</td><td>程序编号</td><td>夹具名称</td><td>产品名称或代号</td><td colspan="2">设备</td><td colspan="2">共 1 页</td></tr>
<tr><td colspan="2">25</td><td></td><td>虎钳</td><td></td><td colspan="2">VMC750</td><td colspan="2">第 1 页</td></tr>
<tr><td>15</td><td colspan="3">以底平面和两侧面定位,粗铣上平面</td><td>T1</td><td>$\phi150$</td><td>1200</td><td>90</td><td></td><td></td></tr>
<tr><td>20</td><td colspan="3">精铣上平面,保证尺寸 $24_{-0.033}^{0}$,Ra1.6 及和底面的平行度不大于 0.04</td><td>T2</td><td>$\phi150$</td><td>1500</td><td>120</td><td></td><td></td></tr>
<tr><td>25</td><td colspan="3">钻 ϕ8H11、2 × ϕ10H8 孔的中心孔</td><td>T3</td><td>A3</td><td>1000</td><td>60</td><td></td><td></td></tr>
<tr><td>30</td><td colspan="3">钻 $\phi8_{0}^{+0.09}$孔达图纸尺寸,保证 Ra3.2</td><td>T4</td><td>$\phi8$</td><td>800</td><td>60</td><td></td><td></td></tr>
<tr><td>35</td><td colspan="3">钻 2 × $\phi10_{0}^{+0.022}$ 孔为 $\phi9.5$,保证尺寸,Ra3.2</td><td>T5</td><td>$\phi9.5$</td><td>600</td><td>50</td><td></td><td></td></tr>
<tr><td>40</td><td colspan="3">粗镗 2$\phi10_{0}^{0.022}$ 孔,单边留余 0.07,保证 Ra1.6</td><td>T6</td><td>$\phi9.85$</td><td>900</td><td>65</td><td></td><td></td></tr>
<tr><td>45</td><td colspan="3">精镗 2 × $\phi10_{0}^{+0.022}$ 孔至尺寸,保证尺寸 35 ±0.025、25 ±0.025、26.1 ±0.05,Ra1.6</td><td>T7</td><td>$\phi10$</td><td>1100</td><td>95</td><td></td><td></td></tr>
<tr><td>50</td><td colspan="3">粗铣由 ϕ75mm 的内孔、ϕ45h8 外圆、R8 等所组成的环形槽,侧面和底面分别留余 0.5</td><td>T8</td><td>$\phi10$</td><td>500</td><td>45</td><td></td><td></td></tr>
<tr><td>55</td><td colspan="3">粗铣 27 ×27 的内四方槽,各边及底面分别留余 0.5,保证 Ra3.2</td><td>T9</td><td>$\phi8$</td><td>750</td><td>60</td><td></td><td></td></tr>
<tr><td>60</td><td colspan="3">精铣由 ϕ75mm 的内孔、ϕ45h8 外圆、R8 等所组成的环形槽,保证各相关尺寸;Ra3.2 及对称度不大于 0.04
注:环形槽内侧壁不许有刀痕</td><td>T10</td><td>$\phi10$</td><td>650</td><td>60</td><td></td><td></td></tr>
<tr><td>65</td><td colspan="3">精铣 27 ×27 的内四方槽,保证尺寸 $27_{0}^{+0.05}$ ×$27_{0}^{+0.05}$,4R5 及 10 ±0.05;Ra3.2
注:四方槽内侧壁不许有刀痕</td><td>T11</td><td>$\phi8$</td><td>800</td><td>65</td><td></td><td></td></tr>
<tr><td>70</td><td colspan="3">锪 2 × $\phi10_{0}^{+0.022}$ 孔中左端孔孔口倒角 1 ×45°和 $\phi8_{0}^{+0.09}$ 孔口倒角 2 ×45°至尺寸 Ra3.2</td><td>T12</td><td>$\phi14$</td><td>600</td><td>60</td><td></td><td></td></tr>
<tr><td>75</td><td colspan="3">检测</td><td></td><td></td><td></td><td></td><td></td><td></td></tr>
</table>

(3)确定装夹方案和选择夹具。该零件形状简单,四个侧面较光整,加工面与不加工面之间的位置精度要求不高,故可选用通用虎钳,以底面和两个侧面定位,用虎钳钳口从侧面夹紧。

(4)选择刀具。铣平面时精铣铣刀直径应选大一些,以减少接刀痕迹,但要考虑到刀库允许装刀直径(VMC850 型加工中心的允许装刀直径:无相邻刀具为 ϕ160mm,有相邻刀具为

ϕ90mm)。刀柄柄部根据主轴锥孔和拉紧机构选择,VMC850 型加工中心主轴锥孔为 ISO40,适用刀柄为 JT40,故刀柄柄部应选择 JT40 型式。

具体所选刀具及刀柄见表 4－26 数控加工刀具卡。

表 4－26 数控加工刀具卡

<table>
<tr><td colspan="2">车间</td><td></td><td>零件名称</td><td>组合体</td><td>零件材料</td><td>LY12</td><td>程序编号</td><td></td></tr>
<tr><td colspan="2">产品型号</td><td></td><td colspan="2">零件图号</td><td colspan="2"></td><td colspan="2">共 1 页 第 1 页</td></tr>
<tr><td rowspan="2">顺序号</td><td rowspan="2">刀具号</td><td rowspan="2">刀具名称</td><td rowspan="2">刀柄型号</td><td colspan="2">刀 具</td><td rowspan="2">补偿值
mm</td><td rowspan="2" colspan="2">刀具材料</td></tr>
<tr><td>直径
/(mm)</td><td>长度
/(mm)</td></tr>
<tr><td>1</td><td>T1</td><td>面铣刀</td><td>BT40－XM32－75</td><td>ϕ150</td><td></td><td></td><td colspan="2"></td></tr>
<tr><td>2</td><td>T2</td><td>面铣刀</td><td>BT40－XM32－75</td><td>ϕ150</td><td></td><td></td><td colspan="2"></td></tr>
<tr><td>3</td><td>T3</td><td>中心钻</td><td>BT40－Z10－45</td><td>A3</td><td></td><td></td><td colspan="2"></td></tr>
<tr><td>4</td><td>T4</td><td>麻花钻</td><td>BT40－M1－45</td><td>ϕ9.5</td><td></td><td></td><td colspan="2"></td></tr>
<tr><td>5</td><td>T5</td><td>麻花钻</td><td>BT40－M1－45</td><td>ϕ8</td><td></td><td></td><td colspan="2"></td></tr>
<tr><td>6</td><td>T6</td><td>粗镗刀</td><td>BT40－TQC50－180</td><td>ϕ9.85</td><td></td><td></td><td colspan="2"></td></tr>
<tr><td>7</td><td>T7</td><td>精镗刀</td><td>BT40－TW50－140</td><td>ϕ10H8</td><td></td><td></td><td colspan="2"></td></tr>
<tr><td>8</td><td>T8</td><td>立铣刀</td><td>BT40－MW2－55</td><td>ϕ8</td><td></td><td></td><td colspan="2"></td></tr>
<tr><td>9</td><td>T9</td><td>立铣刀</td><td>BT40－MW2－55</td><td>ϕ10</td><td></td><td></td><td colspan="2"></td></tr>
<tr><td>10</td><td>T10</td><td>立铣刀</td><td>BT40－MW2－55</td><td>ϕ8</td><td></td><td></td><td colspan="2"></td></tr>
<tr><td>11</td><td>T11</td><td>立铣刀</td><td>BT40－MW2－55</td><td>ϕ10</td><td></td><td></td><td colspan="2"></td></tr>
<tr><td>12</td><td>T12</td><td>锪钻</td><td>BT40－MW2－55</td><td>ϕ14×45°</td><td></td><td></td><td colspan="2"></td></tr>
<tr><td colspan="2">编制</td><td></td><td>校对</td><td></td><td>审核</td><td></td><td>批准</td><td></td></tr>
</table>

(5)确定进给路线。平面的粗、精铣削加工进给路线根据铣刀直径确定,所有孔加工进给路线均按最短路线确定,因孔的位置精度要求不高,机床的定位精度完全能保证。粗、精铣各内、外轮廓,凸台内、外侧时比较关键,铣削平面内轮廓时尽量采用顺铣方式加工,以提高表面粗糙度,同时粗、精加工时对零件的变形影响比较少。

4. 零件加工程序单

编程原点选择中心孔,Z0 点设在零件上平面。用铣刀加工零件时,尽量避免在零件实体处下刀。并且考虑夹具和附件的位置,避免发生碰撞和干涉。

数控程序及其加工范围见表 4－27、表 4－28、表 4－29、表 4－30、表 4－31。

表4-27 数控程序说明卡

厂名	数控程序卡片		产品型号			共1页
			零组件号			第1页
工序名称	数铣	工序号 25	设备型号	VMC850	程序编号	O0001
工步	加工内容	程序起止号	刀位号	刀具名称	刀具规格	量具号
5	粗铣底平面	N1 ~ N7	T1	面铣刀	$\phi150$	
10	精铣底平面	N10 ~ N16	T2	面铣刀	$\phi150$	
15	粗铣上平面	N20 ~ N26	T1	面铣刀	$\phi150$	
20	精铣上平面	N30 ~ N36	T2	面铣刀	$\phi150$	
25	钻 $\phi8$、$2\phi10$ 中心孔	N40 ~ N47	T3	中心钻	A3	
30	钻 $\phi8^{+0.09}_{0}$ 孔	N50 ~ N55	T4	麻花钻	$\phi8$	
35	钻 $2\times\phi10^{+0.022}_{0}$ 孔的粗孔	N60 ~ N66	T5	麻花钻	$\phi9.5$	
40	粗镗 $2\times\phi10^{+0.022}_{0}$ 孔	N70 ~ N76	T6	粗镗刀	$\phi9.85$	
45	精镗 $2\times\phi10^{+0.022}_{0}$ 孔	N80 ~ N86	T7	精镗刀	$\phi10$	
50	粗铣由 $\phi75$mm 的内孔、$\phi45$h8 外圆、R8 等所组成的环形槽	N90 ~ N97	T8	立铣刀	$\phi10$	
55	粗铣 27×27 的内四方槽	N100 ~ N107	T9	立铣刀	$\phi8$	
60	精铣由 $\phi75$mm 的内孔、$\phi45$h8 外圆、R8 等所组成的环形槽	N111 ~ N117	T10	立铣刀	$\phi10$	
65	精铣 27×27 的内四方槽	N120 ~ N127	T11	立铣刀	$\phi8$	
70	锪 $2\times\phi10^{+0.02}_{0}$ 孔中左端孔孔口倒角 1×45° 和 $\phi8^{+0.09}_{0}$ 孔口倒角 2×45°	N140 ~ N147	T12	锪钻	$\phi14$	
标记	更改单编号	签名	标记	更改单编号	签名	
编程员		校对		审核		批准

表4-28 数控加工程序单

数控系统	数控程序清单		产品型号			共4页
FANUC-0iM			零组件号			第1页
工序名称	数铣	工序号 25	设备型号	VMC850	程序编号	o0001

```
O0001
(粗铣底面 TOOL-T1 DIA-150,面铣刀)
N1 T1 M6
N2 G55 G90 G0 X-145 Y0
N3 G43 H1 Z50 S1200 M3
```

```
(精铣上平面 TOOL-T1 DIA-150,面铣刀)
N30 T2 M6
N31 G54 G90 G0 X-145 Y0
N32 G43 H2 Z50 S1500 M3
N33 Z10
```

续表

<table>
<tr><td>数控系统</td><td colspan="3" rowspan="2">数控程序清单</td><td>产品型号</td><td colspan="2"></td><td>共 4 页</td></tr>
<tr><td>FANUC - 0iM</td><td>零组件号</td><td colspan="2"></td><td>第 1 页</td></tr>
<tr><td>工序名称</td><td>数铣</td><td>工序号</td><td>25</td><td>设备型号</td><td>VMC850</td><td>程序编号</td><td>O0001</td></tr>
</table>

```
N4 Z10
N5 G1 Z0.5 F2000
N6 X135 F80
N7 G0 Z50
(精铣底面 TOOL - T2 DIA - 150,面铣刀)
N10 T2 M6
N11 G55 G90 G0 X - 145 Y0
N12 G43 H2 Z50 S1500 M3
N13 Z10
N14 G1 Z0 F2000
N15 X140 F110
N16 G0 Z50

(翻面,粗铣上平面)
(TOOL - T1 DIA. - 150,面铣刀)
N20 T1 M6
N21 G54 G90 G0 X - 145 Y0
N22 G43 H1 Z50 S1500 M3
N23 Z10
N24 G1 Z0.5 F2000
N25 X130 F90
N26 G0 Z50
```

```
N34 G1 Z0 F2000
N35 X140 F120
N36 G0 Z50

(钻各孔中心 TOOL - T3 DIA - A3,中心钻)
N40 T3 M6
N41 G54 G0 G90 X0 Y0
N42 G43 H3 Z50 S1000 M13
N43 G98 G81 Z - 3 R5 F60
N44 X - 35
N45 X25 Y - 26.1
N46 G80
N47 G0 Z100

(钻 φ8 孔 TOOL - T4 DIA - 8,钻头)
N50 T4 M6
N51 G54 G0 G90 X0 Y0
N52 G43 H4 Z50 M8 S800 M3
N53 G98 G83 Z - 28 R5 Q3 F60
N54 G80
N55 G0 Z100
```

标记	更改单编号	签名	标记	更改单编号	签名

编程员		校对		审核		批准	

表 4-29　数控加工程序单

<table>
<tr><td colspan="2">数控系统</td><td colspan="2" rowspan="2">数控程序清单</td><td colspan="2">产品型号</td><td></td><td>共 4 页</td></tr>
<tr><td colspan="2">FANUC-0iM</td><td colspan="2">零组件号</td><td></td><td>第 2 页</td></tr>
<tr><td>工序名称</td><td>数铣</td><td>工序号</td><td>25</td><td>设备型号</td><td>VMC850</td><td>程序编号</td><td>O0001</td></tr>
<tr><td colspan="4">(钻 2×ϕ10 底孔 TOOL-T5 DIA-9.5,钻头)
N60 T5 M6
N61 G54 G0 G90 X-35 Y0
N62 G43 H5 Z50 M8 S600 M3
N63 G98 G83 Z-28 R5 Q4 F50
N64 X25 Y-26.1
N65 G80
N66 G0 Z100
(粗镗 2×ϕ10 孔 TOOL-T6 DIA-9.85,镗刀)
N70 T6 M6
N71 G54 G0 G90 X-35 Y0
N72 G43 H6 Z50 M8 S900 M3
N73 G98 G76 Z-25 R5 Q0.1 F65
N74 X25 Y-26.1
N75 G80
N76 G0 Z100</td><td colspan="4">(精镗 2×ϕ10 孔 TOOL-T6 DIA-10,镗刀)
N80 T7 M6
N81 G54 G0 G90 X-35 Y0
N82 G43 H6 Z50 S1100 M13
N83 G98 G76 Z-25 R5 Q0.02 F75
N84 X25 Y-26.1
N85 G80
N86 G0 Z100
(粗铣由 ϕ75mm 的内孔、ϕ45h8 外圆、R8 等所组成的环形槽,TOOL-T8 DIA-ϕ10,立铣刀 H8=H+0.5 D8=+0.5,D、H 为刀具实际值)
N90 T8 M6
N91 G54 G0 G90 X35 Y0
N92 G43 H8 Z50 S500 M13
N93 G1 Z3 F2000
N94 Z-10 F60
N95 D8
N96 F45
N97 M98 P0010
N98 G0 Z100</td></tr>
<tr><td>标记</td><td>更改单编号</td><td colspan="2">签名</td><td>标记</td><td colspan="2">更改单编号</td><td>签名</td></tr>
<tr><td>编程员</td><td></td><td>校对</td><td></td><td>审核</td><td></td><td>批准</td><td></td></tr>
</table>

表4-30 数控加工程序单

<table>
<tr><td>数控系统</td><td colspan="3" rowspan="2">数控程序清单</td><td colspan="2">产品型号</td><td></td><td>共4页</td></tr>
<tr><td>FANUC-0iM</td><td colspan="2">零组件号</td><td></td><td>第3页</td></tr>
<tr><td>工序名称</td><td>数铣</td><td>工序号</td><td>25</td><td>设备型号</td><td>VMC850</td><td>程序编号</td><td>O0001</td></tr>
<tr><td colspan="4">（粗铣27×27的内四方槽，H9=H+0.5、D9=D+0.5刀具实际参数为D、H，TOOL-T DIA-φ8，立铣刀）
N100 T9 M6
N101 G54 G0 G90 X0 Y0
N102 G43 H9 Z50 S750 M13
N103 G1 Z5 F2000
N104 G1Z-10 F70
N105 D9
N106 F60
N107 M98 P0020
N108 G0 Z100
（精铣由φ75mm的内孔、φ45h8外圆、R8等所组成的环形槽）
（TOOL-T10 DIA-φ10，立铣刀）
N110 T10 M6
N111 G54 G0 G90 X35 Y0
N112 G43 H10Z50 S750 M13
N113 G1Z3 F2000
N114 Z-10 F70
N115 D10
N116 F60
N117 M98 P0010
N118 G0 Z100</td><td colspan="4">（精铣27×27的内四方槽，TOOL-T11 DIA-φ8，立铣刀）
N120 T11 M6
N121 G54 G0 G90 X0 Y0
N122 G43 H11 Z50 S800 M13
N123 G1 Z5 F2000
N124 D11
N125 G1 Z-10 F85
N126 F65
N127 M98 P0020
N128 G0 Z100
（锪2×$\phi10^{+0.022}_{0}$孔中左端孔孔口倒角1×45°和$\phi48^{+0.09}_{0}$孔口倒角2×45°TOOL-T3 DIA-φ14，锪钻）
N140 T12 M6
N141 G54 G0 G90 X0 Y0
N142 G43 H12 Z50 S600 M13
N143 G98 G81 Z-2 R5 F60
N144 X-35 Z-1
N145 G80
N146 G0 Z100
N147 M30</td></tr>
<tr><td>标记</td><td>更改单编号</td><td colspan="2">签名</td><td>标记</td><td>更改单编号</td><td colspan="2">签名</td></tr>
<tr><td>编程员</td><td></td><td>校对</td><td></td><td>审核</td><td></td><td>批准</td><td></td></tr>
</table>

表 4-31　数控加工程序单

<table>
<tr><td>数控系统</td><td colspan="3" rowspan="2">数控程序清单</td><td colspan="2">产品型号</td><td></td><td>共 4 页</td></tr>
<tr><td>FANUC-0iM</td><td colspan="2">零组件号</td><td></td><td>第 4 页</td></tr>
<tr><td>工序名称</td><td>数铣</td><td>工序号</td><td>25</td><td>设备型号</td><td>VMC850</td><td>程序编号</td><td>O0001</td></tr>
<tr><td colspan="4">(子程序)
(铣由 φ75mm 的内孔、φ45h8 外圆、R8 等所组成的环形槽)
O0010
N1 G0 G90 Z20(铣 φ45h8 外圆)
N2 X-35 Y0
N3 Z2
N4 G1 Z-10
N5 G41 X-32.525 Y-10
N6 G3 X-22.525 Y0 R10
N7 G2 I22.525
N8 G3 X-32.525 Y10 R10
N9 G1 G40 X-35 Y0
(铣由 φ75mm 的内孔等所组成的环形槽)
N10 G41 X-40.595 Y8.576
N11 G3 X-47.619 Y5.694 R10
N12 G3 Y-5.694 R8
N13 G1 X26.339 Y26.693
N14 G3 X28.840 Y-23.968 R37.5
N15 G2 X31.917 Y-22.525 R4
N16 G1 X43.5, R8
N17 Y22.525, R8
N18 X31.917
N19 G2 X28.840 Y23.968 R4
N20 G3 X-26.339 Y26.693 R37.5
N21 G1 X-47.619 Y5.694
N22 G3 Y-5.694 R8</td><td colspan="4">N23X-40.595 Y-8.576 R10
N24 G1 G40 X0
N25 G1 X-31.631 Y7.422
N26 Y-7.422
N27 G0Z50.
N28 M99
(子程序)
(铣 27×27 的内四方槽)
O0020
N1 G68 X0 Y0 R45
N2 G0 G90 Z50
N3 X0 Y0
N4 Z2
N5 G1 Z-10
N6 G41 X3.5 Y-10
N7 G3 X13.5 Y0
N8 Y13.5,R4.5
N9 Y-13.5,R4.5
N11X13.5,R4.5
N12 Y0
N13 G3 X3.5 Y10
N14 G1 G40 X0
N15 G69
N16 G0 Z50
N17 M99</td></tr>
<tr><td>标记</td><td>更改单编号</td><td colspan="2">签名</td><td>标记</td><td colspan="2">更改单编号</td><td>签名</td></tr>
<tr><td>编程员</td><td></td><td>校对</td><td></td><td>审核</td><td></td><td>批准</td><td></td></tr>
</table>

5. 重点、难点提示

(1)零件的装夹。零件定位面需和夹具面贴平(前提是夹具定位面已经找水平),用 0.02~0.04mm 的塞尺检验零件四周和夹具的间隙。虎钳夹紧零件的力度要适中,否则零件会变形而且零件底面和夹具面贴平困难。

(2)2-φ10 内孔和内轮廓加工的顺序。右端 φ10mm 内孔先加工,因内孔和零件内轮廓相交,加工内孔时,如果内轮廓已加工出来,在钻孔时中心钻、钻头刀具所受的力不均衡,孔会发生歪斜,甚至刀具会断裂。左端 φ10mm 内孔先加工,可作为内轮廓加工的下刀孔。

(3)加工内轮廓。加工内轮廓选刀时要注意 ϕ45mm 外圆和 ϕ75mm 内圆所组成的环形凹槽最窄处的值。注意用刀偏加工环形凹槽时，铣刀的过切问题。

(4)编程技巧。

1)采用旋转、镜像等编程指令。在加工 27 ×27 的内四方时，可以用旋转指令，直接用 27 尺寸编程(当编程零点在 ϕ8 孔中心时)，可减少编程时的点的计算。

2)编程时，轮廓处有倒圆和倒角时，尽量用倒圆和倒角编程方法。

3)手工编程时，用子程序和宏程序。在应用子程序时，子程序在编程时要独立，不依靠主程序的任何移动指令。这样能避免不必要的撞刀，干涉等不确定因素。所有参数要在主程序中赋值，这样根据实际情况可调用子程序。

4)程序模块化，短小精悍。

5)对于精度要求高的尺寸，在编程时必须取尺寸中值。这样在加工中可以根据实际情况通过调节刀具补偿来控制零件尺寸的目的。如在铣由 ϕ75mm 的内孔、ϕ45h8 外圆、R8 等所组成的环形槽时，ϕ45h8 取中值为 ϕ44. 9805。而加工 27 ×27 的内四方槽时，因为公差一致，所以没有必要进行调整尺寸。

6. 评分标准

综合实训评分标准见表 4 -32。

表 4 -32 综合实训评分标准

学生姓名			操作时间			得分	
图号		ZHXL -005	系统类型				
序号	考核项目	考核内容及要求	评分标准	配分	检测结果	得分	备注
1.	定位尺寸	$24^{\ 0}_{-0.033}$ R1. 6	超差 0. 1 扣 1 分	6			
2.			降级不得分	3			
3.		10 ±0. 05	超差 0. 1 扣 1 分	4			
4.		2 ×45°	超差不得分	2			
5.		$\phi 8^{+0.09}_{\ 0}$	超差 0. 01 扣 1 分	4			
6.		$27^{+0.05}_{\ 0}$ 2 处	1 处超差 0. 01 扣 1 分	8			
7.		$2\times\phi 10^{+0.022}_{\ 0} R_a 1.6$	1 处超差 0. 1 扣 2 分	12			
8.		ϕ20	1 处降 1 级扣 1 分	5			
9.	定形尺寸	4 -R4. 5	1 处超差扣 1 分	4			
10.		2 -R4	1 处超差扣 2 分	4			
11.		3 -R8	1 处超差扣 2 分	6			
12.		26. 1 ±0. 05	超差 0. 01 扣 1 分	4			
13.		35 ±0. 025	超差 0. 01 扣 1 分	3			
14.		25 ±0. 025	超差 0. 01 扣 1 分	3			
15.		$45^{+0.05}_{\ 0}$	超差 0. 01 扣 1 分	5			
16.		42	超差不得分	3			
17.		50 ±0. 1	超差 0. 01 扣 1 分	2			

续表

学生姓名		操作时间		得分			
图号		ZHXL－005	系统类型				
序号	考核项目	考核内容及要求	评分标准	配分	检测结果	得分	备注
18.	形位公差	// 0.02 A	超差 0.01 扣 3 分	4			
19.		═ 0.04	超差 0.02 扣 3 分	4			
20.	残料清角	以及外轮廓加工后的残料必须切除；内轮廓必须清角	Ra3.21 处降 1 级扣 0.5 分；每留一个残料扣 1 分；没有清角每处扣 1 分，扣完为止	6			
21.	安全文明生产	1. 遵守机床安全操作规程 2. 刀具、工具、量具放置规范 3. 设备保养、场地整洁		2			
22.	工艺合理	1. 工件定位、夹紧及刀具选择合理 2. 加工顺序及刀具轨迹路线合理		3			
23.	程序编制	1. 指令正确，程序完整 2. 数值计算正确、程序编写表现出一定的技巧，简化计算和加工程序 3. 刀具补偿功能运用正确、合理 4. 切削参数、坐标系选择正确、合理		3			
学　生		指导老师		检验员			

（二）综合零件编程应用

1. 零件加工概述

如图 4－53 所示零件。

2. 零件图样工艺分析

该零件加工表面有平面、凸台、外圆、内孔、内轮廓、外轮廓、槽、沉孔等，尺寸标注完整，轮廓描述清楚。其中内孔直径尺寸精度和表面粗糙度要求较高。该类零件通常须经铣平面、钻孔、扩孔、镗孔、铰孔及铣内外轮廓等工步才能完成。

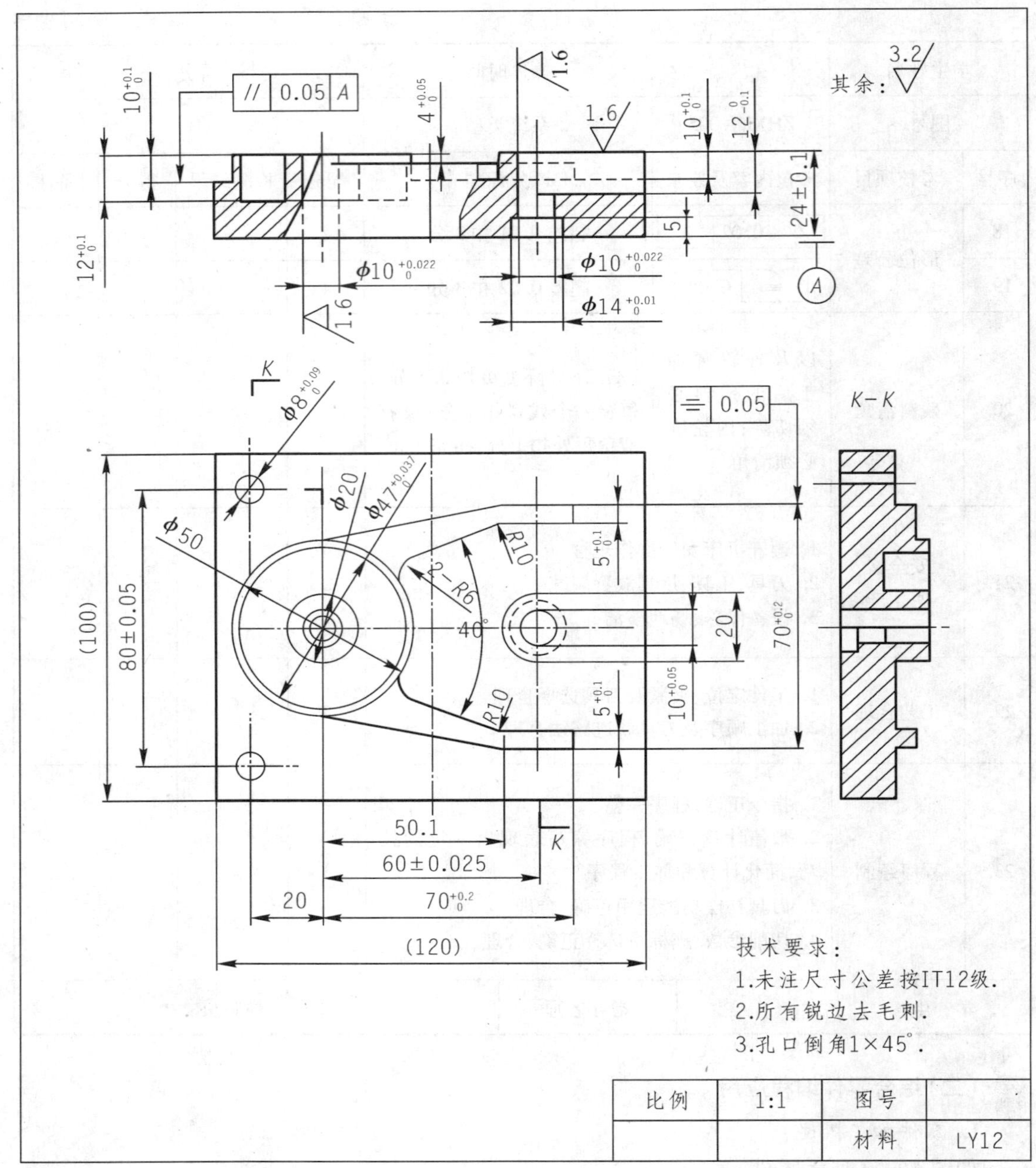

图 4－53　综合零件

该零件的材料为硬铝，无热处理和硬度要求，因此毛坯下料为板材切割。由零件图知，零件的四个侧面为不加工表面，全部加工表面都集中在上、下平面，最高精度为 IT8 级。从工序集中和便于定位两个方面考虑，选择上面及位于上平面上的全部孔及内轮廓、外轮廓在加工中心上加工，将底面作为主要定位基准，并在本工序中最先加工好。

3. 制订加工工艺

(1)选择机床。该零件由于平面及位于平面上的全部孔、内轮廓、外轮廓、槽，只需单工位加工即可完成，故选择立式加工中心。加工表面虽然多，但只有粗铣、精铣、粗镗、半精镗、精镗、钻、扩、锪、铰等工步，所需刀具不超过20把。选用国产VMC750型立式加工中心即可满足上述要求。

(2)选择加工方法。底平面作为定位面，表面粗糙度为Ra3.2μm，采用粗铣—精铣方案，底平面中ϕ14的沉孔则在ϕ10mm孔基础上最后用铣刀铣削或锪钻锪孔至尺寸即可。

上平面表面粗糙度为Ra1.6μm，并保证与下平面的平行度，采用粗铣—精铣方案，精铣时加工余量不能太多，切削参数要合适。

所有孔都是在实体上加工，为防止钻偏，均先用中心钻钻中心孔，然后再钻孔、镗孔。为了保证$2\times\phi10H8(^{+0.022}_{0})$孔的精度，选择镗削作为其最终加工方法。对$\phi47H8(^{+0.039}_{0})$的孔和$\phi$20mm的外圆，根据孔径、精度，孔深和外圆尺寸及底平面要求，用铣削方法同时完成孔壁、外圆和孔底平面的加工。

各加工表面选择的加工方案如下：

$2\times\phi8H11(^{+0.09}_{0})$，Ra3.2μm孔：钻中心孔—钻孔（或铰孔、粗镗）（参考）；

$2\times\phi10H8(^{+0.022}_{0})$，Ra1.6μm孔：钻中心孔—钻孔—粗镗—精镗；

$\phi47H8(^{+0.039}_{0})$孔：粗铣—精铣；

ϕ50mm的外圆：粗铣—精铣；

ϕ20mm的外圆：粗铣—精铣；

内轮廓、外轮廓、槽、凸台：采用不同直径的铣刀先粗铣后精铣。

(3)确定加工顺序。按照先加工基准面、先面后孔、先粗后精、先内后外的原则确定。具体加工顺序如下。

1)粗、精铣底平面。

2)以底平面定位粗、精铣上平面。

3)加工$2\times\phi$8H11孔至尺寸、粗加工$2\times\phi$10H8孔。

4)粗加工ϕ20mm的外圆、ϕ47H8孔、粗加工内轮廓、外轮廓、槽、凸台。

5)精加工ϕ20mm的外圆、ϕ47H8孔ϕ50mm的外圆、精加工内轮廓、外轮廓、槽、凸台。

6)精加工$2\times\phi$10H8孔。

7)加工底平面中ϕ14的沉孔。

数控加工工序卡见表4-33。

表4-33　数控加工工序卡

零件名称		数控加工工序卡片		图号		材料LY12	
工序号	程序编号	夹具名称	产品名称或代号	设备		第　页	
25		台钳		VMC750		共　页	
工步号	工步内容	刀具号	刀具规格(/mm)	主轴转速/(r/min)	进给速度(mm/min)	背吃刀量(/mm)	备注
5	粗铣底平面，保证厚度尺寸24±0.1为25.5mm	T1	ϕ150	1500	200	1	

续表

零件名称		数控加工工序卡片		图号		材料 LY12	
工序号	程序编号	夹具名称	产品名称或代号		设备	第　页	
25		台钳			VMC750	共　页	
10	精铣底平面，保证厚度尺寸 24 ± 0.1 为 25，Ra1.6μm；底平面和侧面的垂直度不大于 0.05	T2	ϕ150	2000	160	0.5	
15	（1）以底平面和两侧面定位； （2）粗、精铣上平面，保证尺寸 24 ± 0.1，Ra1.6 及和底面的平行度不大于 0.03	T1 T2	ϕ150 ϕ150	1500 2000	200 160	1 0.5	
20	钻 2 × ϕ8H11、2ϕ10H8 中心孔	T3	A3	2000	200		
25	钻 2 × $\phi 8^{+0.09}_{0}$ 孔达图纸尺寸，保证尺寸 80 ± 0.05、20 ± 0.1，Ra3.2	T4	ϕ8	800	60		
30	钻 2 × $\phi 10^{+0.022}_{0}$ 孔为 ϕ9.5，保证 Ra3.2	T5	ϕ9.5	600	50		
35	粗镗 2$\phi 10^{+0.022}_{0}$ 孔，留余 0.15，Ra1.6	T6	ϕ9.85	900	65		
40	（1）粗铣由 ϕ20 的外圆和 ϕ47H8 孔组成的环形槽、侧面和底面分别留余 0.5； （2）粗铣右端凸台处宽为 $10^{+0.05}_{0}$，深为 $12^{0}_{-0.1}$ 的槽，侧面和底面分别留余 0.5； 注意：铣刀不能伤及 $\phi 10^{+0.022}_{0}$ 孔，要保证留有足够的余量（不小于 0.3）	T7	ϕ8	500	45		
45	（1）粗加工其余各内轮廓、外轮廓、凸台外侧，分别留余量 0.5； （2）粗铣 ϕ50mm 的外圆，留余 0.5，Ra3.2	T8	ϕ10	650	60		
50	（1）精铣由 ϕ20 的外圆和 ϕ47H8 孔组成的环形槽，保证各相关尺寸，Ra3.2； （2）精铣右端凸台处宽为 $10^{+0.05}_{0}$，深为 $12^{0}_{-0.1}$ 的槽，保证各相关尺寸，Ra3.2； 注意：铣刀不能伤及 $\phi 10^{+0.022}_{0}$ 孔	T9	ϕ8	650	50		
55	（1）精铣其余各内轮廓、外轮廓、凸台外侧，保证各相关尺寸，Ra3.2；≡ 0.05； （2）精铣 ϕ50mm 的外圆达图，保证尺寸 $4^{+0.05}_{0}$，Ra3.2； 注意：ϕ50mm 外圆必须和下端的内外轮廓接平，不允许有台	T10	ϕ10	800	70		
60	精镗 2 × $\phi 10^{+0.022}_{0}$ 孔至尺寸，保证尺寸 60 ± 0.025，Ra1.6	T11	ϕ10	1200	100		

续表

零件名称		数控加工工序卡片			图号		材料 LY12
工序号	程序编号	夹具名称	产品名称或代号		设备		第　页
25		台钳			VMC750		共　页
65	（1）找中心 $\phi10^{+0.022}_{0}$孔跳动不大于 0.05； （2）铣底平面 ϕ14 的沉孔达图纸要求	T10	ϕ10	900	70		
70	检测						
编制		审核		批准			

（4）确定装夹方案。该零件形状简单，四个侧面较光整，加工面与不加工面之间的位置精度要求不高，故可选用通用台钳，以底面和两个侧面定位，用台钳钳口从侧面夹紧。

（5）选择刀具。所需刀具有面铣刀、镗刀、中心钻、麻花钻、铰刀、立铣刀、锪钻等，其规格根据加工尺寸选择。铣平面时粗铣铣刀直径应选小一些，以减小切削力矩，但也不能太小，以免影响加工效率；铣平面时精铣铣刀直径应选大一些，以减少接刀痕迹，但要考虑到刀库允许装刀直径（VMC750 型加工中心的允许装刀直径：无相邻刀具为 ϕ150mm，有相邻刀具为 ϕ80mm），也不能太大。刀柄柄部根据主轴锥孔和拉紧机构选择。VMC750 型加工中心主轴锥孔为 ISO40，适用刀柄为 BT40（日本标准 JISB6339），故刀柄柄部应选择 BT40 形式。

具体所选刀具及刀柄见表 4 – 34。

表 4 – 34　数控加工刀具卡

车间		零件名称		零件材料		程序编号	
产品型号			零件图号			共 1 页　第 1 页	
顺序号	刀具号	刀具名称	刀柄型号	刀具		补偿值/mm	刀具材料
				直径/mm	长度 mm		
1	T1	面铣刀	BT40 – XM32 – 75	ϕ150			
2	T2	面铣刀	BT40 – XM32 – 75	ϕ150			
3	T3	中心钻	BT40 – Z10 – 45	ϕ3			
4	T4	麻花钻	BT40 – M1 – 45	ϕ8			
5	T5	麻花钻	BT40 – M1 – 45	ϕ9. 5			
6	T6	镗刀	BT40 – TQC50 – 180	ϕ9. 85			
7	T7	键槽铣刀	BT40 – MW2 – 55	ϕ8			
8	T8	立铣刀	BT40 – MW2 – 55	ϕ10			
9	T9	键槽铣刀	BT40 – MW2 – 55	ϕ8			
10	T10	立铣刀	BT40 – MW2 – 55	ϕ10			
11	T11	镗刀	BT40 – TW50 – 140	ϕ10H8			
编制		校对		审核		批准	

（6）工件坐标系的设定。该零件外形规则，所加工的图形对称。零件在 *X* 向和 *Y* 向的

设计基准为左端 $\phi10$ 孔中心，加工零件时零件的定位和工件坐标系的找正都比较容易。根据设计基准和定位基准重合的原则，在加工底平面时，X_0，Y_0 为了方便可设在侧面两面的交点，Z_0 点设在零件的加工面。在加工上面时，选用左端 $\phi10$ 孔中心为编程坐标原点，Z_0 点设在零件上平面，这样对手工编程或计算机辅助编程都比较方便。编程原点如图 4－54 所示。

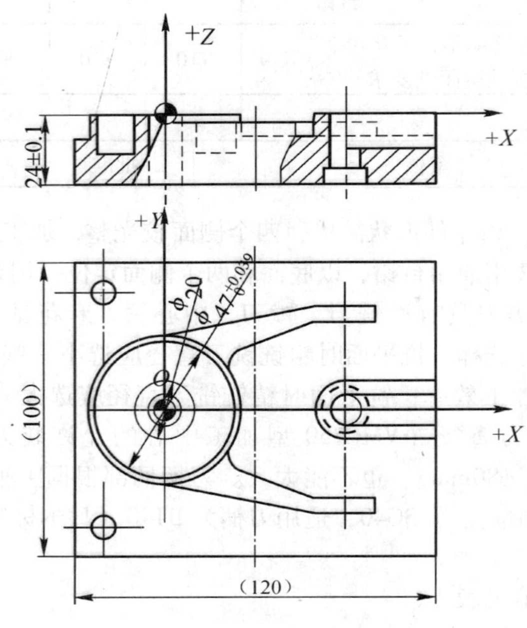

图 4－54　工件坐标系设定

4. 零件加工程序单

零件加工程序及其加工范围见表 4－35、表 4－36、表 4－37、表 4－38、表 4－39、表 4－40。

表 4－35　数控程序说明卡

厂名		数控程序卡		产品型号		第 1 页
				零组件号		共 1 页
工序名称	数铣	工序号	25	设备型号	VMC850	程序编号 O0001
工步	加工内容	程序起止号	刀位号	刀具名称	刀具规格	量具号
5	粗铣底平面	N1 ~ N7	T1	面铣刀	ϕ150mm	
10	精铣底平面	N10 ~ N16	T2	面铣刀	ϕ150mm	
15	粗铣上平面	N20 ~ N26	T1	面铣刀	ϕ150mm	
20	精铣上平面	N30 ~ N36	T2	面铣刀	ϕ150mm	
25	钻 2 × ϕ8、2 × ϕ10 中心孔	N40 ~ N48	T3	中心钻	ϕ3mm	
30	钻 2 × $\phi8^{+0.09}_{0}$孔	N50 ~ N55	T4	麻花钻	ϕ8	
35	钻 2$\phi10^{+0.022}_{0}$孔	N60 ~ N66	T5	麻花钻	ϕ9.5	
40	粗镗 2$\phi10^{+0.022}_{0}$孔	N70 ~ N76	T6	粗镗刀	ϕ9.85	

续表

工步	加工内容	程序起止号	刀位号	刀具名称	刀具规格	量具号
45	（1）粗铣由 ϕ20 的外圆和 ϕ47H8 孔组成的环形槽； （2）粗铣右端凸台处宽 10，深为 12 的槽	N80～N101	T7	键槽铣刀	ϕ8	
50	（1）粗加工其余各内轮廓、外轮廓、凸台外侧； （2）粗铣 ϕ50mm 的外圆	N120～N126	T8	立铣刀	ϕ10	
55	（1）精铣由 ϕ20 的外圆和 ϕ47H8 孔组成的环形槽； （2）精铣右端凸台处宽为 10，深为 12 的槽	N130～N161	T9	键槽铣刀	ϕ8	
60	（1）精铣其余各内轮廓、外轮廓、凸台外侧； （2）精铣 ϕ50mm 的外圆	N170～N176	T10	立铣刀	ϕ10	
65	精镗 $2\times\phi10^{+0.022}_{0}$ 孔	N180～N186	T11	精镗刀	ϕ10	
70	铣底平面 ϕ14 的沉孔	N190～N198	T10	立铣刀	ϕ10	

标记	更改单编号	签名	标记	更改单编号	签名

编程员		校对		审核		批准	

表 4－36　数控加工程序单

数控系统	数控程序清单			产品型号			共 5 页
FANUC－0iM				零组件号			第 1 页
工序名称	数铣	工序号	25	设备型号	VMC850	程序编号	O0001

```
O0001
(粗铣底面 TOOL－T1 DIA－150，面铣刀)
N1 T1 M6
N2 G55 G90 G0 X－115 Y0
N3 G43 H1 Z50 S1500 M3
N4 Z10
N5 G1 Z0.5 F2000
N6 X170 F200
N7 G0 Z50
(精铣底面 TOOL－T2 DIA－150，面铣刀)
(精铣上平面 TOOL－T1 DIA－150，面铣刀)
N30 T2 M6
N31 G54 G90 G0 X－115 Y0
N32 G43 H2 Z50 S1500 M13
N33 Z10
N34 G1Z0 F2000
N35 X170 F200
N36 G0 Z50
(钻各孔中心 TOOL－T3 DIA－A3，中心钻)
N40 T3 M6
```

续表

<table>
<tr><td>数控系统</td><td colspan="3" rowspan="2">数控程序清单</td><td colspan="2">产品型号</td><td colspan="2"></td><td>共 5 页</td></tr>
<tr><td>FANUC－0iM</td><td colspan="2">零组件号</td><td colspan="2"></td><td>第 1 页</td></tr>
<tr><td>工序名称</td><td>数铣</td><td>工序号</td><td>25</td><td>设备型号</td><td>VMC850</td><td>程序编号</td><td colspan="2">O0001</td></tr>
<tr><td colspan="4">N10 T2 M6
N11 G55 G90 G0 X－115 Y0
N12 G43 H2 Z50 S1500 M3
N13 Z10
N14 G1 Z0 F2000
N15 X170 F160
N16 G0 Z50

（翻面，粗铣上平面）
（TOOL－T1 DIA. －150，面铣刀）
N20 T1 M6
N21 G54 G90 G0 X－115. Y0
N22 G43 H1 Z50 S1500 M3
N23 Z10
N24 G1 Z0. 5 F2000
N25 X170 F200
N26 G0 Z50</td><td colspan="5">N41 G54 G0 G90 X－20 Y－40
N42 G43 H3 Z50 S2000 M3
N43 G98 G81 Z－3 R5 F200
N44 Y40
N45 X0 Y0
N46 X60
N47 G80
N48 G0 Z100
（钻 2 × ϕ8TOOL－T4 DIA－8，钻头）
N50 T4 M6
N51 G54 G0 G90 X－20 Y－40
N52 G43 H4 Z50 M8 S800 M3
N53 G98 G83 Z－28 R6 Q5 F60
N54 Y40
N55 G80
N56 G0 Z100</td></tr>
<tr><td>标记</td><td colspan="2">更改单编号</td><td>签名</td><td>标记</td><td colspan="2">更改单编号</td><td colspan="2">签名</td></tr>
<tr><td>编程员</td><td></td><td>校对</td><td></td><td>审核</td><td></td><td>批准</td><td colspan="2"></td></tr>
</table>

表 4－37 数控加工程序单

<table>
<tr><td>数控系统</td><td colspan="3" rowspan="2">数控程序清单</td><td colspan="2">产品型号</td><td colspan="2"></td><td>共 5 页</td></tr>
<tr><td>FANUC－0iM</td><td colspan="2">零组件号</td><td colspan="2"></td><td>第 1 页</td></tr>
<tr><td>工序名称</td><td>数铣</td><td>工序号</td><td>25</td><td>设备型号</td><td>VMC850</td><td>程序编号</td><td colspan="2">O0001</td></tr>
<tr><td colspan="4">（钻 2 × ϕ10 底孔 TOOL－T5 DIA－9. 5，钻头）
N60 T5 M6
N61 G54 G0 G90 X0 Y0
N62 G43 H5 Z50 M8 S600 M3
N63 G98 G83 Z－28 R5 Q5 F50
N64 Y60
N65 G80
N66 G0 Z100
（粗镗 2 × ϕ10 孔 TOOL－T6 DIA－9. 85，镗刀）
N70 T6 M6</td><td colspan="5">N84 Z－9. 5 F30
N85 G3I－16. 7 F45
N86 G1 G41 D7 X23. 5 Y0
N87 G3I－23. 5
N89 G1 G42 D7 X10
N90 G3I－10
N91 G1 G40 X16. 7
N92 G0 Z100
（粗铣右端凸台处宽 10，深为 12 的槽，TOOL－T8 DIA－ϕ10，铣刀 H8＝H＋0. 5 D8＝D＋0. 5，D 为刀具实际参数）
N100 T8 M6</td></tr>
</table>

续表

<table>
<tr><td>数控系统</td><td colspan="3" rowspan="2">数控程序清单</td><td colspan="2">产品型号</td><td colspan="2"></td><td>共5页</td></tr>
<tr><td>FANUC－0iM</td><td colspan="2">零组件号</td><td colspan="2"></td><td>第5页</td></tr>
<tr><td>工序名称</td><td>数铣</td><td>工序号</td><td>25</td><td>设备型号</td><td>VMC850</td><td>程序编号</td><td colspan="2">O0001</td></tr>
<tr><td colspan="4">N71 G54 G0 G90 X0 Y0
N72 G43 H6 Z50 M8 S900 M3
N73 G98 G76 Z－28 R5 Q0.1 F65
N74 Y60
N75 G80
N76 G0 Z100
（粗铣由 ϕ20 的外圆和 ϕ47H8 孔组成的环形槽，TOOL－T7 铣刀－ϕ8，D7＝D＋0.5H7＝H＋0.5，D、H 为刀具实际值）
N80 T7 M6
N81 G54 G0 G90X16.7 Y0
N82 G43 H7 Z50 M8 S500 M3
N83 G1 Z3 F2000
N88 G1 G40 X16.7</td><td colspan="5">N101 G0 G90 G54 X100 Y0 S500 M3
N103 G43 H7 Z50 M8
N104 G1 Z3 F2000
N105 Z－11.5 F30
N106 G1 X60 F45
N107 G1 G41 D7 Y－5
N108 X100
N109 Y5
N110 X60
N111 G1 G40 Y0
N112 G0 Z100</td></tr>
<tr><td>标记</td><td>更改单编号</td><td colspan="2">签名</td><td>标记</td><td colspan="2">更改单编号</td><td colspan="2">签名</td></tr>
<tr><td>编程员</td><td></td><td>校对</td><td></td><td>审核</td><td></td><td>批准</td><td colspan="2"></td></tr>
</table>

表4－38　数控加工程序单

<table>
<tr><td>数控系统</td><td colspan="3" rowspan="2">数控程序清单</td><td colspan="2">产品型号</td><td colspan="2"></td><td>共5页</td></tr>
<tr><td>FANUC－0iM</td><td colspan="2">零组件号</td><td colspan="2"></td><td>第3页</td></tr>
<tr><td>工序名称</td><td>数铣</td><td>工序号</td><td>25</td><td>设备型号</td><td>VMC850</td><td>程序编号</td><td colspan="2">O0001</td></tr>
<tr><td colspan="4">（粗铣40°内轮廓、外轮廓、右端凸台外侧，粗铣 ϕ50mm 的外圆，残料部分没有程序，H8＝H＋0.5D8＝D＋0.5 刀具实际参数为 D、H，TOOL－T8 DIA－ϕ10，立铣刀）
N120 T8 M6
N121 G54 G0 G90 X85 Y－60
N122 G43 H8 Z50 S650 M13
N123 D8
N124 G1 Z－10 F100
N125 M98 P0010
N126 G0 Z100
（精铣由 ϕ20 的外圆和 ϕ47H8 孔组成的环形槽，TOOL－T9 DIA－ϕ8，铣刀）
N130 T8 M6
N131 G54 G0 G90 X16.7 Y0 S650 M3</td><td colspan="5">（精铣右端凸台处宽10，深为12的槽，TOOL－T9 DIA－ϕ10，铣刀）
N150 T9 M6
N151 G0 G90 G54 X100 Y0
N152 G43 H9 Z50 M8 S650 M3
N153 G1 Z3 F2000
N154 Z－12 F30
N155 G1 X60 F50
N156 G1 G41 D9 Y－5
N157 X100
N158 Y5
N159 X60
N160 G1 G40 Y0
N161 G0Z 100</td></tr>
</table>

续表

数控系统	数控程序清单			产品型号			共5页
FANUC－0iM				零组件号			第3页
工序名称	数铣	工序号	25	设备型号	VMC850	程序编号	O0001
N132 G43 H9 Z50 M8 N133 G1 Z3 F2000 N134 Z－9.4 F30 N135 G3 Z－10 I－16.7 F50 N136 G1 G41 D9 X23.5 Y0. N137 G3I－23.5 N138 G1 G40 X16.7 N139 G1 G42 D9 X10 N140 G3I－10 N141 G1 G40 X16.7 N142 G0 Z100				（精铣40°内轮廓、外轮廓、右端凸台外侧，精铣φ50mm的外圆，残料部分没有程序，TOOL－T10 DIA－φ10，立铣刀） N170 T10 M6 N171 G54 G0 G90 X85 Y－60 N172 G43 H10 Z50 S700 M13 N173 D10 N174 G1Z－10 F100 N175 M98 P0010 N176 G0 Z100			
标记	更改单编号	签名		标记	更改单编号	签名	
编程员		校对		审核		批准	

表4－39 数控加工程序单

数控系统	数控程序清单			产品型号			共5页
FANUC－0iM				零组件号			第3页
工序名称	数铣	工序号	25	设备型号	VMC850	程序编号	O0001
（精镗2×φ10孔 TOOL－T11 DIA－10，镗刀） N180 T11 M6 N181 G54 G0 G90 X0 Y0 N182 G43 H11 Z50 M8 S1200 M3 N183 G98 G76 Z－26 R5 Q0.03 F100 N184 Y60 N185 G80 N186 G0Z100				（翻面，铣底平面φ14的沉孔，坐标重设，TOOL－T10 DIA－φ10，铣刀） N190 T10 M6 N191 G56 G0 G90 X0 Y0 N192 G43 H10 Z50 M8 S1200 M3 N193 G1 Z5 F2000 N194 G1 G41 D10X7 N195 G3I－7 N196 G1 G40X0 F100 N197 G0 Z100 N198 M30			
标记	更改单编号	签名		标记	更改单编号	签名	
编程员		校对		审核		批准	

表4－40 数控加工程序单

<table>
<tr><td>数控系统</td><td colspan="3" rowspan="2">数控程序清单</td><td colspan="2">产品型号</td><td colspan="2"></td><td>共5页</td></tr>
<tr><td>FANUC－0iM</td><td colspan="2">零组件号</td><td colspan="2"></td><td>第1页</td></tr>
<tr><td>工序名称</td><td>数铣</td><td>工序号</td><td>25</td><td>设备型号</td><td>VMC850</td><td>程序编号</td><td colspan="2">O0001</td></tr>
</table>

（子程序）	N23 G3 X85 Y－50 R10
O0010	N24 G1 G40 X95
（铣40°内轮廓、外轮廓）	N25 G0 Z50
N1 G0 G90 X85 Y－60	N26 X110 Y－35（铣右端凸台外侧）
N2 Z50	N27 G1 Z5 F2000
N3 G1 Z2 F2000	N28 G1 Z－10 F60
N4 G1 Z－10 F60	N29 G41 Y－20
N5 G41 Y－45	N30 G3 X100 Y－10 R10
N6 G3 X75 Y－35 R10	N31 G1 X60
N7 G1 X50	N32 G2 Y10 R10
N8 X－4.689 Y－24.556	N33 G1 X100
N9 G2 Y－24.556 R25	N34 G3 X110 Y20 R10
N10 G1 X50 Y35	N35 G1 G40 Y35
N11 X75	N36 G0 Z50
N12 Y30	（铣 ϕ50mm 的外圆）
N13 X51.778	N37 X－65 Y－20
N14 G3 X48.331 Y29.387 R10	N38 G1 Z2 F2000
N15 G1 X24.964	N39 G1 Z－5 F60
N16 G3 X21.8Y12.238 R6	N40 G41 X－45
N17 G2 Y－12.238 R25	N41 G3 X－25 Y0 R20
N18 G3 X24.964 Y－20.8087 R6	N42 G2 I25
N19 G1 X48.331 Y－29.387	N44 G3 X－45 Y20 R20
N20 G3 X51.778 Y－35 R10	N45 G1 G40 X－65
N21 G1 X75	N46 G0 Z50
N22 Y－40	N47 M99

标记	更改单编号		签名	标记	更改单编号		签名
编程员		校对		审核		批准	

5. 重点、难点提示

（1）零件的装夹。加工好一面后把零件反过来，加工另一面，在装夹零件时，零件底面必须和夹具的底面贴平，用0.02～0.04mm的塞尺检验，检验时零件四周都要用塞尺塞。

（2）薄壁的加工。零件 ϕ50mm 外圆和 ϕ47mm 内孔之间的壁厚只有 1.5mm，在安排工序时必须粗、精加工，让零件在粗加工后，应力得到释放，精加工就会修正粗加工后的变形。在粗加工时先加工外圆，然后在加工内孔。因外部余量大，所使用的刀具直径大，加工时扭矩大，所以变形大。

（3）接刀的问题。零件 ϕ50mm 外圆加工时在（*Z* 方向）不能一次加工到位，须分两次加工出来。首先考虑粗精加工中所留余量，不能太多也不能太少。其次考虑上、下加工的顺序，须先加工尺寸深度为 10mm 处，然后加工深度为 4mm 处，这样可有效防止加工底部轮廓时对上半部分的影响，最后加工上半部分有助于调整和下半部分的对接，通过调整刀偏得到修正。

加工零件 ϕ50mm 底部 40°内轮廓及 70 处的外轮廓时，用一把刀，底部的值可以通过直接测量 ϕ50mm 外圆控制。

加工 40°内轮廓时刀具直径不能太小，否则在精加工时，就会因 2 – R6 处的余量相对其他地方太大而使刀具受力均衡突变，从而出现让刀和啃刀，此处加工表面常常表现为螺纹状的表面；在加工 2 – R6 处时声音会发出异样，像尖叫等。所以选刀时尽量选择直径足够大的铣刀，但直径也不能超过 ϕ12，否则在加工此处时，因刀具的半径大于转角的半径程序就会报警，无法继续加工；有时因数控系统不同当选择直径为 ϕ12 铣刀时，系统也报警，处理时将刀具补偿值 D1 输入为 5.9999 就会避免报警的发生。

（4）加工精度的保证。ϕ10 内孔的加工需分粗、精加工，在精加工时，要考虑和槽宽为 10 的槽的加工的先后顺序，如果槽宽为 10 的槽在 ϕ10 内孔加工完后加工，则可以选择铰刀，否则就选用镗刀。因为铰刀在受力不均衡的情况下会有很大的位移及让刀，加工出的孔中心就不正。当槽宽为 10 的槽加工出来后，选用镗刀可以校正孔的轴线。

镗刀镗孔时，切削参数（背吃刀量、转速、进给量）及加工余量的选择很关键，在 ϕ10 内孔的上半部分，由于断续切削所以在镗刀进入下半部分时，因为让刀的缘故，在 ϕ10 内孔上下开口和封闭的接口处可能会出现环形划痕。

6. 评分标准

评分标准见表 4 – 41。

表 4 – 41　综合实训评分标准

<table>
<tr><td colspan="2">学生姓名</td><td></td><td>操作时间</td><td></td><td colspan="2">得分</td><td></td></tr>
<tr><td colspan="2">图号</td><td>ZHXL – 001</td><td>系统类型</td><td colspan="4"></td></tr>
<tr><td>序号</td><td>考核项目</td><td>考核内容及要求</td><td>评分标准</td><td>配分</td><td>检测结果</td><td>得分</td><td>备注</td></tr>
<tr><td>1.</td><td rowspan="3">凸圆</td><td>ϕ50</td><td>超差不得分</td><td>2</td><td></td><td></td><td></td></tr>
<tr><td>2.</td><td>ϕ47</td><td>超差不得分</td><td>3</td><td></td><td></td><td></td></tr>
<tr><td>3.</td><td>$10^{+0.1}_{0}$</td><td>超差 0.01 扣 1 分</td><td>3</td><td></td><td></td><td></td></tr>
<tr><td>4.</td><td rowspan="2">凹圆</td><td>$12^{+0.1}_{0}$</td><td>超差 0.01 扣 1 分</td><td>4</td><td></td><td></td><td></td></tr>
<tr><td>5.</td><td>ϕ20</td><td>超差不得分</td><td>2</td><td></td><td></td><td></td></tr>
</table>

续表

学生姓名			操作时间		得分		
图号		ZHXL－001	系统类型				
序号	考核项目	考核内容及要求	评分标准	配分	检测结果	得分	备注
6.	孔及沉孔	$2-\phi14^{+0.022}_{0}$	1 处超差 0.01 扣 1 分	8			
		$R_a+1.6$	1 处降级扣 1 分	4			
7.							
8.	孔及沉孔	$\phi14^{+0.011}_{0}$	超差 0.1 扣 1 分				
9.		5	超差不得分	2			
10.		$2-\phi8^{+0.09}_{0}$	1 处超差 0.1 扣 1 分	3			
11.		80 ±0.05	超差不得分	2			
12.		20	超差不得分	2			
13.	外轮廓	50.1	超差不得分	2			
14.		$70^{+0.2}_{0}$	超差 0.01 扣 1 分	2			
15.		$5_{2}^{+0.1}$ 处	1 处超差 0.1 扣 1 分	4			
16.		R10 2 处	1 处超差不得分	2			
17.		40°	超差不得分	2			
18.		R6 2 处	1 处超差扣 1.5 分	3			
19.		φ50	超差不得分	2			
20.		$4^{+0.05}_{0}$	超差 0.01 扣 1 分	3			
21	右凸台	20	超差不得分	2			
22		$10^{+0.05}_{0}$	超差 0.01 扣 1 分	4			
23		60 ±0.025	超差 0.01 扣 1 分	3			
24		$12^{0}_{-0.1}$	超差不得分	3			
25.	厚度	24 ±0.1	超差 0.1 扣 1 分	3			
26.		Ra1.6	降级不得分	2			
27.	形位公差	// 0.05 A	超差 0.02 扣 3 分				
28.		⌯ 0.05	超差 0.02 扣 3 分	2			

续表

学生姓名			操作时间		得分		
图号		ZHXL－001	系统类型				
序号	考核项目	考核内容及要求	评分标准	配分	检测结果	得分	备注
29.	残料清角	以及外轮廓加工后的残料必须切除；内轮廓必须清角	Ra3. 21 处降 1 级扣 0.5 分；每留一个残料扣 1 分；没有清角每处扣 1 分，扣完为止	7			
30.	安全文明生产	1. 遵守机床安全操作规程； 2. 刀具、工具、量具放置规范； 3. 设备保养、场地整洁		3			
31.	工艺合理；	1. 工件定位、夹紧及刀具选择合理； 2. 加工顺序及刀具轨迹路线合理		3			
32.	程序编制	1. 指令正确，程序完整； 2. 数值计算正确、程序编写表现出一定的技巧，简化计算和加工程序； 3. 刀具补偿功能运用正确、合理； 4. 切削参数、坐标系选择正确、合理		4			
学生		指导老师		检验员			

习　题

4－1　加工中心可分为哪几类？其主要特点有哪些？

4－2　加工中心的编程与数控铣床的编程主要有何区别？

4－3　数控铣削适用于哪些加工场合？

4－4　在 FUNUC－OMC 系统中，G53 与 G54～G59 的含义是什么？它们之间有何关系？

4－5 宏程序的功能是什么？宏程序变量有哪些？

4－6 如图 4－55 所示在边长为 100mm 的正方形上钻 8 个孔，正方形的中心作为 O 点，Z 向零点设在工件的上表面，孔深为 35mm，试采用用户宏程序编写其加工程序。

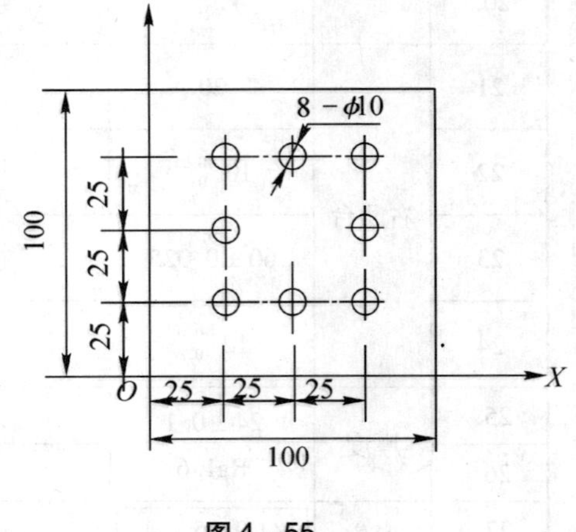

图 4－55

4－7 如图 4－56 所示零件，毛坯为 110mm × 120mm × 20mm 的铝料，槽宽为 10mm，槽深 5mm，孔为 4M6 的螺纹孔。试编写该零件的工艺以及数控加工程序。

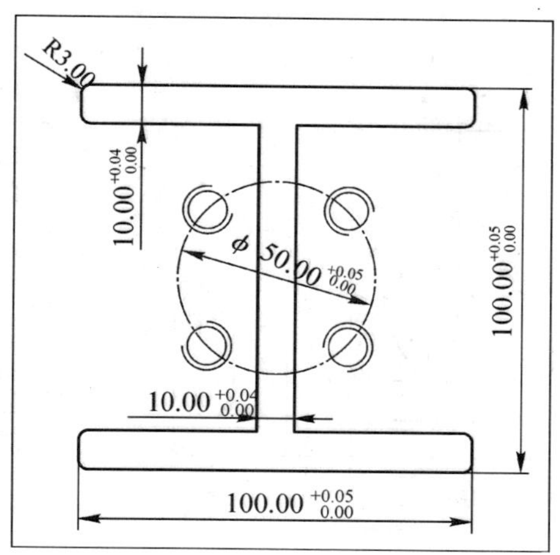

图 4－56

4－8　如图 4－57、图 4－58、图 4－59、图 4－60、图 4－61、图 84－62 所示零件，材料为 LY12，试完成以下工作：

（1）分析零件加工要求及工装要求；

（2）编制工艺卡片；

（3）编制刀具卡片；

（4）编写加工程序。

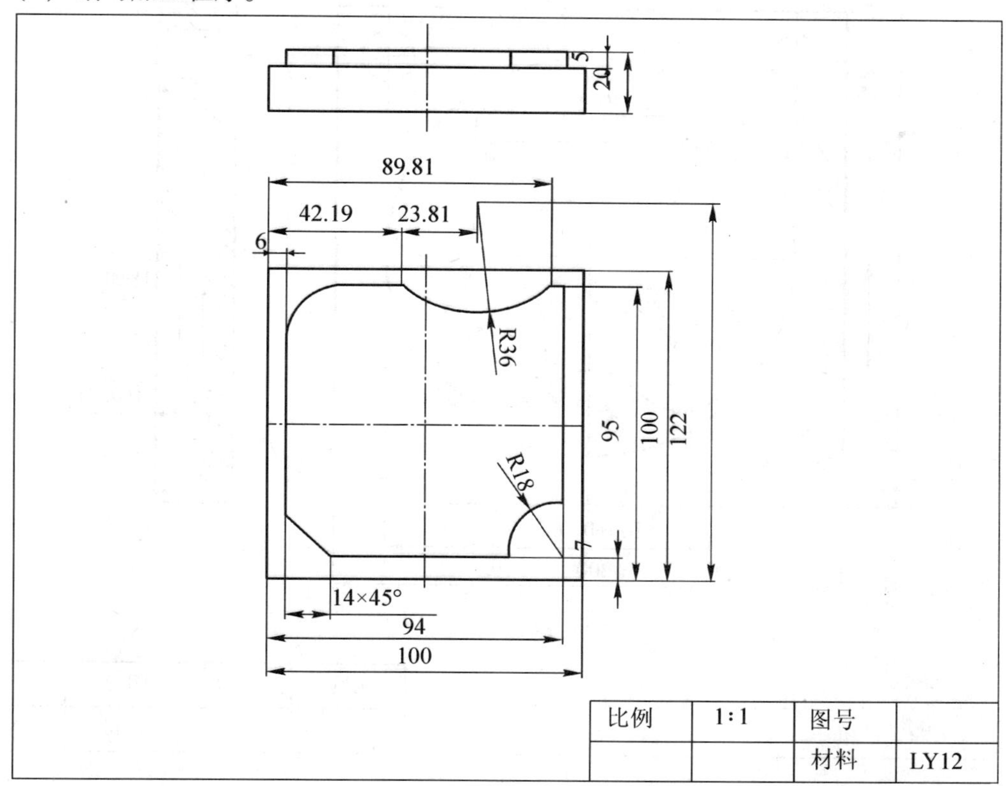

图 4－57

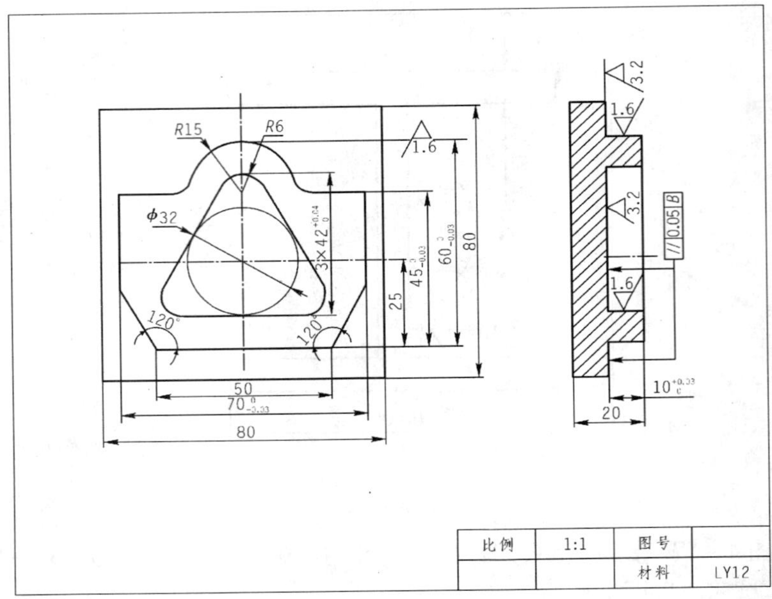

图 4－58

比例	1∶1	图号	
		材料	LY12

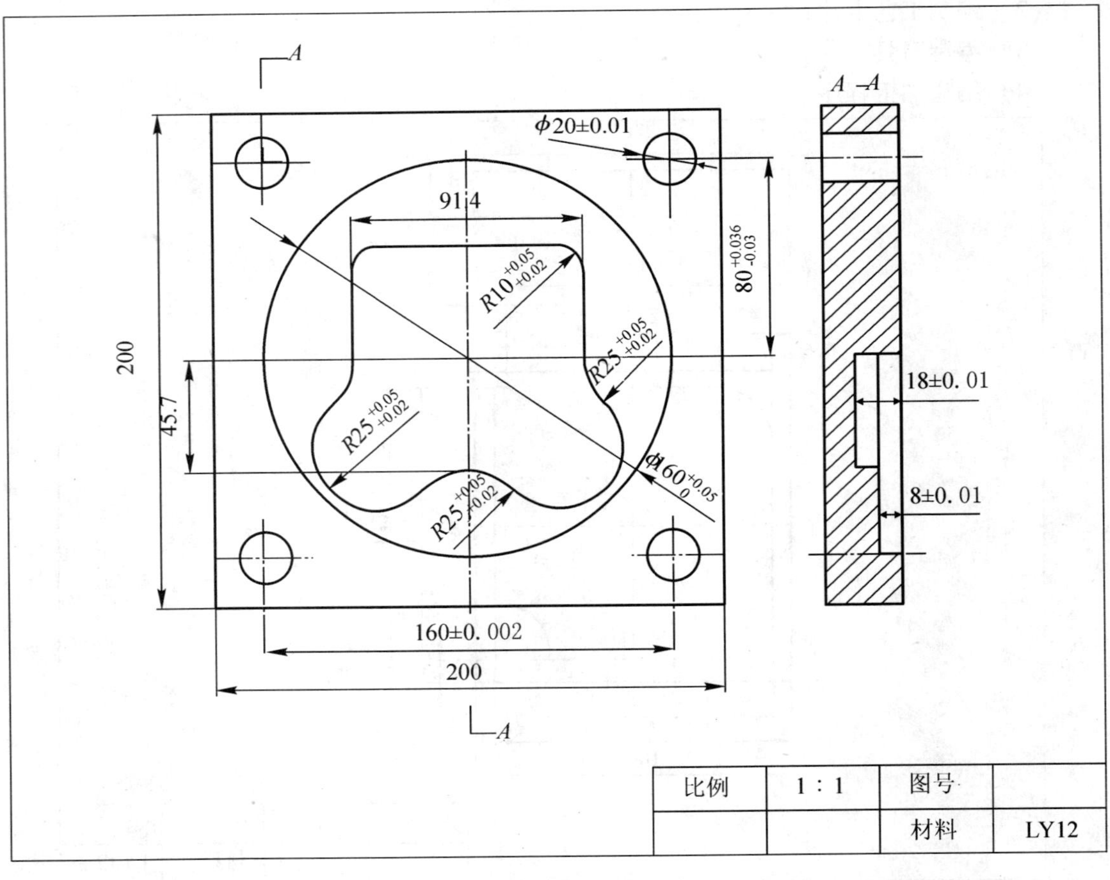

图 4－59

LHM8×1.5
2×M8×1.5
ϕ30
80
50
70
100
ϕ7
ϕ16
15
5
比例
1:1
图号
材料
LY12

图 4－60

5
15
10
30°
15°
15°
10
20
80
100
20
40
120
比例
1:1
图号
材料
LY12

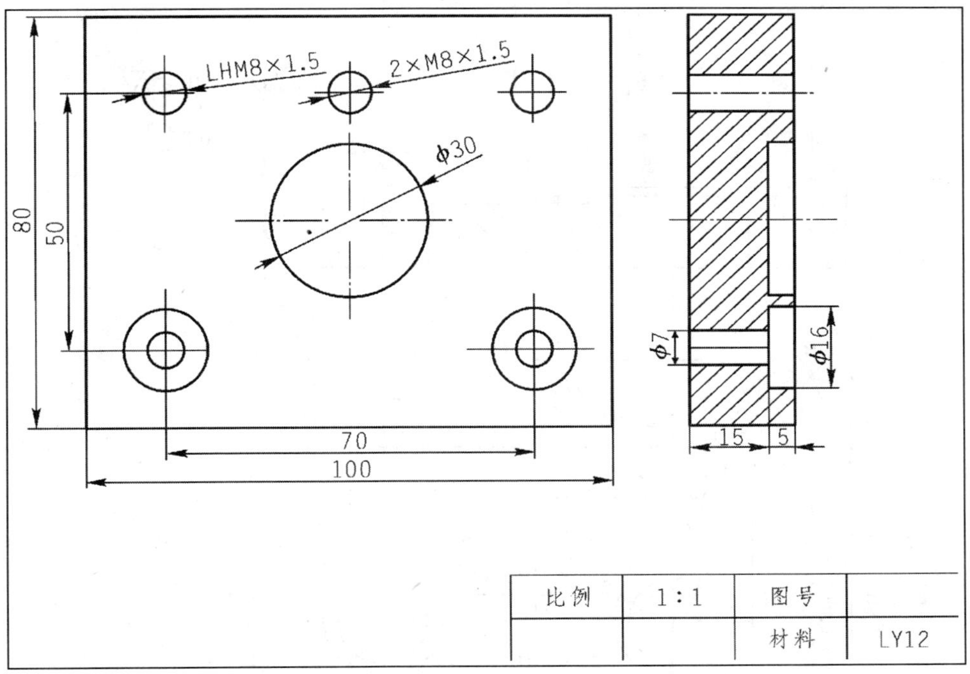

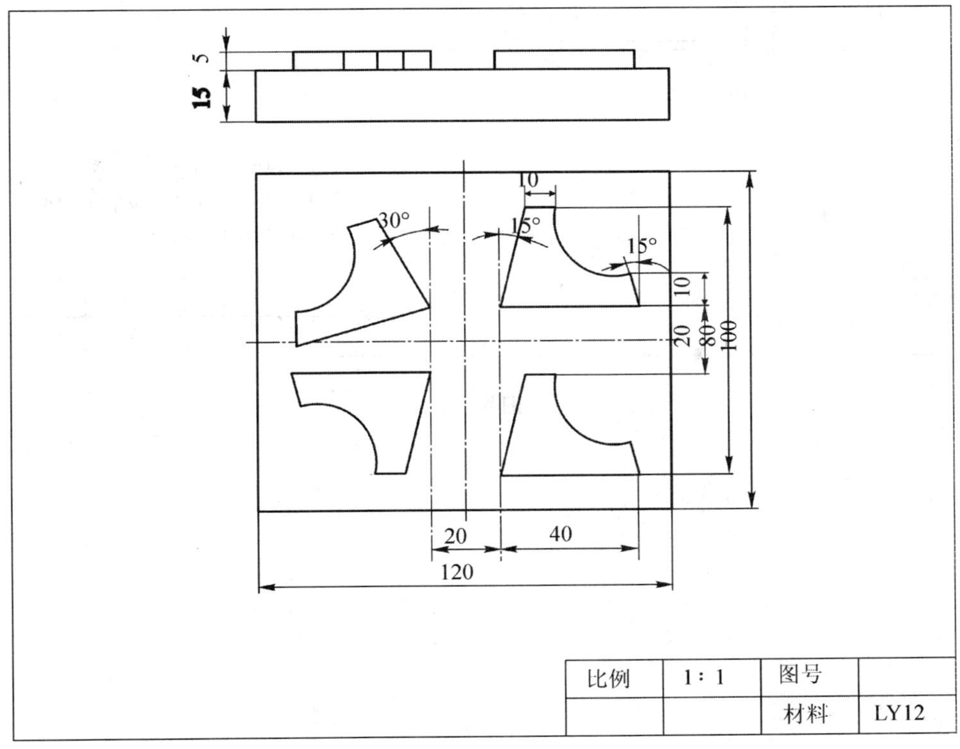

图 4－61

其余 3.2
2- φ30 +0.021 0
// 0.05 A
10 +0.05 0
3
6
24
1.6
A
10 +0.05 0
2×φ10 +0.022 0（通孔）
1.6
120±0.043
97.2±0. 037
48.6±0.031
2-R20
5（5处）
2-R20 0 -0.15
(120)
98.6±0.037
56±0.031
8 R8
90±0.043
(150)
技术要求：
1.去毛刺，不允许有划伤、磕碰.
2.未注公差按LY12级加工检验.
3. 30孔口倒角1×45°
比例
1∶1
图号
材料
LY12

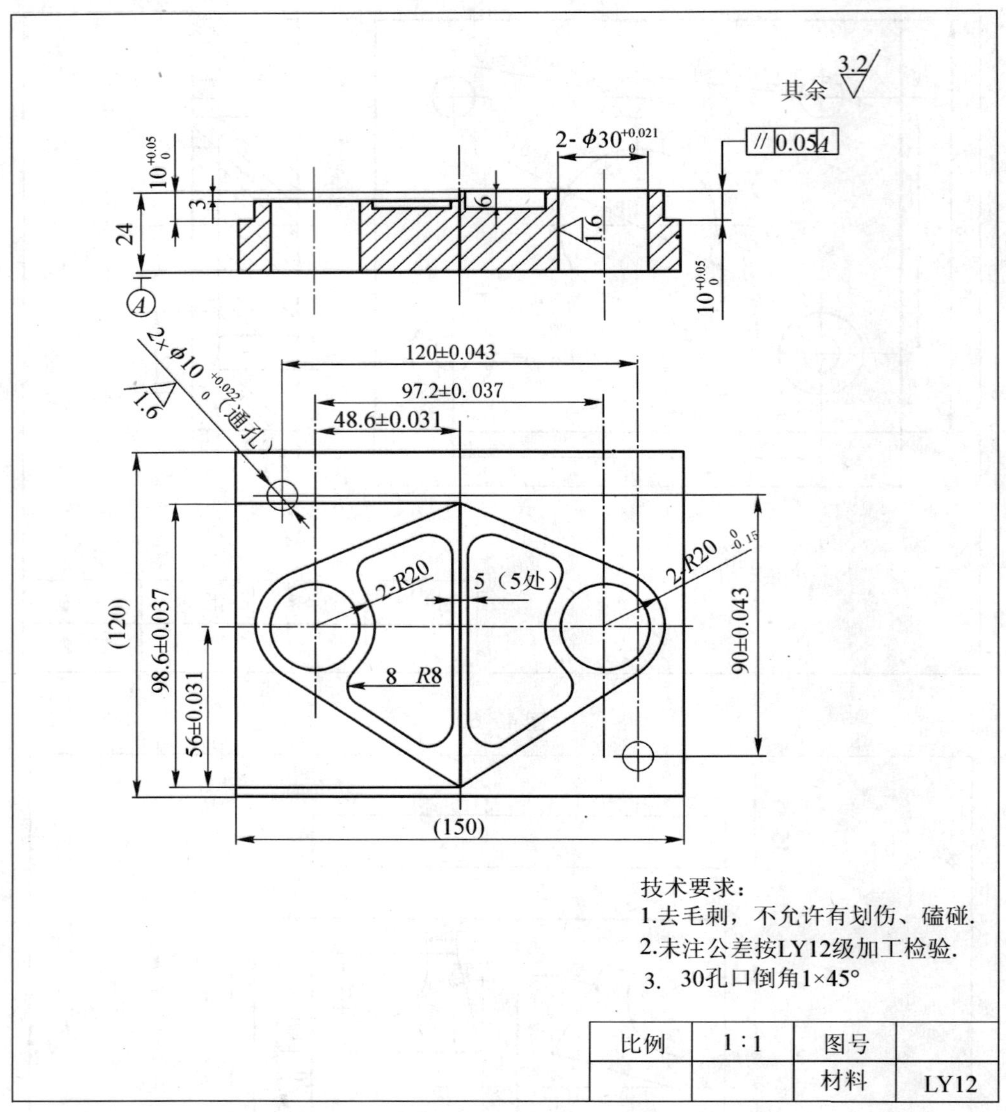

图 4－62

第五章　数控电火花线切割机床编程

学习目标：

学习了解电火花线切割机床工作原理、主要加工对象、加工的特点；掌握数控线切割加工工艺制订、常用线切割加工编程方法；能够合理调整电火花线切割加工参数；能够完成凸凹模的加工。

关键词：

电火花　数控电火花线切割　特种加工

第一节　数控电火花线切割概述

20 世纪中期，苏联拉扎林科夫妇研究开关触点受火花放电腐蚀损坏的现象和原因时，发现电火花的瞬时高温可以使局部的金属熔化、氧化而被腐蚀掉，从而开创和发明了电火花加工方法，线切割放电机也于 1960 年发明于苏联。当时以投影器观看轮廓面前后左右手动进给工作台面加工，加工速度虽慢，却可加工传统机械不易加工的微细形状。代表的实用例子是化织喷嘴的异形孔加工。当时使用加工液用矿物质性油（灯油），绝缘性高，极间距离小，加工速度低于现在设备，实用性受限。将之 NC 化，在脱离子水（接近蒸馏水）中加工的机种首先由瑞士放电加工机械制造厂在 1969 年巴黎工作母机展览会中展出，改进加工速度，确立无人运转状况的安全性。但 NC 纸带的制成却很费事，若不用大型计算机自动程序设计，对使用者是很大的负担。在廉价的自动程序设计装置（automatic programed tools，APT）出现前，普及甚缓。日本制造厂开发用小型计算机自动程序设计的线切割放电加工机廉价，加速普及。自动程序设计装置 APT 的出现成为线切割放电机发展的重要因素。

迄今为止，数控电火花线切割加工技术已在全世界范围内应用十分广泛。数控电火花线切割加工技术的发展主要是在数控技术发展的背景下逐步实现了数控化。数控电火花加工又称电蚀加工或放电加工，它采用金属丝导线作为工具电极切割工件，利用工件与工具电极之间的间隙脉冲放电所产生的局部瞬时高温，对金属材料进行蚀除的一种加工方法。数控电火花线切割加工既是数控加工也属特种加工（将电、磁、声、光、化学等能量或其组合施加在工件的被加工部位上，从而实现材料被去除、变形、改变性能或被镀覆的非传统加工方法统称为特种加工）。常用于加工冲压模具的凸、凹模、电火花成型机床的工具电极、工件样板、工具量规和细微复杂形状的小工件或窄缝等，并可以对薄片重叠起来加工以获得一致尺寸。作为机加工的重要补充之一，目前数控电火花线切割加工已被广泛应用于模具、仪器、仪表、电子、汽车等各种制造行业。

一、数控电火花线切割简介

（一）数控电火花线切割工作原理

线切割是利用移动的细金属丝（电极丝）作为工具电极，并在电极丝与工件间加以脉冲电压，利用脉冲放电的腐蚀作用对工件进行切割加工的，其工作原理如图 5－1 所示。

电火花线切割加工时，电极丝接脉冲电源的负极，经导轮在走丝机构的控制下沿电极丝轴向做往复移动。工件接脉冲电源的正极，安装在绝缘板上，并随由控制电机驱动工作台沿加工轨迹移动。在正、负极之间施加脉冲电压，并不断喷注具有一定绝缘性能的工作液，当两电极间的间隙小到一定程度时，由于两电极的微观表面是凹凸不平的，其电场分布不均匀，离最近凸点处的电场强度最高，极间液体介质被击穿，形成放电通道，电流迅速上升。在电场作用下，通道内电子高速奔向阳极，正离子奔向阴极形成火花放电，电子和离子在电场作用下高速运动时相互碰撞，阳极和阴极表面分别受到电子流和离子流的轰击，使电极间隙内形成瞬时高温热源，通道中心温度可达10 000℃以上，以致局部金属材料熔化和汽化。汽化后的工作液和工件材料蒸汽瞬间迅速膨胀，并具有爆炸的特性。在这种热膨胀、热爆炸以及工作液冲压的共同作用下，熔化和汽化的工件材料被抛出放电通道，至此完成一次火花放电过程。此时两极间又产生间隙，工作液也恢复绝缘强度。当下一个电脉冲来到时，继续重复以上火花放电过程，这样在保持电极丝与工件之间恒定放电间隙的条件下，一边蚀除工件材料，一边控制工件不断向电极丝进给就可沿预定轨迹逐步将工件切割成形。

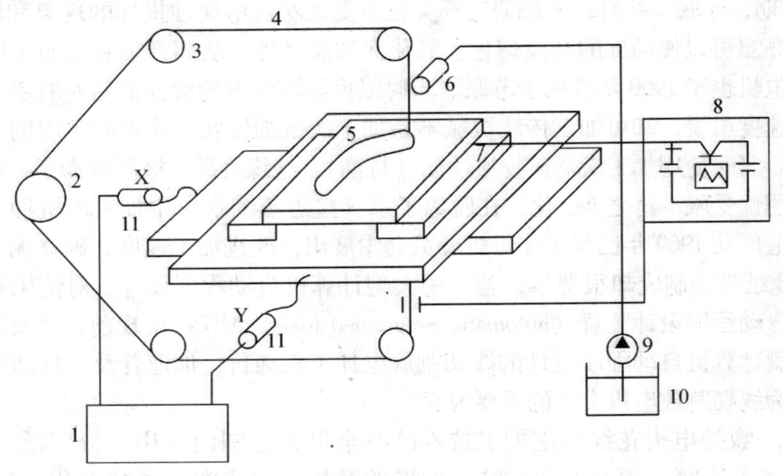

图5－1　数控线切割加工工作原理

1－数控装置　2－储丝筒　3－导轮　4－电极丝；　5－工件；　6－喷嘴
7－绝缘板　8－脉冲发生器　9－液压泵　10－水箱　11－控制步进电动机

（二）数控电火花线切割机床分类

1. 快走丝线切割机床

高速走丝切割机床，也就是快走丝切割加工，是我国独创的数控机床，在模具制造业中发挥着重要的作用，由于高速走丝有利于改善排屑条件，适合大厚度和大电流高速切割，性价比较。高速走丝线切割机的电极丝通常采用直径为0.10～0.28mm的钼丝，其他电极丝还有钨钼丝等，其走丝速度一般为7～13m/s，运丝电动机的额定转速通常是不变的。

而随着技术的发展和加工的需要，快走丝数控线切割机床的工艺水平日趋提升，锥度切削范围超过60°，最大切割速度达到100～150mm²/min，加工精度控制在0.01～0.02mm，加工零件的表面粗糙度达Ra 1.25μm。

2. 慢走丝线切割机床

一般把走丝速度低于15m/min（0.25m/s）的线切割加工称为低走丝线切割加工，也叫慢走丝线切割加工。实现这种加工的机床就是低走丝线切割机床，低走丝线切割机床的电极丝做单向运动，常用的电极丝有直径为0.02~0.36mm的黄铜或渗锌铜丝、合金丝等，有多种规格的电极丝以备灵活选用。

国内的慢走丝线切割机床目前主要是进口设备，大多数为瑞士和日本公司的产品，这些慢走丝线切割机床在生产中承担着精密模具、凹凸模具及一些精密零件的加工任务。其最佳加工精度可稳定达到±2μm，在特定的条件下甚至可以加工出±1μm精度的模具。

慢走丝线切割机床由于电极丝移动平稳，易获得较高加工精度和较低的表面粗糙度，适合于精密模具和高精度零件加工。

数控快、慢走丝线切割机床在机床方面和加工工艺水平方面的主要区别见表5-1和表5-2所示。

表5-1　数控快、慢走丝线切割机床的主要区别

比较项目	数控快走丝线切割机床	数控慢走丝线切割机床
走丝速度（m/s）	常用值8~12	常用值0.03~0.2
电极丝工作状态	往复供丝，反复使用	单向运行，一次使用
电极丝材料	钼、钨钼合金	铜、以铜为主体的合金或镀覆材料、钼丝
电极丝直径（mm）	0.03~0.25，常用值0.12，0.20	0.03~0.30，常用值0.20，0.25
单面放电间隙（mm）	0.01~0.03	0.01~0.12
工作液	乳化液或水基工作液等	去离子水，有的场合用煤油
机床价格	便宜	昂贵

表5-2　数控快、慢走丝线切割机床加工工艺水平比较

比较项目	数控快走丝线切割机床	数控慢走丝线切割机床
最高切割速度（mm^2/min）	80	300
加工精度（mm）	±0.01	±0.001
表面粗糙度（Ra）（μm）	1.6~3.2	0.1~1.6

（三）数控电火花线切割加工特点

在线电极（金属电极丝）切割方式下，只要有效地控制电极丝相对于工件的运动轨迹和速度，就能切割出一定形状和尺寸的工件。这种加工方法具有下列一系列优点。

（1）工具电极简单，与电火花成型加工相比，它不需制造特定形状的电极，省去了成型电极的设计和制造，缩短了生产准备时间，加工周期短。

（2）结合数控技术，可以加工出形状复杂的零件，加上锥度功能，可得到上下异形的工件。

（3）由于采用的是电蚀加工原理，故易于对诸如淬火钢、硬质合金，以及非金属结构陶瓷等难切削材料进行加工。

（4）线切割加工是用电极丝作为工具电极与工件之间产生火花放电对工件进行切割加

工，由于电极丝的直径比较小，在加工过程中总的材料蚀除量比较小，所以使用电火花线切割加工比较节省材料，特别在加工贵重材料时，能有效地节约贵重的材料，提高材料的利用率。

(5) 线切割在加工过程中的工作液一般为水基液或去离子水，因此不必担心发生火灾，可以实现安全无人加工。

(6) 现在线切割机床一般都是依靠微型计算机控制电极丝的轨迹和间隙补偿功能，所以在加工凸模时，它们的配合间隙可任意调节。

(7) 可方便地直接对电参数进行检测、利用，以实现对加工过程的自动化控制。

二、数控电火花线切割加工工艺

(一) 加工条件

加工前要合理进行工艺处理。

1. 分析零件图

首先，认真地对零件的结构工艺性与技术要求进行分析，明确加工内容与加工要求。其次，分析哪些表面可作为工艺基准，确定定位方法。

2. 工件材料的选择与热处理

数控线切割加工是大面积去除金属的切断加工，如果工件材料选择不当，热处理不合适，会使材料内部产生很大的内应力，在加工过程中导致工件变形，从而影响零件的加工精度，甚至会在切割过程中使材料出现裂纹。因此，进行数控线切割加工的工件，应选择锻造性能好、渗透性好、内部组织均匀、热处理变形小的材料，并采用合适的热处理方法（锻造、淬火、回火、消磁、除氧化皮），以达到加工后工件变形小、精度高的目的。

3. 工艺基准的选择

(1) 分析选择主要定位基准面，以保证工件能正确、可靠地装夹在机床的夹具上，并尽量采用基准重合与基准统一的原则。

(2) 应尽量选择工艺基准作为电极丝的定位基准，确保电极丝相对于工件有正确的位置。

4. 合理地选择切割起点和路线的走向

(1) 一般情况下，应将切割起点安排在靠近夹持端，然后转向远离夹具的方向进行加工，最后转向零件夹具的方向，可减少由于材料割断后残余应力的重新分布引起的变形，如图 5－2 所示。

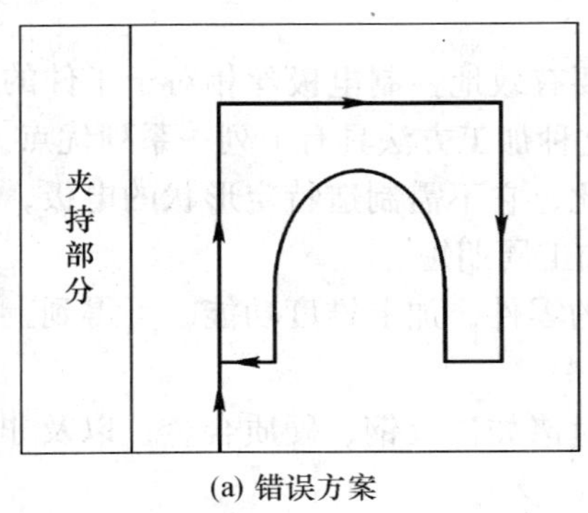

(a) 错误方案

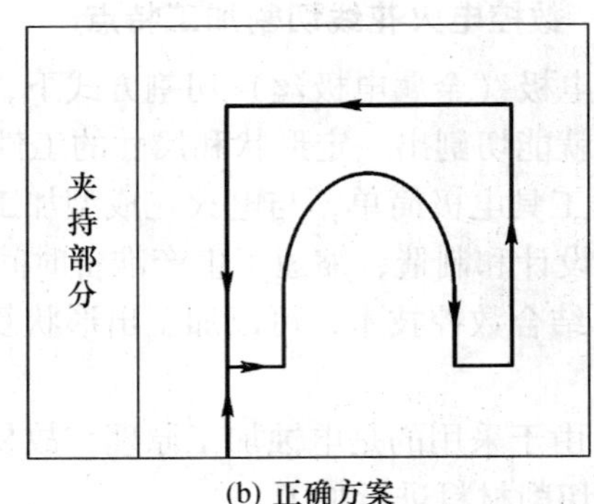

(b) 正确方案

图 5－2　切割路线的确定

（2）尽量避免从工件外侧端面开始向内切割，以防材料变形，而应在工件上预制穿丝孔，再从穿丝孔开始加工，如图 5－3 所示。

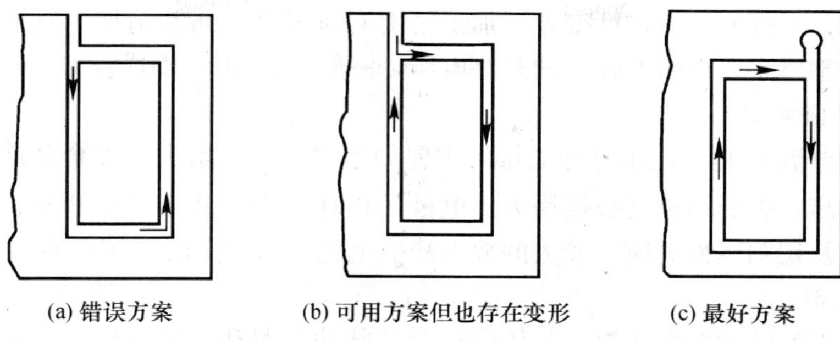

(a) 错误方案　(b) 可用方案但也存在变形　(c) 最好方案

图 5－3　切割起始点和切割路线的确定

（3）在一块毛坯上切出两个或两个以上的零件时，不应一次连续切割出来，而应从不同穿丝孔开始加工，如图 5－4 所示。

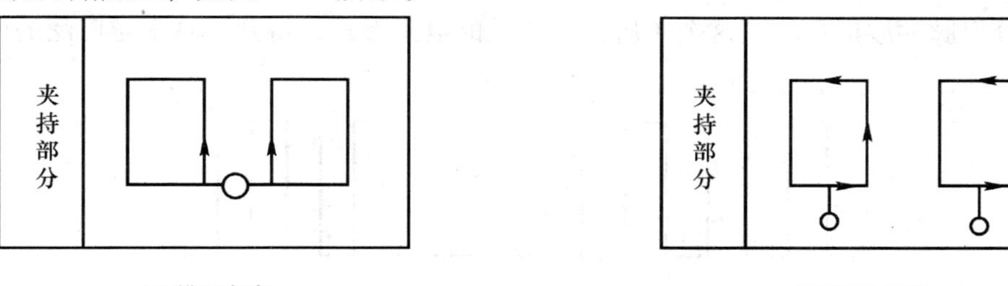

(a) 错误方案　(b) 正确方案

图 5－4　在同一毛坯上切割两个或两个以上零件的加工路线

（4）不能沿工件端面加工，避免放电时电极丝单向受电火花冲击力，使电极丝运行不稳定。而加工路线距端面距离应大于 5mm，以保证工件的结构强度，减小变形，确保尺寸和表面精度。

（5）切割孔槽类工件时，可采用多次切割法以减小变形，保证精度。

（6）加工大型工件时，应沿加工轨迹设置多个穿丝孔以便发生断丝时能就近及时重新穿丝，切入断丝点。

（二）电参数的选择

1. 脉冲宽度 t_i

脉冲宽度 t_i

增大时，单个脉冲能量增多，切削速度提高，表面粗糙度数值变大，放电间隙增大，加工精度有所下降。对于快走丝线切割机床，一般精加工时，脉冲宽度可在 20μs 内选择，半精加工时，可在 20～60μs 内选择，切割厚大工件时取较大的脉宽。

2. 脉冲间隔 t_0

脉冲间隔 t_0 增大，单个脉冲能量降低，切割速度降低，零件表面粗质量有所提高。一般对于难加工、厚度大、排屑不利的零件，脉间应选大些，为脉宽的 5～8 倍比较适宜；对于加工性能好、厚度不大的零件，脉间可选脉宽的 3～5 倍。

3. 开路电压 U_0

开路电压增大时，放电间隙增大，排屑容易，提高了切割速度和加工稳定性，但易造成电极丝振动，工件表面粗糙度变差，加工精度有所降低。通常精加工时取的开路电压比粗加工低，切割厚大工件时取较高的开路电压。一般 $U_0 = 20 \sim 150\text{V}$。

4. 放电峰值电流 i_e

放电峰值电流 i_e 是决定单脉冲能量的主要因素之一。i_e 增大，单个脉冲能量增多，切割速度迅速提高，表面粗糙度数值增大，电极丝损耗比加大甚至容易断丝，加工精度有所下降。粗加工及切割厚件时应取较大的放电峰值电流，精加工时取较小的放电峰值电流。

5. 放电波形

线切割加工的脉冲电源主要有晶体管矩形波脉冲电源和高频分组脉冲电源。在相同的工艺条件下高频分组脉冲能获得较好的加工效果，其脉冲波形如图 5－5 所示，它是矩形波改造后得到的一种波形，即把较高频率的脉冲分组输出。矩形波脉冲电源在提高切割速度和降低表面粗糙度之间存在矛盾，二者不能兼顾，只适用于一般精度和表面粗糙度的加工。高频分组脉冲波形是解决这个矛盾比较有效的电源形式，得到了越来越广泛的应用。

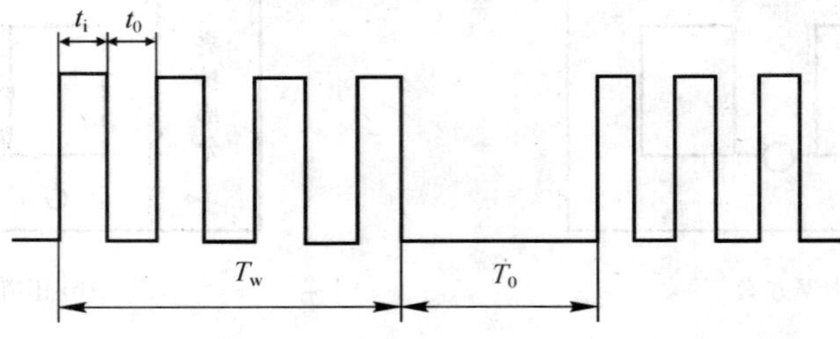

图 5－5　高频分组脉冲波形

6. 极性

线切割加工因脉冲较窄，所以都用正极性加工，即工件接电源的正极，否则切割速度会变低而电极丝损耗增大。

7. 变频、进给速度

变频、进给速度即预置进给速度的调节，对切割速度、加工速度和表面质量的影响很大。因此，调节预置进给速度应紧密跟踪工件蚀除速度，以保持加工间隙恒定在最佳值上。这样可使有效放电状态的比例大，而开路和短路的比例少，使切割速度达到给定加工条件下的最大值，相应的加工精度和表面质量也好。如果预置进给速度调得太快超过工件可能的蚀除速度，会出现频繁的短路现象，切割速度反而低，表面粗糙度也差，上、下端面切缝呈焦黄色，甚至可能断丝；反之，进给速度调得太慢，大大落后于工件的蚀除速度，极间将偏于开路，有时会时而开路时而短路，上、下端面切缝发焦黄色。这两种情况都大大影响工艺指标。因此，应按电压表、电流表调节进给旋钮，使指针稳定不动，此时，进给速度均匀、平稳，是线切割加工速度和表面粗糙度均好的最佳状态。

（三）电极丝

1. 电极丝的选择与安装

电极丝应具有良好的导电性和抗电蚀性，抗拉强度高、材质均匀。常用电极丝有钼丝、钨丝、黄铜丝和包芯丝等。

按照加工工件的厚度、几何形状复杂程度及机床走丝系统的要求，确定电极丝的直径大小。电极丝的直径应根据切缝宽窄、工件厚度和拐角尺寸大小来选择。若加工带尖角、窄缝的小型模具宜选用较细的电极丝，若加工大厚度工件或大电流切割时应选较粗的电极丝。

钨丝抗拉强度高，直径在0.03～0.1mm，一般用于各种窄缝的精加工，但价格贵。

黄铜丝适合于慢速加工，加工表面粗糙度和平直度较好，蚀屑附着少，但抗拉强度差，损耗大，直径在0.1～0.3mm，一般用于慢速单向走丝加工。

钼丝抗拉强度高，适于快速走丝加工，所以我国快速走丝机床大都选用钼丝作电极丝，直径在0.08～0.2mm。

电极丝装绕前应当注意检查导轮与保持器，装绕时注意电极丝是否张紧和装绕路线是否正确。

2. 穿丝与电极丝位置的调整

零件位置调整好后按正确的方向穿入电极丝，电极丝通过零件的穿丝孔时，应处于穿丝孔的中心，不可与孔壁接触，以免短路。

线切割加工之前，应将电极丝调整到切割的起始坐标位置上，其调整方法有以下几种。

（1）目测法。对于加工要求较低的工件，直接利用目测进行观察。利用穿丝处画出十字基准线，根据两者的偏离情况移动工作台，当电极丝中心分别与纵、横方向基准线重合时，工作台纵、横方向上的读数就确定了电极丝中心的位置。

（2）火花法。移动工作台使工件的基准面逐渐靠近电极丝，在出现火花的瞬时，记下工作台的相应坐标值，再根据放电间隙推算电极丝中心的坐标。

（3）自动找中心是让电极丝在工件穿丝孔的中心自动定位。

（四）工作液

在线切割加工中，工作液为脉冲放电的介质，对加工工艺指标的影响很大。同时，工作液通过循环过滤装置连续地向加工区供给，对电极丝和工件进行冷却，并及时将加工区的电腐蚀产物排除，以保持脉冲放电过程能稳定而顺利地进行。

低速走丝线切割机床大多采用去离子水工作液，只有在特殊精加工时才采用绝缘性能较高的煤油。

高速走丝线切割机床大都使用专用乳化液。乳化液品种很多，各有特点，有的适合精加工，有的适合大厚度切割，有的适合高速切削。因此，必须按照线切割加工的要求正确选用。

三、数控电火花线切割基本编程方法

（一）3B格式程序

我国早期数控线切割机床使用的是3B格式编程，3B格式不能实现电极丝半径和放电间隙自动补偿。程序的格式见表5－3。

表5－3　3B程序格式

B	X	B	Y	B	J	G	Z
分隔符号	X坐标值	分隔符号	Y坐标值	分隔符号	计数长度	计数方向	加工指令

表中字母含义说明如下：

B——分隔符号，用它来区分、隔离 X、Y、J 数值，B 后数值如为 0，则此 0 可不写，但分隔符号 B 不能省略。

X，Y——直线的终点或圆弧起点的坐标值，编程时均取绝对值，单位为 μm。

当加工与 X、Y 轴不重合的斜线时，取加工的起点为切割坐标系的原点，X、Y 值为终点坐标值，允许将 X、Y 值按相同比例放大和缩小。

当加工圆弧时，坐标原点取在圆心，X、Y 为圆弧起点坐标值。

J——计数长度，计数长度是指被加工图形在计数方向上的投影长度（绝对值）的总和，单位为 μm。有些数控线切割机床规定应写满六位数，如计数长度为 7234μm 应写为 007234μm，有些数控线切割机床编程不必用 0 填满六位数，如计数长度为 7234μm。

G——计数方向，可按 X 轴方向 \ Y 轴方向计数，分为 G_x、G_Y，两种。它确定在加工直线或圆弧时按哪一坐标轴方向取计数长度值。对于直线，其终点的坐标值在哪一坐标轴方向上的数值大，就取该坐标轴方向为计数方向，即 $|X| > |Y|$ 时取 G_x，$|X| < |Y|$ 时取 G_Y，当 $|X| = |Y|$ 时，第一、三象限直线取 G_Y，第二、四象限直线取 G_x，如图 5 -6（*a*）所示。

圆弧的规定与直线相反，圆弧终点坐标中绝对值较小的轴向为计数方向。即 $|X| > |Y|$ 时取 G_Y，$|X| < |Y|$ 取 G_x，当 $|X| = |Y|$ 时取 G_x 或 G_Y 都可以如图 5 -6（b）所示。

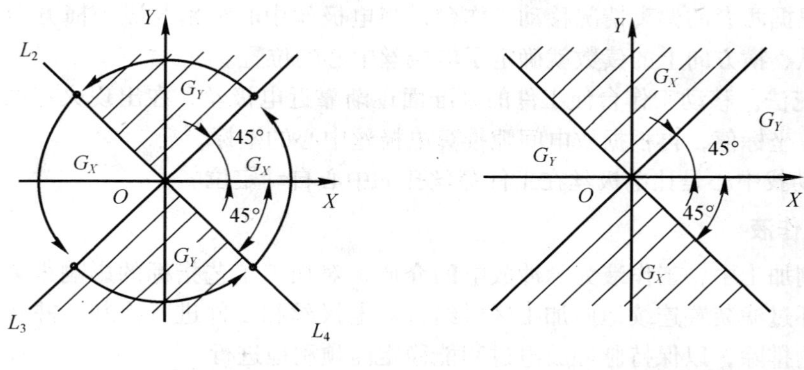

(a) 直线计数方向的确定　　(b) 圆弧计数方向的确定

图 5 -6　计数方向确定

Z——加工指令。加工指令是用来确定加工轨迹的形状、起点和终点所在象限及加工方向的。分为直线 *L* 加工指令与圆弧 R 加工指令两大类。直线又按走向和终点所在象限而分为 $L_1 \sim L_4$ 四种；圆弧按第一步进入的象限及走向的顺、逆圆而分为 $SR_1 - SR_4$ 及 $NR_1 - NR_4$ 八种，如图 5 -7 所示。

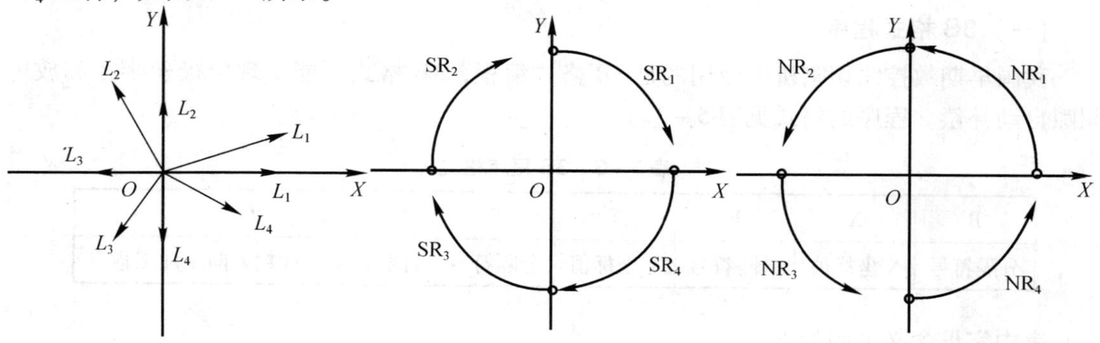

图 5 -7　直线和圆弧的加工指令

例 5－1 加工如图 5－8 所示的斜线 OA，其终点坐标为 A，试确定 G 和 J。

解： 因为 X＝49610，Y＝80000，且∣X∣＜∣Y∣。所以计数方向 G 取 G_y。斜线在 Y 轴上的投影长度 J＝80000。

例 5－2： 加工如图 5－9 所示的圆弧，加工起点 A 在第二象限，其终点坐标 B 在第四象限，试确定 G 和 J。

解： 因为圆弧的终点靠近 Y 轴，所以计数方向取 G_x。计数长度为各象限中的圆弧在 X 轴上的投影长度的总和。

$$J = J_{x1} + J_{x2} + J_{x3} = 70960 + 74250 + 50740 = 19590$$

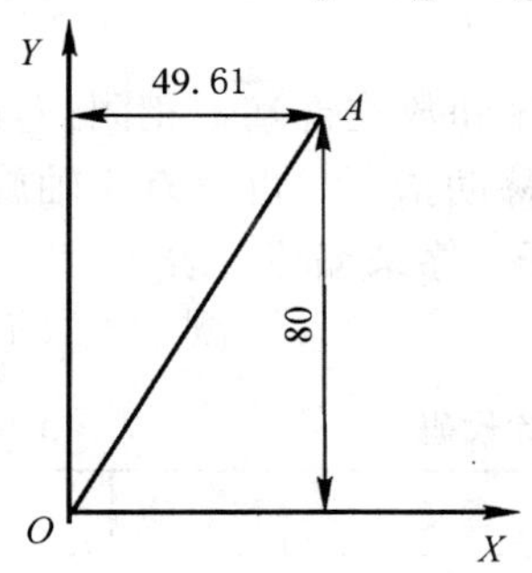

图 5－8　斜线的 G 和 J

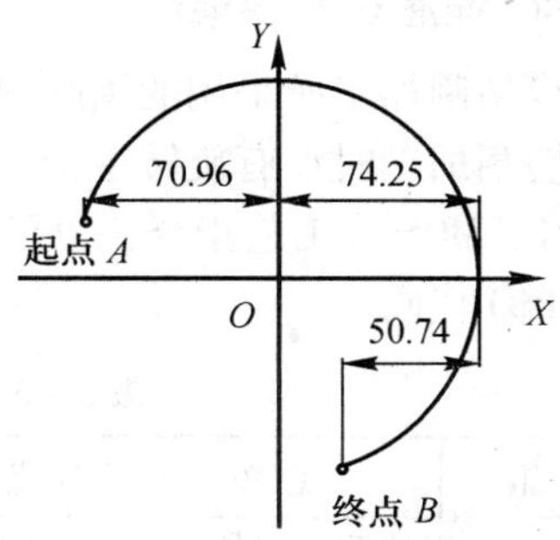

图 5－9　圆弧的 G 和 J

例 5－3 加工如图 5－10 所示的凸模（忽略电极丝及放电间隙），试采用 3B 格式编写其加工程序。

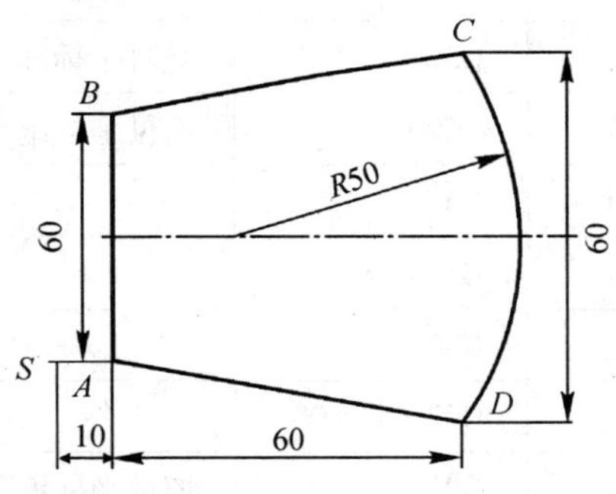

图 5－10　凸模

解： 取 S 点为切割起点。加工路线为：$S \to A \to B \to C \to D \to A \to S$。

凸模加工程序如表 5－4 所示。

表 5－4　凸模的加工程序单

序号	B	X	B	Y	B	J	G	Z	说明
1	B	10000	B	0	B	10000	GX	L_1	引入段 $S \to A$
2	B	0	B	40000	B	40000	GY	L_2	加工 $A \to B$
3	B	60000	B	10000	B	60000	GX	L_1	加工 $B \to C$

续表

序号	B	X	B	Y	B	J	G	Z	说明
4	B	40000	B	30000	B	60000	GY	SR_1	加工 $C \to D$
5	B	60000	B	10000	B	60000	GX	L_2	加工 $D \to A$
6	B	10000	B	0	B	10000	GX	L_3	退出段 $A \to S$
7	DD								程序结束

（二）ISO 标准 G 代码编程

慢走丝线切割加工所采用的国际通用 ISO 格式程序和数控铣基本相同，且较之更为简单。由于线切割加工时没有旋转主轴，因此没有 *Z* 轴移动指令，也没有主轴旋转的 S 指令及 M03、M04、M05 等工艺指令，也可分成主程序和子程序来编写。表 5－5 是数控线切割机床常用的 ISO 代码。

表 5－5　常用 G 代码与 M 代码

G 代码	组	意义	G 代码	组	意义	M 代码	意义
* G00	01	快速点定位	* G40	07	刀补取消	M00	进给暂停
G001		直线插补	G41		左刀补	M01	条件暂停
G002		顺圆特补	G42		右刀补	M02	程序结束
G03		逆圆插补	* G50	08	丝倾斜取消	M30	程序结束并复位
G04	00	暂停延时	G51		丝倾斜左	M40	放电加工 OFF
		项制单位	C52		丝倾斜右	M80	放电加工 ON
G20	06	英制单位	G52	03	绝对坐标编程	M98	子程序调用
* G21		公制单位	* G90		增量坐标编程	M99	子程序结束并返回
C04	00	暂停延时	G51				
G20	06	英制单位	G52		×		
G21		公制单位	G90		×		
G30	00	回加原点	G92	00	×		
G28	00	回参考点	G91	00	增量坐标编程	M99	子程序结束并返回
G30		回加工原点	G92		工件坐标系指定		

* 表示——G 代码为数控系统通电启动后的默认状态。

下面就一些常用的指令进行介绍：

1. 建立工件坐标系指令 G92

指令格式：G92X_ Y_ ；

X、Y——切割起点在工件坐标系中的坐标值。

例如：G92X10000Y－5000；表示相距电极丝现在位置（即切割起点）*X* 方向 －10mm，Y 方向 5mm 的位置建立起工件坐标系。

2. 快速定位指令 G00

在线切割机床不放电的情况下，使指定的某轴以最快速度移动到指定位置。

指令格式：G00 X_ Y_ ；

X、*Y*——目标点的坐标。

3. 直线插补指令 G01

直线插补指令 G01 为加工一条直线的指令，其加工速度由电参数决定。

指令格式：G01 X_ Y_ ；

X、*Y*——为直线的终点坐标值。

4. 圆弧插补指令 G02、G03

G02 为顺时针圆弧插补指令，G03 为逆时针圆弧插补指令。

指令格式：G02（或 G03）X_ Y_ I_ J_ ；

X、*Y*——圆弧终点的坐标，I、J 是由圆弧的起点向圆心作一个矢量，这个矢量在 *X*、*Y* 轴上的投影分别为 I 和 J，带正、负号。

5. 间隙补偿指令 G40、G41、G42

G40 是取消间隙补偿指令，G41 是左偏间隙补偿指令，G42 是右偏间隙补偿指令。

指令格式：G41（或 G42）D_ ；　　设定间隙补偿和方向

⋮

G40；　　取消间隙补偿

D——间隙补偿量地址符，其计算方法与前面的方法相同。

左、右间隙补偿的判别方法是：左偏、右偏是沿加工方向看，电极丝在加工图形左边为左偏，电极丝在右边为右偏，如图 5－11 所示。其中，（a）、（b）为凸模加工间隙补偿指令的确定，（c）、（d）为凹模加工间隙补偿指令的确定。

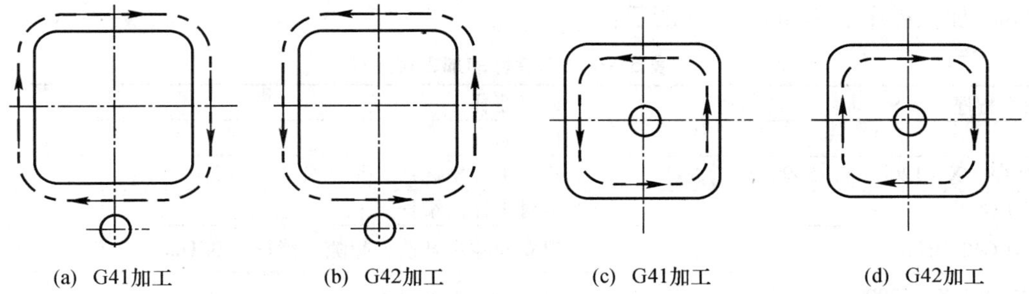

(a) G41加工　(b) G42加工　(c) G41加工　(d) G42加工

图 5－11　间隙补偿指令 G41、G42 的判别

6. 锥度加工指令 G50、G51、G52

在目前的一些数控线切割机床上，锥度加工都是通过装载在上导轮部位的 U、V 辅助轴工作台实现的。加工时，控制系统驱动 U、V 辅助轴工作台，使上导轮相对于 *X*、*Y* 坐标轴工作台移动，以获得所要求的锥度。用此方法可以解决凹模的漏料问题。

G50 是取消锥度指令，G51 是锥度左偏指令，G52 是锥度右偏指令。

指令格式：G51（或 G52）A_ ；　　设定锥度方向与角度

⋮

G50；　　取消锥度加工

顺时针加工时，锥度左偏指令 G51 加工出来的工件为上大下小，锥度右偏指令 G52 加工出来的工件为上小下大；逆时针加工时，锥度左偏指令 G51 加工出来的工件为上小下大，锥度右偏指令 G52 加工出来的工件为上大下小。

锥度加工与上导轮中心到工作台面的距离 S、工件厚度 H 、工作台面到下导轮中心的距离 W 有关。进行锥度加工编程之前，要求给出 W、H、S 值。

例 5－4：加工图 5－12 所示的凸模，采用 ϕ0.18mm 的钼丝，放电间隙为 0.01mm，试采用 ISO 格式编写其加工程序。

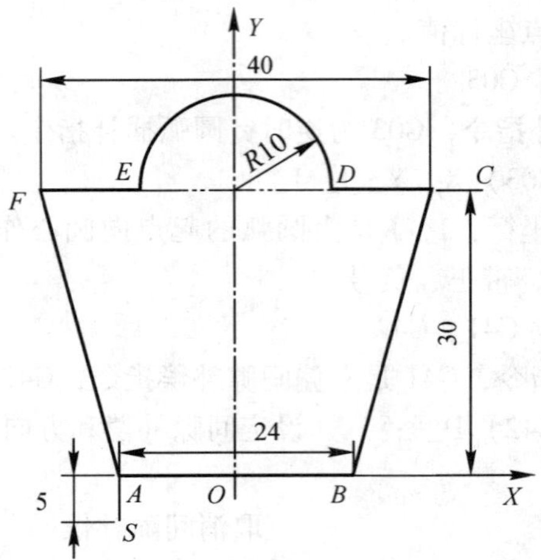

图 5－12　凸模

解：取 O 点为坐标系原点，建立工件坐标系 XOY；切割起点为 S,SA 为程序引入段，加工路线为：$S \rightarrow A \rightarrow B \rightarrow C \rightarrow D \rightarrow E \rightarrow F \rightarrow A \rightarrow S$；间隙补偿量 t:$t = 0.18 \div 2 + 0.01 = 0.1$mm 加工程序清单如表 5－6 所示：

表 5－6 凸模零件的加工程序单

加工程序	程序注释
A1	程序名
N0 G92 X－12000 Y－5000	建立工件坐标系
N20 G90	绝对坐标值编程
N30 G42 D100	建立间隙右补偿，间隙补偿量为 0.1mm
N40 G01 X－12000 Y0	引入线加工 $S \rightarrow A$
N50 G01 X12000 Y0	加工 $A \rightarrow B$
N60 G01 X20000 Y30000	加工 $B \rightarrow C$
N70 G01 X10000 Y30000	加工 $C \rightarrow D$
N806 G03 X－10000 Y30000 I－10000 J0	加工 $D \rightarrow E$
N90 G01 X－20000 Y30000	加工 $E \rightarrow F$
N100 G01 X－12000 Y0	加工 $F \rightarrow A$
N110 G40	取消间隙补偿
N120 G01 X－12000 Y－5000	退出线加工 $A \rightarrow S$
N130 M02	程序结束

第二节　数控电火花线切割加工技术

项目一　数控电火花线切割基本操作

项目任务　数控电火花线切割机床手动操作

项目实施

数控电火花线切割机床手动操作步骤如下。

1. 开机、关机

（1）打开数控柜左侧的空气开关，接通机床总电源。

（2）释放“急停”按钮。

（3）按下绿色“启动”按钮，进入控制系统。

当出现死机或系统错误无法返回主菜单时，可以按住“Ctrl + Alt + Del”键，重新启动计算机。关机时，先按“急停”按钮，再关闭左侧的空气开关。

2. 上丝操作

上丝可半自动或手动操作进行，上丝的路径如图 5 – 13 所示，具体操作方法如下。

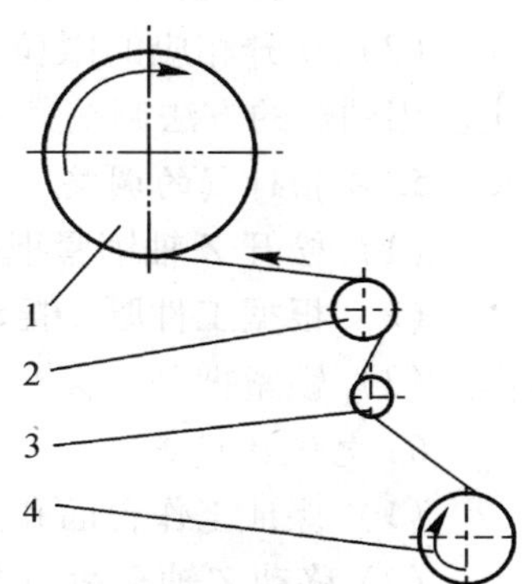

图 5 – 13　上丝路径

1 – 储丝筒；2 – 导轮；3 – 介轮；4 – 上丝电动机

（1）按下储丝筒“停止”按钮，断开断丝检测开关。

（2）将丝盘套在上丝电动机轴上，并用螺母锁紧。

（3）用摇把将储丝筒摇至极限位置或与极限位置保留一段距离。

（4）将丝盘上电极丝一端拉出绕过上丝介轮、导轮，并将丝头固定在储丝筒端部紧固螺钉上。

（5）剪掉多余丝头，顺时针转动储丝筒几圈后打开上丝电动机开关，电极丝被拉紧。

（6）转动储丝筒，将丝缠绕至 10 ~ 15mm 宽度，取下摇把，松开储丝筒“停止”按钮，将调速旋钮调至“1”挡。

（7）调整储丝筒左、右行程挡块，按下储丝筒“开启”按钮开始绕丝。

（8）接近极限位置时，按下储丝筒“停止”按钮。

（9）拉紧电极丝，关掉上丝电动机，剪掉多余电极丝并固定好丝头，半自动上丝完成。如采用手动上丝，则不需开启丝筒，用摇把匀速转动丝筒将丝上满即可。

注意：在上丝操作中储丝筒上、下边丝不能交叉；摇把使用后必须立即取下，以免误操作使摇把甩出，造成人身伤害或设备损坏，上丝结束时一定要沿绕丝方向拉紧电极丝再关断上丝电动机避免电极丝松脱造成乱丝。

3. 穿丝操作

（1）按下储丝筒“停止”按钮。

（2）将张丝支架拉至最右端并用插销定位。

（3）取下储丝筒一端丝头并拉紧，按穿丝路径依次绕过各导轮，最后固定在丝筒紧固螺钉处。

(4) 剪掉多余丝头，用摇把转动储丝筒反绕几圈。

(5) 拔下张丝滑块上的插销，手扶张丝滑块缓慢放松到滑块停止移动，穿丝结束。

如果电极丝是新丝，加工时电极丝表层氧化皮会脱落，且新丝具有较大的延展性，易被拉长，这时就需要进行紧丝操作，其方法类似于穿丝，操作时需要特别注意防止电极丝从导轮槽脱出，并要保证与导电块接触良好，一般新丝试运行期间需 2 ~3 次紧丝处理。另外，当加工中出现断丝，如果确信不是丝本身质量、使用寿命的问题，可抽调丝筒上较少的一半电极丝，取下另一半丝的断头按穿丝路径重新穿好丝，然后调用系统断点加工功能继续加工。

4. 储丝筒行程调整

穿丝完毕后，根据储丝筒上电极丝的多少和位置来确定储丝筒的行程。为防止机械性断丝，在行程挡块确定的长度之外，储丝筒两端还应有一定的储丝量。具体调整方法如下。

(1) 用摇把将储丝筒摇至在轴向剩下 10mm 左右的位置停止。

(2) 松开相应的限位块上的紧固螺钉，移动限位块至接近感应开关的中心位置后固定。用同样的方法调整另一端，两行挡块之间的距离即储丝筒的行程。

5. *Z* 轴行程的调整

(1) 松开 *Z* 轴锁紧把手。

(2) 根据工件厚度摇动 *Z* 轴升降手轮，使工件大致处于上、下主导论中部。

(3) 锁紧把手。

6. 电极丝找正

(1) 保证工作台面和找正块各面干净无损坏。

(2) 移动 *Z* 轴至适当位置后锁紧，将找正块底面靠实工作台面，长向平行于 *X* 轴或 *Y* 轴。

(3) 用手控盒移动 *X* 轴或 *Y* 轴坐标至电极丝贴近找正块垂直面。

(4) 选择“手动”菜单中“接触感知”子菜单。

(5) 按“F6”键，进入控制电源微弱放电功能，丝筒开启、高频打开。

(6) 在手动方式下，调整手控盒移动速度，移动电极丝接近找正块，当它们之间的间隙足够小时即会产生放电火花。

(7) 通过手控盒点动调整 *U* 轴或 *V* 轴坐标，直到放电火花上下均匀一致，电极丝即找正。

7. 建立机床坐标

(1) 在主菜单下移动光标选择“手动”菜单中的“撞极限”子菜单。

(2) 按“F2”功能键，移动机床到 *X* 轴负极限，机床自动建立 *X* 坐标。

(3) 采用相同方法建立另外几轴的机床坐标；

(4) 选择“手动”菜单中“设零点”功能将各个坐标系设零，机床坐标系就建立起来了。

8. 工作台移动

(1) 手动盒移动

1) 在主菜单下移动光标选择“手动”菜单中的“手动盒”子菜单。

2) 通过手控盒上的移动速度选择开关选择移动速度。

3) 按下相应移动轴方向键移动工作台。

（2）键盘输入移动

1）在主菜单下移动光标选择“手动”菜单中的“移动”子菜单。

2）从“移动”子菜单中选择“快速定位”功能。

3）定位光标到要移动的坐标轴位置，输入移动数值。

4）按“Enter”键，工作台开始移动。

9. 程序编辑、校验与运行

（1）在主菜单下移动光标选择“文件”菜单中“编辑”子菜单。

（2）按“F3”功能键编辑新文件，并输入文件名。

（3）输入源程序，并选择“保存”功能将程序保存。

（4）在主菜单下移动光标选择“文件”菜单中“装入”子菜单，调入上一步保存的文件。

（5）选择“校验画图”子菜单，系统自动进行校验并显示出图形轨迹。

（6）若图形显示正确，选择“运行”菜单的“模拟运行”子菜单，机床将进行模拟加工，即不放电空运行一次（工作台上不装夹工件）。

（7）装夹工件，开启工作液泵，移动光标选择“运行”菜单中“内存”子菜单，回车后机床即开始自动加工。

项目二　凹、凸模零件手工编程

项目任务　凸模零件的手工编程

凹模零件的手工编程

项目实施

（一）凸模零件的手工编程

加工如图 5－14 所示凸模零件，用 φ0.14mm 电极丝加工，取单边放电间隙为 0.01mm，编制凸模加工程序。

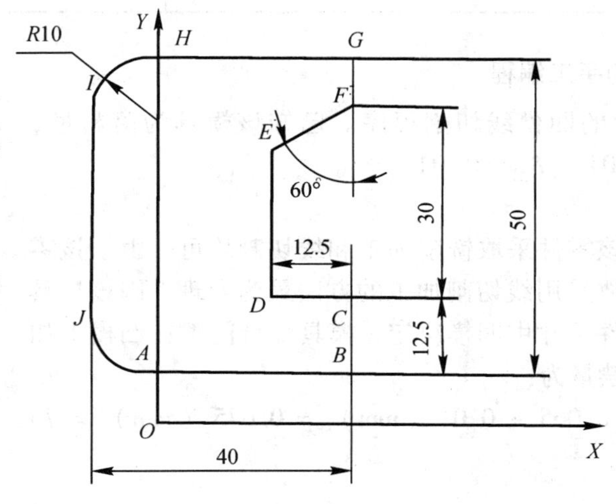

图 5－14　凸模零件

1. 工艺分析

（1）按平均尺寸绘制凸模刃口轮廓图，建立如图5－14所示的坐标系。

（2）用CAD绘图求出节点坐标值。

（3）取O点为穿丝点，加工顺序为：$O-A-B-C-D-E-F-G-H-I-J-A-O$。

（4）计算凸模间隙补偿量 $R=0.14/2+0.01=0.08$mm。

2. 加工程序

凸模加工程序见表5－7。

表5－7　凸模的加工程序单

序号	B	X	B	Y	B	J	G	Z	说明
1	B	0	B	7920	B	7920	GY	L2	引入段 $O\rightarrow A$
2	B	30080	B	0	B	30080	GX	L1	加工 $A\rightarrow B$
3	B	0	B	12660	B	12660	GY	L2	加工 $B\rightarrow C$
4	B	12500	B	0	B	12500	GX	L3	加工 $C\rightarrow D$
5	B	0	B	22657	B	22657	GY	L2	加工 $D\rightarrow E$
6	B	12500	B	7217	B	12500	GX	L1	加工 $E\rightarrow F$
7	B	0	B	7626	B	7626	GY	L2	加工 $F\rightarrow G$
8	B	30080	B	0	B	30080	GX	L3	加工 $G\rightarrow H$
9	B	0	B	10080	B	10080	GY	NR2	加工 $H\rightarrow I$
10	B	0	B	15000	B	15000	GY	L4	加工 $I\rightarrow J$
11	B	10080	B	0	B	10080	GX	NR3	加工 $J\rightarrow A$
12	B	0	B	7920	B	7920	GY	L4	退出段 $A\rightarrow O$
13	DD								程序结束

（二）凹模零件的手工编程

编制图所示零件的凹模线切割程序。已知该模具为落料模，$r_{丝}=0.065$，$\delta_{电}=0.01$　$\delta_{配}=0.01$。

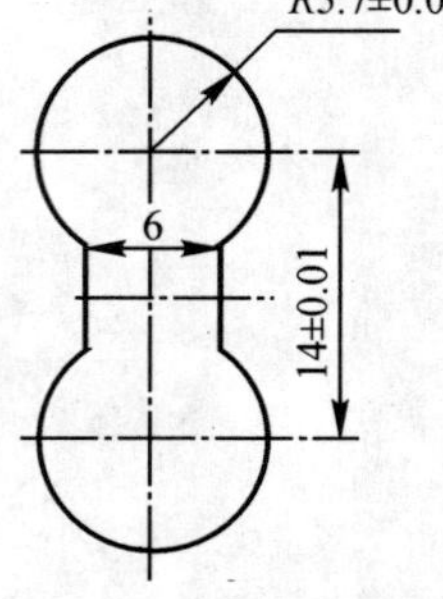

图5－15　凹模加工

1. 工艺分析

从零件图分析，该零件采取铣削加工和线切割均可，由于该零件很薄，不易铣削，故采用线切割加工的方法最为合理，因该模具为落料模，冲下的零件尺寸由凹模决定，模具配合间隙在凸模上扣除，故凹模的间隙补偿量为：

$f_{凹}=r_{丝}+\delta_{电}=0.065+0.01$（mm）$=0.075$（mm）$=75$（μm）

2. 确定工艺基准

选择底平面作为定位基准面，以零件中心位置为开始加工位置（穿丝孔）。

3. 走刀路线及坐标计算

（1）3B 格式编程走刀路线及坐标计算　将穿丝孔钻在 O 处，切割路线为：$O-a-b-c-d-a-O$。图5－16 中点画线表示电极丝中心轨迹，此图对 X 轴上下对称，对 Y 轴左右对称。因此，只要计算一个 a 点，其余三个点均可由对称得到，通过计算可得到各点的坐标为：$O_1(0,7)$；$O_2(0,-7)$；$a(2.925,2.079)$；$b(-2.925,2.079)$；$c(-2.925,-2.079)$；$d(2.925,-2.079)$。

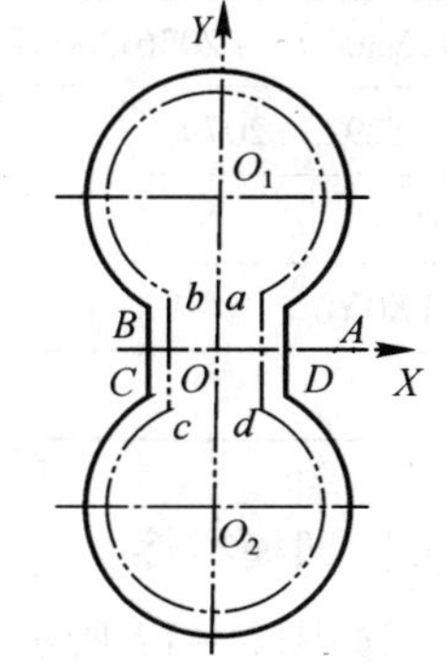

图 5－16　凹模加工切割路线

（2）ISO 格式编程走刀路线及坐标计算　将穿丝孔钻在 O 处，切割路线为：$O-a-b-c-d-a-O$。图5－16 中点划线表示电极丝中心轨迹，此图对 X 轴上下对称，对 Y 轴左右对称。因此，只要计算一个 a 点，其余三个点均可由对称得到，通过计算可得到各点的坐标为：$O_1(0,7)$；$O_2(0,-7)$；$a(3,2.036)$；$b(-3,2.036)$；$c(-3,-2.036)$；$d(3,-2.036)$。

4. 加工程序

3B 格式编程程序如表 5－8 所示，ISO 格式编程程序如表 5－9 所示。

表 5－8　凹模加工程序单（3B 格式）

序号	B	X	B	Y	B	J	G	Z	说明
1	B	2925	B	2079	B	2925	GY	L1	引入段 $O\to a$
2	B	2925	B	4921	B	17050	GX	NR4	加工 $a\to b$
3	B	0	B	0	B	4158	GY	L4	加工 $b\to c$
4	B	2925	B	4921	B	17050	GX	NR2	加工 $c\to d$
5	B	0	B	0	B	4158	GY	L2	加工 $d\to a$
6	B	2925	B	2079	B	2925	GX	L3	退出段 $a\to O$
9	DD								加工程序结束

表 5－9　凹模加工程序单（ISO 格式）

加工程序	程序注释
A1	程序号
N01 G92 X0 Y0	确定加工程序起点 O
N02 G90	绝对尺寸编程
N03 G41 D75	建立间隙左补偿，补偿量为 75μm
N04 G01 X3000 Y2036	引入段 $O\to a$
N05 G02 X－3000 Y2036 I－3000 J4964	加工 $a\to b$
N06 G01 X－3000 Y－2036	加工 $b\to c$

续表

加工程序	程序注释
N07G02X3000Y－2036I3000J－4964	加工 $c\rightarrow d$
N08G01X2925Y2079	加工 $d\rightarrow a$
N09G40	取消间隙补偿
N10G01X0Y0	引出段 $a\rightarrow O$
N11M02	程序结束

（三）凹模零件

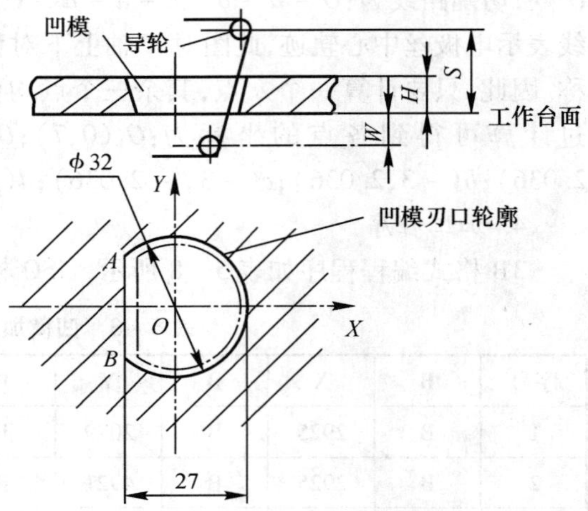

图 5－17　凹模加工

加工如图 5－17 所示凹模，工件厚度 H ＝8mm，刃口锥度 A ＝15°，下导轮中心到工作台面高度 W ＝60mm，工作台面到上导轮中心高度 S ＝100mm。用直径 0.13mm 电极丝加工，取单边放电间隙为 0.01mm。编制凹模加工程序（图中标注尺寸为平均尺寸）。

1. 工艺分析

（1）按平均尺寸绘制凹模刃口轮廓图，建立如图 5－17 所示的坐标系；

（2）用 CAD 绘图求出节点坐标值：$A(-11.000, 11.619)$，$B(-11.000, -11.619)$；

（3）取 O 点为穿丝点，加工顺序为：O—A—B—A—O；

（4）计算凹模间隙补偿量 R ＝0.13/2＋0.01＝0.075mm。

2. 加工程序

凹模加工程序如表 5－10 所示。

表 5－10　凹模加工程序

加工程序	程序注释
A1	程序号
N01 G92 X0 Y0	确定加工程序起点 O
N02 G90	绝对尺寸编程
N03 W60000	W ＝60mm
N04 H8000	H ＝8mm
N05 S100000	S ＝100mm
N06 G51 A0.250	电极丝上段左偏 0.25（锥度加工）
N07 G42 D75	建立间隙右补偿，补偿量为 75μm
N08 G01 X－11000 Y11619	引入段 $O\rightarrow A$
N09 G02 X－11000 Y－11619 I11000 J－11619	加工 $A\rightarrow B$

续表

加工程序	程序注释
加工程序	程序注释
N10 G01 X－11000 Y11619	加工 $B \to A$
N11 G50	取消锥度加工指令
N12 G40	取消间隙补偿
N13 G01 X0 Y0	引出段 A→O
N14 M02	程序结束

（四）模具零件

加工如图 5－18 所示模具零件。

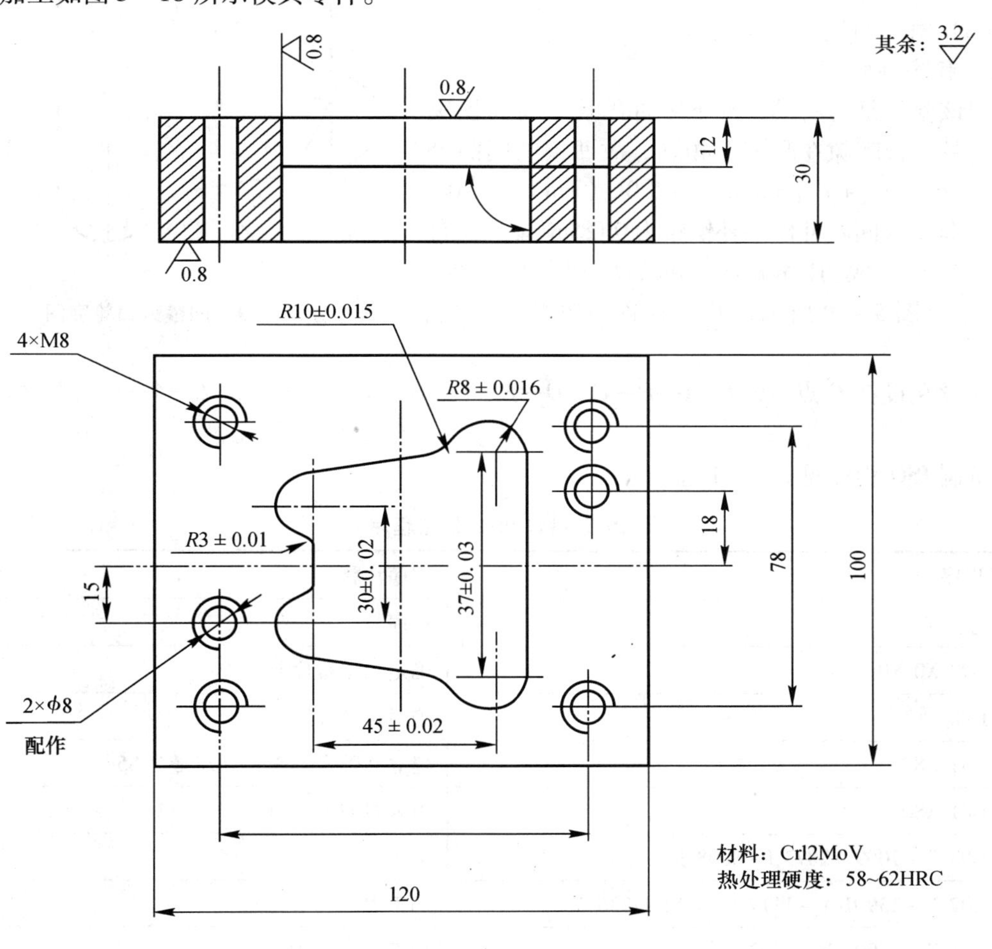

图 5－18　模具零件

1. 工艺分析

此模具零件材料为 Cr12MoV，其可锻造性能、淬火性能好，同时热处理的变形应较小，是制造模具的典型材料。零件无特殊的要求，符合进行线切割加工的要求。

2. 坯料的准备

(1) 用要求的材料锻造出工件所需形状的毛坯，并进行退火处理，以消除锻造内应力，改善加工性能。

(2) 用机械切削加工（铣削、磨削）对毛坯各表面粗、精加工。

(3) 确定并加工出各螺纹孔、销孔、穿丝孔等。

(4) 如果凹模较大时，须用机械切削加工的方法将型孔漏料部分去掉，这样线切割只有刃口高度，工作量大大减少；如果材料的渗透性差，可将型孔部分材料去掉，留 4mm 左右的切削余量，以保证模具表面的硬度。

(5) 按设计要求淬火，并进行最后磨削达到设计要求。

(6) 对材料进行退磁处理。

3. 程序编制

因该模具是落料模，冲下零件的尺寸有凹模决定，磨具配合间隙在凸模上扣除，故凹模的间隙补偿量为 $R = r_s + \delta_d = 0.15/2 + 0.01$ (mm) $= 0.085$ (mm)，即要求间隙补偿中补偿量为 0.085mm。按工件平均尺寸绘制凹模刃口轮廓图，并以 O 为坐标原点建立坐标系，如图 5－19 所示。用 CAD 查询功能，求节点坐标。

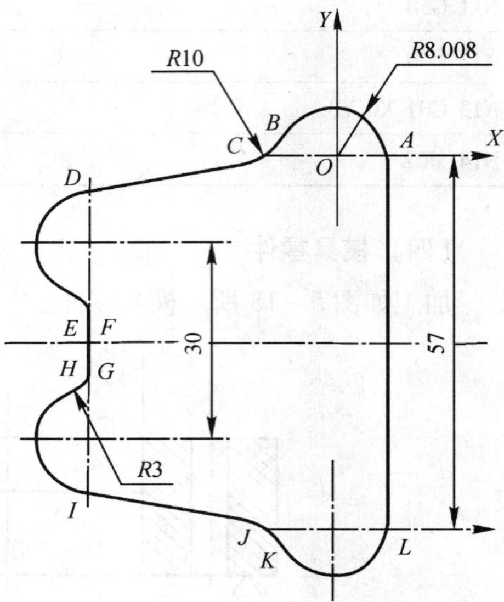

图 5－19　凹模刃口轮廓图

穿丝孔设在 O 点，按 $O—A—B—C—D—E—F—G—H—I—J—K—L—A—O$ 的顺序加工。

编制 ISO 程序见表 5－11。

表 5－11　ISO 加工程序

加工程序	程序注释
A1	程序号
N01 G92 X0 Y0	确定加工程序起点 O
N02 G90	绝对尺寸编程
N03 G41 D85	建立间隙左补偿，补偿量为 85
N04 G01 X8008 Y0	引入段 $O \longrightarrow A$
N05 G03 X－7009 Y3873 I－8008 J0	加工 $A \longrightarrow B$
N06 G02 X－13901 Y－1117 I－8753 J4836	加工 $B \longrightarrow C$
N07 G01 X－36992 Y－5492	加工 $C \longrightarrow D$
N08 G03 X－39174 Y－21205I0 J－8008	加工 $D \longrightarrow E$
N09 G02 X－36992 Y－24091 I－818 J－2886	加工 $E \longrightarrow F$

续表

加工程序	程序注释
N10 G01 X－36992 Y－32909	加工 $F \longrightarrow G$
N11 G02 X－39174 Y－35795 I－3000 J0	加工 $G \longrightarrow H$
N12 G03 X－36992 Y－51508 I2128 J－7705	加工 $H \longrightarrow I$
N13 G01 X－13901 Y－55883	加工 $I \longrightarrow J$
N14 G02 X－7009 Y－60873 I－1861 J－9826	加工 $J \longrightarrow K$
N15 G03 X8008 Y－57000 I7009 J3873	加工 $K \longrightarrow L$
N16 G01 X8008 Y0	加工 $L \longrightarrow A$
N17 G40	取消间隙补偿
N18 G01 X0Y0	加工 $A \longrightarrow O$
N19 M02	程序结束

习 题

5－1 简述数控线切割的工作原理。

5－2 用3B格式编程时，如何确定直线和圆弧的计数长度、计数方向和加工指令？

5－3 试编写快走丝线切割题图5－20所示零件（a）、（b）、（c）的3B格式程序。

5－4 试编写慢走丝线切割题图5－20所示零件（d）、（e）的ISO格式程序。

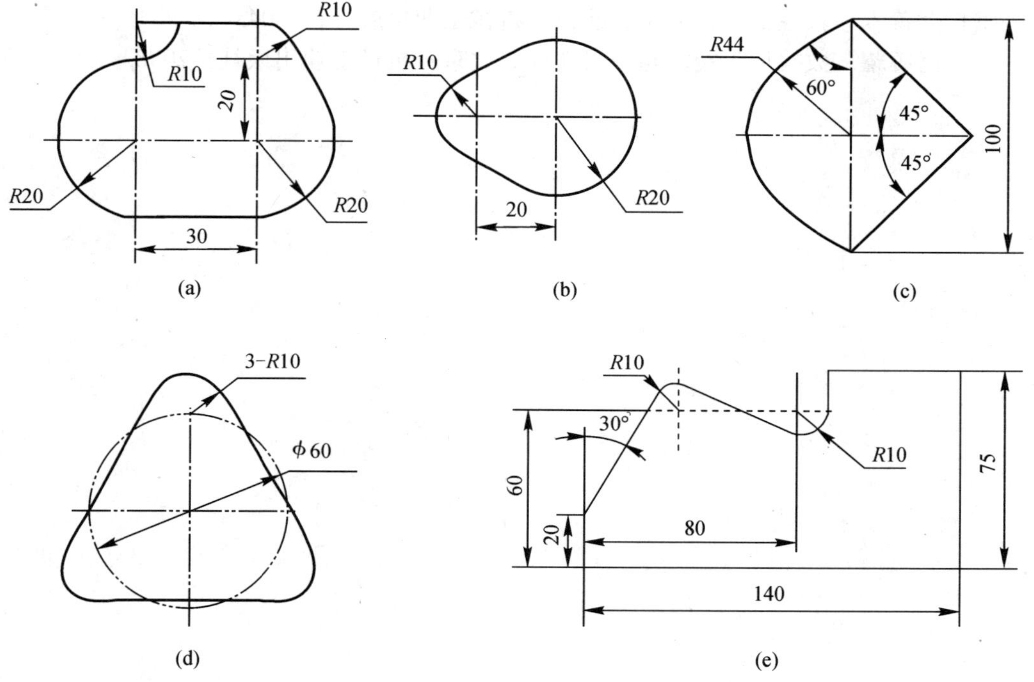

图5－20

参考文献

[1] 王丽洁．数控加工工艺与装备．北京：清华大学出版社，2006.

[2] 钱东东．实用数控编程与操作．北京：北京大学出版社，2007.

[3] 顾京．数控机床加工程序编制．北京：机械工业出版社，2008.

[4] 余英良．数控车削加工实训及案例解析．化学工业出版社，2007.

[5] 晏丙午．高级车工工艺与技能训练．中国劳动社会保障出版社，2006.

[6] 周旭．数控机床实用技术．国防工业出版社，2006.

[7] 沈建峰，虞俊．数控车工．机械工业出版社，2007.

[8] 赵太平．数控车削编程与加工技术．北京理工大学出版社，2006.

[9] 霍苏萍．数控加工编程与操作．人民邮电出版社，2007.

[10] 郑红．数控加工编程与操作．北京大学出版社，2005.

[11] 詹华西．数控加工与编程．西安：西安电子科技大学出版社，2004.

[12] 廖卫献．数控铣床及加工中心自动编程．北京：国防工业出版社，2002.

[13] 高枫，肖卫宁．数控车削编程与操作训练．北京：高等教育出版社，2005.

[14] 郑书华，张凤辰．数控铣削编程与操作训练．北京：高等教育出版社，2005.

[15] 李善术．数控机床及应用．北京：机械工业出版社，2004.

[16] 赵辉耀．数控加工技术与项目实训．北京：机械工业出版社，2008.